绿色金融系列
Green Finance

# ESG理论与实务

## ESG THEORY AND PRACTICE

主 编 李志青 符 翀

副主编 刘 涛 吴荣良

U0257763

复旦大学出版社

# 前言
## Preface

ESG 是英文 Environmental（环境）、Social（社会）和 Corporate Governance（公司治理）的缩写，是一种关注企业环境、社会、治理绩效而非财务绩效的投资理念和企业评价标准。基于 ESG 评价，公众及投资者可以通过观察企业 ESG 绩效，评估其在促进经济、环境和社会可持续发展方面的表现。

长期以来，虽然投资者日益关注企业在绿色环保、促进可持续发展、履行社会责任方面的绩效，但并无明确的理论框架。直至 2006 年，联合国责任投资原则（UN PRI）的发布对这一领域的发展起了关键的推动作用。同年，高盛发布了一份 ESG 研究报告，较早地将环境、社会和公司治理概念整合在一起，明确提出 ESG 概念。此后，国际组织和投资机构将 ESG 概念不断深化，针对 ESG 的三个方面演化出了全面、系统的信息披露标准和绩效评估方法，成为一套完整的 ESG 理念体系。

自国家"十四五规划""双碳目标"公布以来，社会经济进入绿色低碳全面转型的"快车道"，这既是国内外各种形势发展的结果，也是经过深思熟虑和各种综合考量后，自上而下形成的一个重大判断。

ESG 作为一种新的投资理念，有助于社会经济向可持续的方向发展，这一点已经得到诸多案例的论证和检验。但面对"零碳发展"这一全新的命题，ESG 有必要做好相应的准备。一是，在全球范围内已经普遍取得零碳发展的基本共识，ESG 的推动是否从理念到内容都做好了适应零碳发展趋势的准备？二是，就中国实践而言，我们将在远比发达国家更短的时间内冲击零碳发展目标，ESG 目前的发展方向/模式等是否需要作出调整，以便助力企业和金融机构适应这样一种高强度的零碳发展。

ESG 的评级与评价是推进企业绿色转型的重要工具，也是引导 ESG 科学发展的指挥棒。就零碳发展而言，有必要将"双碳目标"与 ESG 的评级与评价相融合。是否将零碳发展理念真正融入 E、S 和 G 各个板块中，其中的关键在于这些评估与评价以及评级方法中是否有足够的"零碳含量"，大力鼓励企业开展碳减排、负排放等领域的技术尝试和创新，进而驱动资本等要素全方位进入零碳的发展轨道。

ESG 是构建绿色低碳循环发展经济体系的重要一环，侧重于从生产端推进经济发展方式和模式的转型，不仅涉及从事产品研发、生产、运输和供应及回收的各类企业，而且还与负责要素资金融通、利润分配的金融机构密切相关，并借助社会组织、中介机构等主体向全社会传播积极影响，是社会经济借以全面动员社会资源致力于零碳发展的复合体系。在打造和建设 ESG 发展体系中，应从零碳的发展要求出发，完善 ESG 的社会参与、市场激励和法律规制，形成公众、企业和政府在 ESG 发展上的三轮驱动。

引入 ESG，是为了实现社会经济的可持续发展，在日益加剧的气候危机面前，零碳发展是社会经济可持续发展的迫切需要,我们既不能重复那种高碳排放的发展道路,又不能走向完全脱离实际的发展之路,而是要将"零碳"与"发展"进行紧密结合,将"零碳"的种种努力有效转化为发展的市场价值,全面推动零碳发展。ESG 助力零碳价值转化和实现的关键在于将企业的经营与社会经济中长期碳达峰与碳中和的需要相结合,将企业的价值与生态环境经济金融平衡发展的需要相结合。

本书旨在介绍 ESG 理论及内涵、ESG 生态系统里的各利益相关方的期望和要求,探讨企业 ESG 管理实务,以帮助读者了解该如何将 ESG 融入企业的发展战略中,科学管理 ESG 相关事务,并做好相应的 ESG 信息披露,从而提高公司(特别是上市公司和拟上市公司)的非财务绩效,增强监管部门及投资机构的信心,为读者提供全面了解 ESG 的视角。

在本书的创作和出版过程中,特别感谢全体编写团队的贡献。

主　编:李志青、符翀

副主编:刘涛、吴荣良

上海青悦环保团队:刘春蕾、张英豪、王安邦

复旦大学绿色金融研究中心团队:李志青、胡时霖

商道纵横上海 ESG 团队:刘涛、陈雯、杨文婷

长三角 ESG 及零碳研究院团队:符翀、卢皓荣、陈功峻

金茂律师事务所环境健康与安全(EHS)法律服务团队:吴荣良、万美

各章节主要执笔人员如下:

| | | |
|---|---|---|
| 第一章 | ESG 起源与发展 | 李志青、胡时霖 |
| 第二章 | ESG 投资的理论解释 | 李志青、胡时霖 |
| 第三章 | ESG 在投资中的价值实现 | 符翀、卢皓荣 |
| 第四章 | ESG 评级 | 符翀、陈功峻 |
| 第五章 | ESG 外部监管政策现状与趋势 | 万美、吴荣良 |
| 第六章 | ESG 相关报告体系 | 刘涛、杨文婷 |
| 第七章 | 研究机构、民间团体与公众对 ESG 发展的推动 | 万美、吴荣良 |
| 第八章 | 上市公司 ESG 治理实践 | 刘涛、陈雯 |
| 第九章 | 上市公司 ESG 管理实践 | 刘涛、陈雯 |
| 第十章 | 人工智能与大数据在 ESG 工作中的应用 | 刘春蕾、张英豪、王安邦 |
| 第十一章 | ESG 价值转化 | 集体编写 |

ESG 的理论和实践正在不断发展中,相关的法律规制也在探索中。限于时间和作者的水平,书中不足之处甚至错误在所难免,恳请广大读者批评指正。同时也欢迎广大读者将您所关注的 ESG 相关问题,以及您的思考和心得及时告诉我们,以便我们再版时改进。本书由符翀总策划,李志青、吴荣良和刘涛参与组织撰写,在此向他们的辛勤付出表示感谢。

编　者

2021 年世界环境日

# 目 录
Contents

# 第一章 ESG 的起源与发展

 **[本章导读]**

ESG（环境、社会及公司治理，Environmental、Social and Corporate Governance），是一种关注企业环境、社会责任、公司治理表现而非财务绩效的投资理念和评价标准。投资者可以基于投资对象的 ESG 评级结果评估其在促进经济可持续发展、履行社会责任等方面的贡献。ESG 的发展可以从 ESG 信息披露原则及指引、企业 ESG 绩效评级和 ESG 投资指引三个维度进行梳理。国际上 ESG 最初源自公众的自发运动和非营利组织的推广，随后联合国等国际组织开始构建 ESG 相关原则和框架，并推动各国交易所采用 ESG 披露标准，目前已逐步形成了较为完整的 ESG 信息披露和绩效评价体系。

## 第一节 国际起源与发展

### 一、ESG 的国际演进历程

ESG 理念起源于 20 世纪 70 年代。1971 年，美国成立首只 ESG 基金。1990 年成立首个 ESG 指数。2006 年，联合国成立责任投资原则组织（UNPRI），正式提出 ESG 概念。该组织将环境、社会及公司治理作为衡量可持续发展的重要指标，确立了社会责任投资原则。2009 年，以联合国贸易和发展会议（UNCTAD）、联合国全球契约（UN Global Compact）、联合国环境规划署可持续金融倡议（UNEP FI）和联合国责任投资原则组织（UN PRI）共同发起的可持续证券交易所倡议（Sustainable Stock Exchange Initiative，SSEI）为标志，ESG 开启了由证券交易所、投资者、监管机构等多元共促的快速发展阶段。ESG 概念自提出以来，便受到世界各国政府的高度重视，众多国家的企业机构纷纷加入联合国责任投资原则组织。

1. 1970 年代及之前：社会责任投资

通常认为，ESG 脱胎于社会责任投资（SRI）。SRI 的首次提出可以追溯到 200 年前，在 18 世纪的美国，卫理公会教徒（Methodists）拒绝投资与酒精、烟草、赌博或武器相关的业务，这种在宗教教义基础上形成的排除性投资准则成了 SRI 最初的雏形。

在 19 世纪末，贵格派教徒（Quakers）设立了名为 Quakers Friends Fiduciary 的资产管理机构，明确排除对武器、烟草或酒精相关公司的投资，该机构至今仍管理着规模达数亿美元的基金。

到了 20 世纪六七十年代,随着社会发展和环境变化以及少数群体的环境保护、人权平等、反战、和平等意识的觉醒,部分投资者希望将其认为正确的有关社会责任的价值取向反映在投资活动中。在美国卷入越战期间,反对使用化学武器的抗议活动越来越多,一些公司股东反对生产凝固汽油弹或投资于生产上述武器的企业。反战运动进一步推动了可持续投资的实践,并逐渐形成了社会责任投资,这种投资建立在排他性原则的基础上。公众舆论的强烈关注间接促成了第一个关注于可持续发展的共同基金的形成。具有社会责任意识的公司在社会责任领域逐渐出现,并开始影响世界的话语体系。

于是 SRI 理念的基础和出发点从宗教教义,逐渐转变为对当下社会意识形态的反映,从而成为真正意义上的社会责任投资。

1971 年,Pax World 推出了第一支可持续共同基金(PAXWX)。今天它仍然是一只可投资的基金。两位联合卫理公会部长路德·泰森(Luther Tyson)和杰克·科贝特(Jack Corbett)希望避免向对越战作出贡献的公司投资教会资金,因此开创性地创立了 Pax World 基金。他们希望使投资与投资者的价值保持一致,并通过投资选择敦促公司遵守社会和环境责任标准。同年,First Spectrum Fund 的建立也是 SRI 的一大发展。创始人 Thomas N. Delany 和 Royce N. Flippin 保证在分析一个公司"环境、公民权利和消费者保护"方面的表现之前不会对其进行任何投资。

1972 年,记者米尔顿·莫斯科维茨(Milton Moskowitz)构建了一份《社会责任股票清单》,该清单刊登在《商业与社会》上,以追踪包括首批可持续基金在内的广泛市场指数的表现。

1977 年,牧师兼民权领袖莱昂·沙利文(Leon Sullivan)为公司制定了行为准则,被称为《沙利文原则》。这些原则旨在促进企业承担其社会责任,并在南非为应对种族隔离制度而施加经济压力。到 1986 年美国国会通过《全面反种族隔离法案》的时候,《沙利文原则》已经是不可或缺的内容。1987 年,有 125 家美国公司签署了该原则。

2. 1980 年代:企业责任立法

1983 年 12 月,联合国成立了布伦特兰委员会(Brundtland Commission),以团结各国实现可持续发展。Gro Harlem Brundtland 被任命为主席。该委员会鼓励以经济增长、环境保护和社会平等为支柱的可持续发展。该委员会于 1992 年发布了《21 世纪议程》(Agenda 21),这是一份综合性全球行动计划,如今该计划已演变成《2030 年议程》。

1984 年,美国可持续发展投资论坛建立。

1986 年,美国国会通过了《全面反种族隔离法案》,禁止在南非进行新的投资。

1988 年,随着对化石燃料燃烧和全球气温上升的关注日益增多,世界气象组织和联合国环境规划署共同成立了政府间气候变化专门委员会。

1989 年,面对阿拉斯加普拉德霍湾的埃克森·瓦尔迪兹(Exxon Valdez)漏油事件,社会活动家的努力促使建立了环境责任经济联盟(Ceres)。它汇集了投资者、商业领袖和公共利益团体,以加快采用可持续商业惯例和促进世界各个经济体向低碳经济的过渡。

3. 1990 年代:全球行动的号召

随着人们对地球变暖问题严峻性的理解不断提高,很多国家签署了减少碳排放的协议《京都议定书》。但是,可持续投资选择增长依旧缓慢,投资基金的选择范围极其有限。

由于对企业责任关注度不断增长，投资基金采用了负面筛查和正面筛查实践相结合的方法，促使公司在企业决策时需要考虑相对于同行的治理实践情况。

1990 年，Domini 400 社会指数发布。Domini 指数现已更名为 MSCI KLD 400 社会指数，它是第一个追踪可持续投资的资本加权指数。

1992 年，联合国召开环境与发展会议，这是一次全球峰会，讨论如何协调经济发展与环境保护。

1997 年，《京都议定书》签署，召集世界各国领导人制定应对全球变暖的目标。

1998 年，Sustain Ability 的联合创始人约翰·埃尔金顿（John Elkington）与福克斯（Forks）出版了《食人族》一书，在书中作者提出了企业发展的三重底线（TBL）：经济（利润）、环境可持续性和社会责任。Waite 和 Marilyn 在 2013 年发表的论文中将三重底线扩展为四重底线（quadruple bottom line），加入了强调可持续发展的面向未来的方法。

1999 年，道琼斯可持续发展世界指数发布。该指数涵盖了标准普尔全球广泛市场指数表现最好的 2 500 只股票中前 10% 的企业和它们的可持续发展与环境事件披露情况。

4. 2000 年代：ESG 的普及教育

在联合国等国际组织的推动下，可持续投资在全球范围内继续增长。当时的联合国秘书长科菲·安南（Kofi Annan）发起了以《沙利文原则》为基础的全球契约，以鼓励将环境、社会和公司治理整合到资本市场中。基于 ESG 标准的投资也被认为具有财务上的意义，而不仅仅是与反对不道德企业的道德立场联系在一起。

2000 年，全球报告倡议组织（Global Reporting Initiative）为公司提供如何传达其对诸如气候变化、人权和腐败等问题的影响的国际独立标准。

2004 年，全球契约组织发布了具有里程碑意义的报告《谁在乎谁获胜》（*Who Cares Wins*），就如何将 ESG 问题纳入分析，为资产管理和证券经纪业务提供了建议。如今全球契约的签署方已超过 12 000 家。

2005 年，道琼斯北美可持续发展指数（DJSI North America）发布，它根据企业的 ESG 实践状况追踪了标准普尔广泛市场指数（BMI）中最大的 600 只股票中的前 20%。

2006 年，联合国发布了《联合国负责任投资原则》（PRI），该举措的重点是鼓励可持续投资的进一步发展。目前，PRI 已有 2 900 多个资产管理公司和机构投资者的参与。

2008 年，推出了道琼斯可持续发展北美 40 指数和道琼斯可持续发展美国 40 指数。这些子指数包含了美国或北美的 40 家以可持续发展为驱动力的公司。

2009 年，在洛克菲勒基金会会议上，全球影响力投资网络正式成立。这一组织首次提出了影响力投资的想法。除了个人价值因素以外，影响力投资为投资目的增加了影响力的因素。这些投资旨在对社会产生不可或缺的重要影响。

专栏 1-1

**雷曼兄弟破产的教训**

美国原先四大投资银行之一的雷曼兄弟由于投资失利，于 2008 年宣布申请破产保护，给世界经济金融带来了极大的震撼。在其失败原因中，未足够重视 ESG 体系中

的治理要素是非常值得思考的一个问题。这个问题可能导致金融机构面临很大的金融风险。

一方面,治理结构不完善可能导致风险评估结果不准确。雷曼兄弟依托证券公司高杠杆的经营模式开展新业务,大力推动多元化跨界经营,并对其做新业务的子公司提供全额担保。母公司治理结构的不完善,直接影响了信贷机构、评级机构、监管机构等治理主体评价新业务独立风险的准确性。

另一方面,总经理和董事长两职合一的治理结构不利于科学决策的形成。董事会是确定公司战略的主要系统,在一定程度上,董事会的治理决策追求高风险会导致治理行为风险加大。而雷曼兄弟经理层薪酬和股东收益紧紧挂钩的做法,进一步加剧了经理层追求高风险的治理行为。在雷曼兄弟自身出现风险前兆时,董事会没能及时采取管控举措来化解风险。委托代理链条上的信息严重不对称加剧了治理结构的风险。

此外,治理结构的不完善使得业务风险未能得到有效控制。雷曼兄弟以"交叉销售""高风险回报"为主要战略,其复杂的产品和衍生工具使得风险评估变得困难,风险不断加大。与此同时,雷曼兄弟过于依赖评级机构,也使得风险承担者与控制者严重分离,不利于风险的有效控制。

从该案例可以看出,ESG体系对金融的持续健康发展至关重要,尤其是在治理方面,健全的治理结构有助于及时防范和化解风险,推动金融业务和金融机构的发展,反之,则可能酿成风险甚至爆发危机,影响经济金融的稳定。

## 专栏1-2

### 谁在乎谁获胜(*Who Cares Wins*)

由联合国秘书长和UN Global Compact于2004年与瑞士政府合作发布的*Who Cares Wins*(WCW)得到了23家金融机构的认可,这些金融机构的资产总额超过6万亿美元。国际金融公司和世界银行集团也在其中。这份报告的目的是就如何将环境、社会和公司治理(ESG)因素引入资产管理、证券交易业和有关研究机构提供指导与建议,共有9个国家的20多个金融机构参与了该报告的撰写。

2004—2008年,联合国全球契约组织(UNGC)、国际金融公司和瑞士政府为投资专业人士资助了一系列活动,为资产管理人和投资研究人员提供了与机构资产所有者、公司和机构互动的平台。该计划旨在增强业界对ESG风险和机遇的了解,并改善ESG与投资决策的整合。从投资者与公司之间的接口到ESG问题在新兴市场投资中的特殊作用,每个事件都被认为是ESG主流化的一个特定元素。这些在每个事件之后发布的相应报告中有更详细的讨论。在与业界进行了四年的磋商后,最终报告提出了进一步整合ESG的行动,扩大现有专业知识,以将ESG问题广泛整合到金融市场中。

最终,这份报告为分析师、金融机构、公司等不同角色提供了不同的环境、社会和公司治理问题的建议。例如,建议"投资者明确要求和奖励那些涵盖了环境、社会和公司治理因素的研究,并肯定那些很好地管理这一问题的公司。我们要求资产管理者将有关研究引入投资决策中,并鼓励券商和公司提供更好的研究和信息。不管是投资者还是资产管理者都应该实施或者推介与环境、社会和公司治理问题相关的代理投票权。因为这样可以支持那些正在开展有关研究和提供有关服务的分析师和基金经理"。

5. 2010 年代:将 ESG 纳入实践

随着气候变化,劳工福利和环境恶化等问题的出现,其引发的与社会发展相关的挑战也越来越多地暴露出来,消费者的购买决策逐渐从价格优势转变为考虑社会发展可持续性问题。因此,他们对公众公司(Public Company)寄予厚望,他们希望公众公司能成为环境的管理者,维护所有利益相关者的福祉,并以符合道德的、透明的方式进行企业治理。但是,ESG 作为一种发展中的实践,尚未形成统一的标准,有许多自称可持续的 ESG 治理规则如雨后春笋般产生,试图建立规范和标准。

2011 年,可持续发展会计标准委员会成立。该委员会的任务是为企业在 ESG 问题上的报告建立行业特定的标准,并帮助企业了解如何报告这些指标。

2015 年,世界各国领导人在应对气候变化和适应其影响方面达成共识,在《联合国气候变化框架公约》下签署了《巴黎协定》。

2015 年,美国劳工部规定,只要投资在经济和财务上与计划的目标、回报、风险以及其他与竞争有关的财务属性一致,退休金和计划发起人可以投资于对社会负责的投资(SRI)。作为对美国劳工部规定的回应,美国最大的公共养老基金 CalPERS 于 2016 年通过了一项五年计划,将 ESG 原则纳入其投资流程。

2018 年,贝莱德(Black Rock)创始人兼首席执行官拉里·芬克(Larry Fink)向各公司首席执行官致辞,敦促各公司通过专注于公司在社会中的作用来定位其业务的长期盈利能力。

2019 年 8 月 19 日,由苹果、亚马逊、美国航空公司、摩根大通集团、沃尔玛、百事公司等 181 位美国顶级公司 CEO 组成的商业圆桌会议发表联合声明,重新定义了公司经营的宗旨,认为股东利益不再是一个公司最重要的目标,公司的首要任务是创造一个美好社会。这份《公司宗旨声明》称,"虽然我们每个公司都有各自目标,但我们对所有利益相关方都有一个共同且基本的承诺",这些承诺包括"为客户提供价值""投资于我们的员工""公平和道德地对待我们的供应商""支持我们工作的社区",还有"为股东创造长期价值"。ESG 构造了一种全新的坐标体系,从长期维度来衡量公司价值。这样的公司价值坐标体系恰恰符合《公司宗旨声明》中提到的多利益相关方维度,也符合股东的长期利益。

2019 年 12 月 6 日,欧洲银行管理局(EBA)发布《可持续金融行动计划》,概述了 EBA 将针对 ESG 因素以及与之相关风险所展开的任务内容与具体时间表,并重点介绍了有关可持续金融的关键政策信息。《可持续金融行动计划》旨在传达 EBA 政策方向,为金融机构的未来实践与经济行为提供指引,以期支持欧盟的可持续金融发展稳步推进。

2020 年 1 月,中证指数有限公司发布的《ESG 投资发展报告(2019)》显示,目前全球主流指数供应商都构建了自身的 ESG 体系框架,搭建了从 ESG 价值理念到实际投资产品的桥梁。美国市场 ESG ETF 新发势头强劲,规模连续 4 年持续增长。截至 2019 年年底,美国共有 ESG ETF56 只,总规模 157.9 亿美元,同比增长 173%。

2020 年,在新型冠状病毒肺炎大流行、整个基金市场竞相抛售的情况下,全球可持续性基金在第一季度吸引了 456 亿美元的资金,同一时期,整个基金领域的资金流出为 3 847 亿美元。在美国,2020 年上半年推出了 23 只新的可持续发展基金,这是连续第六年在美国推出了超过 20 只可持续发展基金。

联合国发布的《2020 年第三季度责任投资报告》显示,截至 2020 年 3 月 31 日,全球共有 3 038 家机构加入责任投资原则组织,成员机构管理的资产总规模超过 103.4 万亿美元[1]。

2020 年 3 月,Sustain Ability[2] 发布了该系列的下一份报告,即《评估 2020 评级者:投资者调查和访谈结果》。该报告称,投资者对 ESG 表现的兴趣日益增加,使努力为 ESG 数据收集和报告分配有限的资源的企业从业者和同事感到鼓舞。

表 1.1　ESG 国际发展时间轴

| |
| --- |
| 1962 年,越南战争中美军大量使用了橙剂[3],造成美国国内反思浪潮 |
| 1971 年,创立第一只可持续共同基金(PAXWX) |
| 1972 年,发布《社会责任股票清单》 |
| 1977 年,提出《沙利文原则》 |
| 1986 年,《沙利文原则》在南非被美国企业广泛采纳 |
| 1989 年,埃克森·瓦尔迪兹(Exxon Valdez)漏油事件引发人们对企业社会责任的关注和要求 |
| 1990 年,发布第一个追踪可持续投资的资本指数 Domini 400 社会指数 |
| 1992 年,联合国发布《21 世纪议程》(Agenda 21) |
| 1997 年,签署《京都议定书》,召集世界各国领导人制定应对全球变暖的目标 |
| 1999 年,发布道琼斯可持续发展世界指数 |
| 2004 年,发布报告《谁在乎谁获胜》(Who Cares Wins) |
| 2006 年,发布《联合国责任投资原则》 |
| 2009 年,成立全球影响力投资网络 |
| 2015 年,全球领导人签署《巴黎协定》 |
| 2016 年,ESG 原则被纳入美国最大的公共养老基金投资流程 |
| 2019 年,美国共有 ESG ETF56 只,总规模 157.9 亿美元,同比增长 173% |
| 2020 年,全球可持续性基金在第一季度吸引了 456 亿美元的资金 |

───────────

〔1〕　https://www.unpri.org/download?ac＝10691。

〔2〕　2010 年,ESG 智囊团 Sustain Ability 发起了一项研究计划,即"评级者",旨在"影响并提高企业可持续性评级的质量和透明度"。上面引用的两个报告是此程序中的最新报告。Sustain Ability 是 ERM 集团的一家公司。

〔3〕　橙剂(Agent Orange),是掺杂了一种剧毒的物质二噁英(TCDD)的致命毒剂,由于这些落叶剂或除草剂装运容器上的橙色条纹,故名"橙剂"。

表 1.2　国际上与 ESG 相关的主要指标

| 主　体 | 涉及 ESG 的相关指标 | 参 考 文 件 |
|---|---|---|
| 全球报告倡议组织 | 聚焦环境和社会。环境类包括 12 类 34 项,涵盖物料、能源、污水和废弃物、废气排放等领域;社会类包括 30 类 48 项,涵盖劳工实践、人权、社会影响、产品责任等领域 | 《可持续发展报告指南》(GRI)(第四版) |
| 非营利可持续会计准则委员会 | 可持续准则整体包括 10 大类 79 个行业,其中涉及环境和治理 | 非营利可持续会计准则 |
| 国际综合报告委员会 | 财务绩效和社会、环境的联系 | 综合报告 |
| 欧盟议会和欧盟委员会 | 环境问题、社会和员工问题、人权、反腐败和贿赂问题、董事会和管理层多样性 | 欧盟 2014 非财务报告指引 |
| 世界银行 | 聚焦环境和社会,由可持续发展愿景、投资项目融资的环境和社会政策、环境和社会标准及其附件三部分组成 | 环境和社会框架 |
| 国际金融公司 | 可持续框架聚焦环境和社会。单独对公司治理提出框架,认为没有针对所有客户的"一刀切"的方法 | 可持续框架和公司治理发展框架 |
| 亚洲开发银行 | 环境、社会和公司治理信息。关注的领域包括农业和食品安全、气候变化、性别和发展、社会发展和贫困、水等 | 公司可持续报告 |
| 二十国集团/经合组织 | 涉及公司治理的原则,包括治理框架基础、股东权利、机构投资者、股票市场和其他中介、利益相关者、披露和透明、董事会职责等 | 公司治理原则 |

## 二、推动 ESG 国际发展的三大因素

ESG 的国际发展经历了三大因素的推动:首先是关于信托与可持续性发展问题之间关系的激烈的思想辩论和法理辩论;第二是气候变化;第三是公司治理不善对市场的有害性。

首先,是关于信托与可持续性发展问题的辩论。2005 年,环境署委托法学家弗里斯菲尔德·布鲁克豪斯·德林格(Bruckhaus Deringer)提交了具有里程碑意义的报告,回答了一个具体问题:是否将环境、社会和治理问题纳入自愿允许、法律要求或受法律法规限制的投资政策(包括资产分配、投资组合构建以及股票或债券的选择)。该报告研究了七个主要世界发达市场(包括美国、英国、德国和法国)有关信托义务的法律。该报告着重考量了美国审慎投资者的规则,该规则是统一的联邦法律(例如 ERISA1974 年《雇员退休收入保障法》)的基础,该法律为自愿建立的养老金和医疗计划设定了在私营企业中为这些计划中的个人及其州级对应机构提供保护的最低标准。该报告得出的结论是,需要将 ESG 纳入与信托义务相符的地方,而且忽略这些长期风险实际上可能违反了信托义务(Freshfields Bruckhaus Deringer,2005)。这一结论扫除了 ESG 发展的主要障碍。该报告总结道:"如上所述,ESG 因素与财务绩效之间的联系日益得到认可。在此基础上,将 ESG 因素整合到投资分析中,以便更可靠地预测财务绩效是被明确允许的,并且在所有

辖区中都是无争议的要求。"

第二个关键推动因素是气候变化。早在 1980 年代,气候科学家就对其气候变化模型的表现感到担忧。政府间气候变化专门委员会(IPCC)由世界气象组织(WMO)和联合国环境规划署(UNEP)于 1988 年共同建立,以应对社会对化石燃料燃烧和全球气温上升的日益关注。

UNEP 还提高了人们对气候变化的认识。2005 年 8 月,UNEP 发布了气候对保险业影响的第一份报告。碰巧的是,该报告发布时间刚好在卡特里娜飓风猛烈袭击美国墨西哥湾沿岸时。该报告与 IPCC 的评估相吻合,认为世界只有两种选择:要么遭受环境灾难,要么解决全球变暖问题。

第三个因素是对公司治理的错误理念的反思。公司治理和道德上的失败导致了 2008 年次级抵押贷款危机和随后的大萧条,这两者与气候变化一起组成了 ESG 研究的推动力三重奏。尽管在次贷危机或 ESG 分析出现之前,良好的公司治理本来应该是基础投资的核心,但可以肯定的是,不良的道德行为一直隐匿着,直到发现时为时已晚。不幸的是,当不良行为袭击市场时,资本市场的复杂性以及全球各地资本流动的速度加剧了投资者的利益受损的速度。

1929 年的股市崩盘(导致 1930 年代的大萧条),使得市场对标准化的财务报告提出了更高的要求。2008—2009 年次贷市场崩溃以及随后的大萧条使大型资产所有者明确表示,他们需要更好的框架来评估市场风险,尤其是围绕复杂的衍生工具和影子银行系统的风险。董事会首席执行官和主席职能分离、董事会独立性、有关可持续性问题的监督委员会、透明度、政治捐赠以及许多其他问题,对于股票的长期表现至关重要。投资者需要一个评价标准,通过它们可以评估气候变化、公司治理和行为的风险。然而,华尔街的传统分析方法并没有提供这种分析图景,因此 ESG 分析的需求已经成熟。

## 第二节　国内发展情况

### 一、发展背景

2020 年 4 月 2 日美股盘前,瑞幸发布公告,曝出公司在 2019 年第二季度至第四季度涉及巨额财务造假,与虚假交易相关的销售金额约为 22 亿元人民币。根据瑞幸向美国证监会提供的文件显示,在此期间,公司有关成本和费用也因虚假交易而大幅膨胀。

公告发布后,股市产生大幅波动。盘前瑞幸美股跌幅超 80%,触发熔断机制,开盘后,瑞幸连续六次触发盘中熔断,被强制停止交易,当日公司市值蒸发近 50 亿美元。长期以来这一头戴多项光环的明星独角兽、国内规模最大的咖啡连锁品牌的财务造假事件,在国内外社会各界引发轩然大波,受到广泛关注,被推到了风口浪尖。中国证监会第一时间发布声明表明严正立场,"按照国际证券监管合作的有关安排,依法对相关情况进行核查,坚决打击证券欺诈行为,切实保护投资者权益"。

早在事发前两个月,国际知名做空机构浑水公司派出共计 1 510 位调查员进行实时实地监控,详细统计瑞幸各线下门店人流量,记录营业时间录像视频,由统计结果得出五大确凿证据和六大危险信号,并揭露其五大商业模式缺陷[1]。然而瑞幸公司的财务造假事件仅仅是冰山一角,近年,债券市场信用违约、大众汽车尾气排放数据造假作弊、长春长生生物毒疫苗、康美药业财务爆雷等一系列社会恶性事件不断进入公众视野,传统的公司评价模式对于此类具有高风险、难以预测且通常会引起市场连锁负面效应甚至颠覆的"黑天鹅事件"往往不能提供准确的揭示和披露。在金融机构对长期非财务风险的评级产生新需求的背景下,国际组织、各国政府、企业、投资者等利益相关方的重视程度不断提高,ESG 投资理念逐渐由此演变,应运而生,以环境、社会和公司治理三个不同维度作为公司评级的核心指标,包括信息披露、评估评级、投资指引三个方面,在全新层面上符合并满足当代投资者的价值评估需求,有助于提前预知相关风险,防止资本盲目追求经济效益而不考虑其承担的社会责任,推行倡导良善的价值观。企业 ESG 的表现对社会各界产生显著影响,社会公众的反映也会直观地表现在公司价值上,因此企业 ESG 的表现在近年逐渐受到国际社会的广泛重视。

## 二、国内 ESG 发展历程

我国 ESG 投资的发展主要分为三个阶段:社会责任理念的形成和倡导自愿披露责任报告(2008 年以前);社会责任报告自愿披露和强制披露相结合(2008 年至 2015 年 9 月);进一步完善社会责任报告披露制度(2015 年 9 月至今)。

### 1. 社会责任理念形成与倡导自愿披露责任报告阶段

2002 年 1 月 7 日,中国证监会与国家经贸委联合发布《上市公司治理准则》,其中第八十六条明确指出"上市公司在保持公司持续发展、实现股东利益最大化的同时,应关注所在社区的福利、环境保护、公益事业等问题,重视公司的社会责任"。同时,对信息披露与透明度做出了具体要求,其中包括公司治理信息的披露,此举被认为是监管机构明确企业社会责任的第一步。

2003 年 9 月 22 日,国家环保总局发布《关于企业环境信息公开的公告》,要求超标准排放污染物或者超过污染物排放总量规定限额的污染严重企业披露环境保护方针、污染物排放总量、企业环境污染治理、环保守法、环境管理五类环境信息,另外包括自愿公开的环境信息,对于部分污染严重的企业自愿与强制披露相结合,此举被认为是国内企业环境信息披露要求的第一步。

2005 年 11 月 12 日,国家环保总局发布《关于加快推进企业环境行为评价工作的意见》,使用绿色、蓝色、黄色、红色、黑色分别进行标示,并向社会公布,以方便公众了解和辨识。与此同时发布《企业环境行为评价技术指南》,明确了企业环境行为的评价标准,要求各地选择适合当地情况的环境行为评价标准类别。

2006 年 9 月 25 日,深交所发布《深圳证券交易所上市公司社会责任指引》,其中第三十五、三十六条鼓励上市公司建立社会责任制度,将社会责任报告对外披露,但不具有强制性,

---

〔1〕 金融界.浑水公司做空瑞幸咖啡调查报告全文(中文版)[EB/OL].https://www.sohu.com/a/385208807_114984.2021 年 4 月 20 日.

仍属于自愿披露阶段。这响应了联合国责任投资原则(UNPRI),充分借鉴了国际市场经验。

2007 年 1 月 30 日,中国证监会发布《上市公司信息披露管理办法》,规范发行人、上市公司及其他信息披露义务人的信息披露行为,加强信息披露事务管理,为后续的 ESG 相关信息披露奠定了法律和行政法规基础。

2007 年 4 月 11 日,环保总局公布《环境信息公开办法(试行)》,国家鼓励企业自愿公开企业环境信息并给予相应奖励。

2007 年 12 月 29 日,国务院国资委印发《关于中央企业履行社会责任的指导意见》,其中第十八条提出建立社会责任报告制度,有条件的企业要定期发布社会责任报告或可持续发展报告,公布企业履行社会责任的现状、规划和措施,属于自愿披露要求。

在此阶段,国内有关监管机构为推进经济社会可持续发展,充分借鉴国外社会责任的发展经验,结合我国发展情况,逐步形成社会责任理念,以倡导、鼓励自愿披露报告的形式为主,为后续 ESG 投资理念在国内的发展打下了良好的基础。

2. 社会责任报告自愿披露与强制披露相结合阶段

2008 年 5 月 14 日,上交所发布《关于加强上市公司社会责任承担工作的通知》及《上海证券交易所上市公司环境信息披露指引》,明确要求上市公司披露与环境保护相关且可能对股价产生影响的重大事件,被列入环保部门的污染严重企业名单的上市公司需要及时披露相关信息。

2008 年 12 月 30 日,上交所和深交所分别发布《关于做好上市公司 2008 年年度报告工作的通知》,要求纳入"上证公司治理板块"及"深证 100 指数"的上市公司、发行境外上市外资股的公司及金融类公司披露社会责任报告。此举被认为是监管机构强制要求企业披露社会责任报告的第一步。

2012 年 2 月 24 日,中国银监会印发《绿色信贷指引》,推动银行业金融机构以绿色信贷为抓手,积极调整信贷结构,有效防范环境与社会风险,更好地服务实体经济,促进经济发展方式转变和经济结构调整。

2012 年 12 月 14 日,中国证监会发布《公开发行证券的公司信息披露内容与格式准则第 30 号》,明确了创业板上市公司年度报告的内容与格式,要求社会责任报告应经公司董事会审议并以单独报告的形式披露,且包括公司治理的实际状况的披露。上市公司社会责任报告的要求由此逐步清晰明确。

2013 年 4 月 8 日,深交所发布《上市公司信息披露工作考核办法》,上市公司信息披露工作考核结果依据上市公司信息披露质量从高到低划分为 A、B、C、D 四个等级。其中按规定应当披露社会责任报告的,未按照规定及时披露的企业信息披露工作考核结果不得评为 A。对不按规定披露社会责任报告的企业降低评级,进入自愿与强制披露相结合的阶段。

2014 年 4 月 24 日,全国人大常委会修订《环境保护法》,立法明确规定企事业单位和其他生产经营者应当防止、减少环境污染和生态破坏,对所造成的损害依法承担责任。

2015 年 1 月 13 日,银监会与国家发改委联合发布《能效信贷指引》,促进银行业金融机构能效信贷持续健康发展,积极支持产业结构调整和企业技术改造升级。

在此阶段,国内监管机构明确社会责任报告披露的实施细则,强制性披露的法律法规应运而生,推动了 ESG 投资理念的进一步完善。

**3. 进一步完善社会责任报告披露制度阶段**

2016 年 8 月 31 日,人民银行、财政部、国家发改委、环境保护部、银监会、证监会、保监会七部委联合发布《关于构建绿色金融体系的指导意见》,构建绿色金融体系也上升为国家战略要求,统一和完善有关监管规则和标准,强化对信息披露的要求。

2016 年 12 月 30 日,上交所发布《关于进一步完善上市公司扶贫工作信息披露的通知》,全面细化了上市公司扶贫相关社会责任工作的信息披露要求,强调了企业在扶贫相关方面应履行的社会责任。

2017 年 6 月 12 日,环保部与证监会联合签署《关于共同开展上市公司环境信息披露工作的合作协议》,共同推动建立和完善上市公司强制性环境信息披露制度,督促上市公司履行环境保护社会责任。

2017 年,上交所和深交所分别成为联合国可持续证券交易所倡议组织(UN Sustainable Stock Exchange Initiative)第 65 家和第 67 家伙伴交易所,有助于借鉴国际成功经验,进一步丰富绿色债券、绿色证券指数等绿色金融产品序列,完善我国上市公司的可持续性信息披露框架。

2018 年 6 月 1 日,A 股正式纳入 MSCI 新兴市场指数,是中国资本市场对外开放进程中的又一标志性事件。所有被纳入的 A 股上市公司需要接受 ESG 评测,其中不符合标准的公司将被调低评级,或从该 ESG 指数中剔除。

2018 年 9 月 30 日,中国证监会修订《上市公司治理准则》,增加了第八章"利益相关者、环境保护与社会责任",确立了环境、社会责任和公司治理(ESG)信息披露的基本框架,要求上市公司披露环境信息以及履行扶贫等社会责任相关情况。

2018 年 11 月 10 日,中国证券投资基金业协会发布《中国上市公司 ESG 评价体系研究报告》和《绿色投资指引(试行)》,发布上市公司 ESG 绩效的核心指标体系,鼓励基金管理人关注环境可持续性,强化基金管理人对环境风险的认知,明确绿色投资的内涵,推动基金行业发展绿色投资,改善投资活动的环境绩效,促进绿色、可持续的经济增长。自此我国上市公司开始将衡量 ESG 披露质量作为投资决策参考的重要信息。

在此阶段,社会责任报告披露制度得到进一步完善,监管机构对实施细则进行修订,向投资者传达更加可靠且有效的上市公司社会责任信息,相关研究机构提出了具体的量化评价模式。此外,部分国内上市公司被纳入 ESG 评级体系,实现了与国际的正式接轨。

**表 1.3  我国 ESG 发展的主要政策制度梳理**

| 时间 | 政 策 制 度 | 说 明 |
|---|---|---|
| 2003 年 | 《关于企业环境信息公开的公告》(原环保总局) | 要求重点污染企业披露五类环境信息 |
| 2006 年 | 《深圳证券交易所上市公司社会责任指引》(深交所) | 自愿披露并不具有强制性。有关上市公司在环境和社会方面的工作,多见"倡导""鼓励"等词汇 |
| 2007 年 | 《上市公司信息披露管理办法》(证监会) | 未形成 ESG 专门性的规范文件 |
| 2008 年 | 《上海证券交易所上市公司环境信息披露指引》(上交所) | 属于自愿披露并不具有强制性。多见"倡导""鼓励"等词汇 |

（续表）

| 时间 | 政 策 制 度 | 说　明 |
|---|---|---|
| 2012 年 | 《绿色信贷指引》（原银监会） | 推动银行业金融机构以绿色信贷为抓手,积极调整信贷结构,有效防范环境与社会风险,更好地服务实体经济 |
| 2013 年 | 《绿色信贷统计制度》（原银监会） | 对重大风险企业信贷情况、支持节能环保项目贷款情况等定期统计,旨在更准确地掌握银行业金融机构绿色信贷开展情况 |
| 2014 年 | 《环境保护法》（原环保总局） | 以法律形式明确规定公司披露污染数据、政府环境监管机构公开信息 |
| 2015 年 | 《能效信贷指引》（原银监会、国家发改委） | 促进银行业金融机构能效信贷持续健康发展,积极支持产业结构调整和企业技术改造升级 |
| 2016 年 | 《关于构建绿色金融体系的指导意见》（人民银行、原银监会、原保监会等七部委） | 将逐步建立和完善上市公司和发债企业强制性信息披露制度 |
| 2017 年 | 《关于共同开展上市公司环境信息披露工作的合作协议》（环保部与证监会） | 推动建立和完善上市公司强制性环境信息披露制度,意味着我国 ESG 体系从顶层设计落实到执行层面 |
| 2017 年 | 《中国银行业绿色银行评价实施方案（试行）》（原银监会） | 督促银行业金融机构全面对照标准自查绿色信贷工作中的缺陷 |
| 2017 年 | 上交所和深交所分别正式成为联合国可持续证券交易所倡议组织（UN Sustainable Stock Exchange Initiative）第 65 家和第 67 家伙伴交易所 | 进一步要求我国监管机构完善上市公司 ESG 信息披露框架,将大大推动我国上市公司 ESG 信息披露与国际的接轨 |
| 2018 年 | 6 月 1 日,A 股正式以 2.5% 的比例纳入 MSCI 新兴市场指数,9 月这一比例已再一次提高至 5% | 所有被纳入的 A 股公司将接受 ESG 评测,不符合标准的公司将会被剔除 |
| 2018 年 | 《绿色投资指引（试行）》（征求意见稿）（中国基金业协会） | 鼓励基金管理人面向境内外社保基金、保险资金、养老金、企业年金、社会公益基金及其他专业机构投资者提供有针对性的绿色投资服务,推动建立绿色投资长效机制 |
| 2018 年 | 《上市公司治理准则》（证监会） | 将生态环保的要求融入发展战略和公司治理过程,披露环境信息以及履行扶贫等社会责任的相关情况 |

# 第三节　国内外对比情况分析

## 一、国内外 ESG 发展的共同点

首先,在 ESG 理念的框架下,E、S 和 G 分别使用了多个评价指标,且披露、评价和投资过程相互衔接。从国内外 ESG 体系的内容看,环境领域多涉及企业的资源消费和处理、废物管理及绿色发展等内容;社会领域多涉及企业员工、股东、产品和消费者、企业信用及安全等内容;治理方面多涉及公司治理、风险管理和外部监督等内容。在此基础上,披露、评价和投资过程有机衔接,完整展示了企业在 ESG 各方面的表现,并最终体现在资本市场价格中。

其次,各机构、组织和交易所的披露原则和指导逐步完善。一方面,国内外 ESG 发展对信息披露的要求不断调整。例如,GRI 的《可持续发展报告指南》已修订五次;我国2018 年修订了《上市公司治理准则》。另一方面,全球主要交易所不断推进上市公司 ESG披露程度,逐步从自愿披露向半强制过渡,披露内容也逐渐多元化,推动了当地上市公司信息披露的质量和水平。

最后,ESG 均对投资有一定引导效果。国内外许多投资机构开始将 ESG 体系作为决定投资策略的重要参考依据。国际上,2017 年全球 ESG 资产管理规模接近 29 万亿美金,增长迅速。在我国,与 ESG 相关的投资资产总规模也不断扩大。摩根士丹利曾发布报告表示,近年来 MSCI 新兴市场 ESG 指数的超额收益主要来自 ESG 理念的应用。总的来说,ESG 在引导投资方面发挥了愈加显著的作用,投资机构通过贯彻 ESG 理念,能获取较好的社会效益和经济效益。

## 二、国内外 ESG 发展的不同点

### 1. 发展阶段的差异

我国 ESG 发展滞后于国外,信息披露环境和数据基础较差。近年来,我国监管部门、企业和公众对 ESG 理念的重视程度有所增加。然而,我国 ESG 体系的完整性较国外仍有较大差距,对企业在履行社会责任或绿色发展方面单独的研究也存在局限。具体包括:

(1) 评级的覆盖率和采用率存在差异。

海外主要由 MSCI、富时罗素等指数公司进行 ESG 评级,并且评级做到了全市场覆盖;而中国目前主要依赖商道融绿、社投盟等第三方机构进行 ESG 评级,评级仅覆盖了部分 A 股公司。

(2) ESG 规模差异。

2019 年,在《ESG 与绿色投资调查问卷》的调查中,ESG 相关的产品合计发行了 17只,资产管理规模为 170.57 亿元。但是,这个数据相对于中国公募行业的 17.7 万亿元的资产管理规模来说,只是九牛一毛。与之相对应,在加拿大、欧洲等发达国家和地区,可持续资产的规模占整个资产的比例达到了 50%。2018 年,影响力投资资产管理规模达到了5 000 亿美元。全球 ESG 投资在五大市场中的总规模达到了 30.7 万亿美元,两年中增长了 34%。我国与 ESG 投资相关的产业链仍在构建当中,包括投资管理公司、第三方独立评估机构、企业孵化器、社会企业上市交易市场等机构仍未完全配套。

(3) 法规完善程度存在差异。

我国针对金融 ESG 专门的法律法规还不完善,相对分散,除香港联合交易所在 2012年出台了《环境、社会和治理指引》外,还没有专门针对金融 ESG 的规范性指引。尽管中国证监会在修订的《上市公司治理准则》中已明确上市公司环境、社会和公司治理信息披露的基本框架,但缺乏严格的约束机制,未对 ESG 信息披露格式做出对应的规范。

　　整体上看,ESG 理念走向成熟的三大阶段分别为理念普及、信息披露与评级制度完善、ESG 投资策略构建,前者依次构成了后者的基础建设。目前国外 ESG 发展较为先进的国家和地区的前两个阶段的建设已较为成熟,ESG 投资产品与策略种类繁多,市场火热。而国内仍然处在 ESG 发展的第二阶段。

　　2. 发展方式的差异

　　国外 ESG 的形成以自发为主,我国则以政府引导为主。国际上 ESG 最初源自公众的自发运动和非营利组织的推广,随后联合国等国际影响较大的组织开始构建 ESG 相关原则和框架,并推动各国交易所采用 ESG 披露标准。在我国,政府颁布的相关文件构成了早期 ESG 体系,然后自上而下地逐步推进企业和公众对 ESG 的理解。虽然我国各类非政府机构也发布各自的 ESG 评级和投资指引,但政府仍在我国构建 ESG 体系中发挥了重要的引导作用。

　　在欧美市场,ESG 投资理念最早可以追溯到早期的伦理投资及后期的社会责任投资,伦理投资特别是宗教类的基金在投资的时候会要求不能投资烟草、军工等行业,社会责任投资则希望避免投资存在劳工、环境问题的上市公司,两者的共性是投资人有特定的偏好或要求。ESG 理念是伦理投资、社会责任投资理念主流化之后的提法,热衷 ESG 理念的主要是大型的具有长期资金属性的主权基金、养老金及保险资金。这些投资人希望配置长期稳健的资产,与 ESG 理念一拍即合。所以,总体上看,欧美 ESG 理念是市场驱动的,或更准确地说,是投资人驱动的。在中国市场,ESG 投资理念的快速发展得益于绿色金融的快速发展,绿色金融的快速发展很大一部分原因是自上而下的政策推动,如2016 年七部委联合印发《关于构建绿色金融体系的指导意见》、2018 年中国基金业协会印发《绿色投资指引》都极大提升了市场对绿色金融、ESG 的认识。

　　3. ESG 评价指标体系的差异

　　(1)国内外 ESG 评价指标体系存在一定差异。

　　一方面,我国在对 E、S、G 三方指标的设定上与国外存在差异。例如,在社会责任方面,"人权"和"社区影响"等指标在国外被普遍使用,国内则较少涉及,而是增加了"扶贫"等特色化指标。另一方面,由于国情不同,对于某一相同指标,我国评级机构使用的指标权重与国外也不完全相同。

　　(2)国内的 ESG 数据相对频率较低。

　　企业仅需以年报或者独立报告的形式进行 ESG 信息披露,这意味着往往只有年度的ESG 数据。同时,国内的 ESG 数据往往呈现非结构化的特点,即以定性描述为主,定量描述只作为辅助的手段。

　　(3)投资主体存在差异。

　　金融市场结构的差异导致了 ESG 投资的发展差异。金融市场结构差异主要表现在两个方面。一是股票市场上机构投资者和个人投资者所占比重不同,欧美市场中机构投资者是市场主力,占比高;中国市场的个人投资者即散户的比例很高,约占半壁江山。二是金融市场直接融资和间接融资所占比重不同。欧美市场是直接融资比例高,资本市场发达,银行占比相对较低;中国市场是间接融资占比高,银行体系发达,在市场上的影响力大。

金融市场的结构差异使得国外 ESG 投资的投资主体更加多元化。公益创投组织是 ESG 投资的重要主体。在加拿大、英国、德国、美国等国家,社会部门 GDP 占比达 5%。社会部门可以借助公益创投等具备 ESG 投资性质的机构进行多层次投资。在欧洲,公募基金是 ESG 的先行者,商业银行是 ESG 投资的后来者;在中国,银行体系影响力大,特别是银行纷纷成立理财子公司之后,会对市场产生很大的影响。

# 第四节　中国 ESG 发展的问题与挑战

基于国际上发展较先进的 ESG 信息披露现状、国际主流 ESG 信息披露标准 GRI、ISO16000 和 SASB 的比较,以及前述三种决定机制的影响,中国 ESG 发展存在着信息披露标准不规范、信息披露指引不统一、政策体系不完整以及专项监管服务部门及非营利组织缺失等诸多问题。

## 一、信息披露标准不规范

现阶段我国具有多种类型相关信息披露制度,主要可分为强制披露制度、半强制披露制度以及自愿披露制度。

强制披露制度主要针对重点排污单位及其子公司,强制要求其披露相关环境信息;半强制披露制度主要针对重点排污单位之外的上市公司,对其放宽信息披露标准,要求其遵守相关标准或在不遵守相关标准时给予一定的解释;与之相似,自愿信息披露制度对上市公司的信息披露主要采取鼓励方式。

这种不规范的信息披露制度使得不同公司在进行信息披露时水平参差不齐,因此现阶段国内企业所披露的 ESG 信息主要以描述性披露为主,缺乏定量指标来对 ESG 等级进行评级量化。大量的主观描述也降低了 ESG 报告的参考价值,起不到促进投资者关注责任投资的作用,反而会使他们对企业的真实 ESG 水平产生误判。另一方面,企业可能会选择自愿披露对其有利的信息,并规避不利信息的披露,这也导致了 ESG 信息披露参考价值的降低。

## 二、信息披露指引不统一

缺乏指引机制的主要问题在于,掌握较多宏观信息的国家有关部门无法将市场或投资者、民众等关注的 ESG 信息重点传递给企业,虽然企业是信息提供方,但在缺乏指引的情况下企业无法最有效地整合手中持有的大量信息,因此会存在有价值的信息被忽略,而披露的 ESG 信息价值较低的情况。

## 三、政策体系不完整

虽然我国主要通过政策来引导 ESG 体系在国内的发展,但政策的完善程度相比于国际仍有较大差距。例如,2015 年,联合国提出了 17 项可持续发展目标(SDGs),美国随即对其做出了回应,并发布了基于完整 ESG 考量的《解释公告 IB2015-01》,表明了其对于发

展 ESG 体系的支持立场,鼓励在投资决策中应用 ESG 指标进行衡量[1]。相比之下,中国的政策体系仍然只停留在宏观决策层面,缺乏对 ESG 指标和体系等微观层面的政策。

## 四、专项监管服务部门及非营利组织缺失

目前,国内对 ESG 进行监管的部门主要是政府、证监会等,虽然第三方机构承担起了协助企业进行信息披露的责任,但 ESG 信息披露的研究投入不足,专项监管、鉴证机构仍旧缺失。国际上已经建立起了类似于绿色和可持续金融跨机构督导小组的 ESG 专项监管服务部门,这些部门一方面可以对相关政策进行落实,另一方面也承担起监督上市公司的责任,并可以通过小组的方式扩大社会对于 ESG 的认知。在缺少专项监管部门的同时,由于中国仍处在自上而下推动 ESG 体系发展的阶段,因此中国缺少非营利组织来替代监管部门的责任,这两项综合起来,导致了在国内建立完整 ESG 体系的难度较大,发展缓慢。

## [本章小结]

ESG 发展起源于 20 世纪 70 年代。1971 年,美国成立首只 ESG 基金。1990 年设立首个 ESG 指数。2006 年,联合国成立责任投资原则组织(UN PRI),正式提出 ESG 概念。随着近些年国际社会对 ESG 的关注,我国也加强了对 ESG 的重视程度,于 2003 年将环境、社会与公司治理理念纳入相关监督管理框架中,同时各大企业纷纷开始披露社会责任报告,这对于社会经济发展的影响意义重大。但在 ESG 体系的构建方面,我国尚存在很多不足,应当借鉴国外经验,结合我国实际国情,构建一套完善的 ESG 体系,切实让 ESG 理念在企业发展层面得以充分体现。

## [思考与练习]

1. 我国 ESG 发展面临哪些机遇和挑战?
2. 国外 ESG 发展有哪些经验值得我国借鉴?

## [参考文献]

1. 操群,许骞.金融"环境、社会和治理"(ESG)体系构建研究[J].金融监管研究,2019(4).

2. 陈宁,孙飞.国内外 ESG 体系发展比较和我国构建 ESG 体系的建议[J].发展研究,2019(3).

3. 冯佳林,李花倩,孙忠娟.国内外 ESG 信息披露标准比较及其对中国的启示[J].当代经理人,2020(3).

---

[1]　冯佳林,李花倩,孙忠娟.国内外 ESG 信息披露标准比较及其对中国的启示[J].当代经理人,2020(3).

4. 金希恩.全球ESG投资发展的经验及对中国的启示[J].现代管理科学,2018(9).

5. 刘婧.浅析ESG投资理念及评价体系的发展[J].财经界,2020(30).

6. 刘琪,黄苏萍.ESG在中国的发展与对策[J].当代经理人,2020(3).

7. 刘兴国.中国版ESG评级应以高质量发展为目标[J].董事会,2020(4).

8. 马喜立.中国ESG投资的发展趋势研究[J].广义虚拟经济研究,2019(2).

9. 唐晓萌,柳学信.ESG在中国的发展及建议[J].当代经理人,2020(3).

10. 中国工商银行绿色金融课题组,张红力,周月秋,殷红,马素红,杨荇,邱牧远,张静文.ESG绿色评级及绿色指数研究[J].金融论坛,2017(9).

# 第二章　ESG 投资的理论解释

　　随着企业社会责任成为全球共识,以及可持续发展理念的普及,上市公司的治理能力、环境影响、社会贡献等非财务指标也日益受到关注。ESG 提供了一个整合框架,可以帮助企业系统地推进公司治理的变革,全面评估非财务指标程度,强化上市公司在环境保护、社会责任、公司治理方面的引领作用,进而实现公司可持续发展。基于此,ESG 投资重点考察环境影响、社会责任、公司治理三个方面,包括企业对环境的影响、对于社会的责任以及企业内部的公司治理情况内容。将 ESG 因素纳入投资决策中的 ESG 投资,即是一种期望在长期中带来更高投资回报率的新兴投资策略。

## 第一节　ESG 投资演变历程

### 一、伦理投资及演变过程

#### 1. 伦理投资

　　伦理投资最早发端于 18 世纪的美国和英国,是依托西方宗教的相关教义发展而来的,初衷是从道义的角度来规范商人的不道德行为。一些有宗教信仰的投资者,如贵格会和卫理公会教徒会在他们的投资组合中剔除与烟草、酒精、军火和赌博相关的投资,以反映他们对社会和政治问题的道德观点或信仰[1],而关于它背后的经济学逻辑,Louche 认为金融投资的伦理冲突存在于投资者在进行战争武器制造、烟酒、赌博活动及环境污染等投资项目决策时,只顾财务效率还是兼顾伦理理性投资[2]。

　　关于伦理投资可以产生的作用,Iulie Aslaksen 与 Terje Synnestvedt 提出将伦理理念引入公司的投资审查,认为这可以激励公司改善自身不良行为,使伦理投资践行者在用伦理理念进行投资决策时获得一定的额外福利,抓住自己偏好的投资机会,实现公司的可持

---

　　[1] Lewis, A. & C. Mackenzie, Support for Investor Activism Among UK Ethical Investors[J]. *Journal of Business Ethics*, 2000(24).

　　[2] Louche, C. & S. Lydenberg. Socially responsible investment: Differences between Europe and United States[J]. *Vlerick Leuven Gent Working Paper Series*, 2006(22).

续发展[1]。

### 2. 演变过程

从理论研究的发展来看,由于带有浓重的宗教意味,沉重的道德枷锁限制了伦理投资研究的发展,因此学界没有对此作更多的讨论。

投资模式由初级的伦理投资向更有系统性的社会责任投资的转变更多是由社会、经济和政治机制决定的。20世纪60年代至90年代中期,社会激进主义的蔓延、南非事件、反越南战争等问题让公众的视线转移到社会问题上。

在社会机制的推动下,20世纪60年代社会责任投资进入形成期,在此期间世界上第一只真正意义上的责任投资基金Pax World Fund被建立起来,并首次系统性地提出负面筛选标准,这也是SRI形成的标志,进而推动了一些社区信贷组织的出现,如美国的南岸银行等。

同时,社会责任投资的议题也扩展到企业管理、员工问题以及反对核武器等方面。到了20世纪90年代末,随着经济全球化发展,环境变化、社会问题和社会责任问题日益突出,社会责任投资进入发展期。投资者开始有意识地规避那些具有较差环境治理和社会信用记录的公司投资,并逐渐关注环境、社会和公司内部治理等非财务指标,以确保公司的可持续发展,因此出现了现代责任投资(风险/回报驱动型)。但在这一时期内,投资者仅根据个人偏好或特定的价值需求进行投资,并未形成一套完善的理论系统或执行体系。

如今,投资者将社会责任投资作为改善风险与收益结果的一种手段,一些国际组织和政府也将社会责任投资看作社会长期健康发展的重要工具,有关负责任投资的政策法规范围广泛且设立步伐正在加速,也出台了一系列相关政策法规、国际标准与国际公约。但是当下对负责任投资的监管手段多以要求上市公司信息披露为主,较少涉及针对投资者的监管要求,因此在资本市场很难进行大规模的变革。

数十年来,社会责任投资正从最初的"小众偏好"向着"大众流行"转变,在投资价值提升的同时又保持着高速健康的发展。相关机构的数量和投资规模都在快速增长,但依旧缺乏坚实的理论基础来支撑其发展。

## 二、社会责任投资及其演变过程

### 1. 社会责任投资

社会责任投资(SRI)是将个人的价值取向和对社会的关注结合进入投资决策,既考虑投资需求,又考虑投资的社会影响的一种投资方式,同时它也是利用伦理和社会标准来选择公司股份构成的投资组合的投资方式。

社会责任投资兴起的原因:(1)随着当前学术界对于社会责任研究的兴起,人们开始减少对伦理投资的研究,转而研究并宣扬措辞相对柔和的社会责任投资;(2)社会责任投资者为了使投资与他们的意愿相符,愿意接受较低的经济回报;(3)有研究表明社会责任投资

〔1〕 Iulie Aslaksen, Terje Synnestvedt. Ethical Investment and The Incentives for Corporate Environmental Protection and Social Responsibility[J]. *Corporate Social Responsibility and Environmental Management*, 2003, 10(4).

基金与常规基金的绩效一样或没有差别,社会责任投资者只是把他们的钱投到不同风险回报的基金组合上;(4)最重要的是政府对于社会责任投资的鼓励,如英国立法鼓励养老金采取社会责任投资,澳大利亚的金融服务改革中规定任何投资产品的销售者或发行者都必须向投资者公开在选取、保留和实施投资时是否考虑了劳工标准或环保、社会或伦理等事宜。

所以,社会责任投资的意义便在于考虑长期利益,保护自然生态,推动社会的可持续进步,从而使得投资者、企业、社会实现共赢。社会责任投资能够引导企业不断完善组织机构、改进治理方式,通过制度和组织的完善来维护股东利益,保护员工权益,履行企业应该承担的社会责任,同时维护全社会的共同利益和良好的生态环境。

### 2. 演变过程

20 世纪 90 年代以来,环保、气候变化逐渐成为社会关注的焦点,环保组织在世界各地成立,将环保作为筛选标准的责任投资逐渐流行,1989 年环境责任经济联盟(CERES)在美国成立,希望能够推广可持续发展,随后,1997 年环境责任经济联盟还发起成立了全球报告倡议组织(GRI),致力于推广用于编制可持续发展报告的国际标准。

在责任投资发展的同时,相继出现了一些与社会责任投资基金有关的组织:2011 年,美国社会投资论坛(SIF)更名为可持续责任投资论坛(US SIF);2002 年,欧洲可持续投资论坛(Eurosif)成立;2006 年,在联合国环境规划署金融倡议组织(UNEP FI)和联合国全球契约组织(UNGC)支持下,责任投资原则组织(PRI)成立。

责任投资原则组织总结了全球投资实践,将公司治理和环境、社会合并,正式提出环境、社会与公司治理(ESG)这一概念。1998 年东南亚爆发金融危机,显示在发展中国家中存在的公司治理的缺陷,此后,美国、欧洲又接连爆出了帕玛拉特、世通、安然等公司财务造假丑闻,伴随着 OECD 于 2004 年正式确立公司治理准则(Principles of Corporate Governance),公司治理成为投资决策时一个非常重要的考量因素。

基于这些原因,责任投资原则组织在环境、社会因素之外,正式将公司治理纳入责任投资的范围。随着该组织的不断发展,社会责任投资将环境、社会与公司治理(ESG)作为其重要指标,进而发展到独立运用 ESG 投资原则,成为目前学界的普遍共识。当前的 ESG 投资正是起源于社会责任投资,也是社会责任投资中最重要的三项考量因子。

从社会责任投资演变为 ESG 投资的原因,可以概括为以下四个方面:

第一,随着社会责任投资的不断发展,ESG 逐渐成为社会责任投资中的重要因素。根据 CFA 协会 2015 年对全球会员的调查,在投资分析或决策过程中考虑 E、S、G 因素的比例分别为 50%、49%、64%,由此可见,大众在投资时对于 ESG 相关因素的考虑已经变成了投资实践的主流。根据责任投资原则组织统计,根据 ESG 投资原则所选择的管理资产从 2006 年以来一直快速增长,从最初的 7 万亿美元增加到 2016 年的 62 万亿美元,约占全球机构管理投资资产的一半。

第二,ESG 扩大了社会责任投资的作用。责任投资的初衷是在追求财务上的投资收益时,也兼顾社会、经济的可持续发展,在一定程度上体现了投资者的道德要求。随着社会的发展,各种风险事件发生的概率不断增加,以及追求可持续发展的环境的监管政策的转变,对社会责任投资的考量不再限于负面筛选,在增加正面筛选的同时,将其中的 ESG 投资作为识别、管理投资风险以及发现投资机会的一个重要工具。全球最大的资产管理公司贝莱德研究表明,过去七年内,碳强度过高的板块投资损失很大,许多煤炭公司的市值下降了近 90%,而利用绿色投资(如 ESG 投资)的回报率比基准指数的回报率年均高出2 个百分点。

第三,ESG 投资和公司绩效或投资收益正相关。在 20 世纪 90 年代以前,社会责任投资主要采用的是负面筛选的办法,这种方法通常会排除一些可选投资标的。从最优组合的角度来看,备选库更小的最优组合通常会比备选库更大的要差,所以利用剔除较多备选投资标的的方式会降低预期收益,或者因为分散度不够而增加风险。但是随着投资者采用更加积极的方式来运用 ESG 因素,如正面筛选,牺牲收益或者增加风险的可能性就会明显下降。

第四,ESG 投资相比社会责任投资可以更好地消除信托责任障碍。传统社会责任投资对于大众造成了一个偏见,认为社会责任投资在兼顾公益和环境保护的时候必须要牺牲投资收益,不符合信托责任要求。对 ESG 投资持续的研究和实践表明,忽略 ESG 因素将带来风险的错误定价和资产错误配置,所以,ESG 因素分析也应该融入基本面分析之中,在投资时考虑影响公司市值的 ESG 因素,将不会再被看成与信托责任相违背。2015年,美国劳工部提出,若 ESG 因素将对某项投资的投资价值有直接影响,出于谨慎投资要求,养老金管理机构把这些因素纳入基本面分析是符合信托责任的。

### 三、ESG 投资出现和演变的理论解释

社会责任投资是指在选择投资标的的时候,除关注财务、业绩指标外,同时关注企业社会责任的履行。而 ESG 投资在其基础上更进一步,除了社会责任投资包含的考量因子,还融入了环境、社会和公司治理三个方面的投资理念。

#### 1. 可持续发展理论

1980 年,国际自然资源保护联盟(IUCN)起草了《世界自然保护大纲》,成为第一个使用"可持续发展"一词的国际文件[1]。1987 年,联合国世界与环境发展委员会在《我们共同的未来》中正式定义了"可持续发展"[2],可持续发展是在不损害子孙后代满足其需求的能力的前提下满足当前需求的发展。虽然还有一些学者从自然、社会、经济和技术等角度解释了可持续发展,但是《我们共同的未来》中对可持续发展的定义最终成为世界范围内最为广泛接受的定义。

可持续发展理论的提出是基于生态学和环境保护的角度,随着经济和社会的不断发展,可持续发展已经不仅仅强调环保,而是同时注重环境问题和发展问题。从总体上看,可持续发展包括经济、生态和社会三个方面的协调和可持续发展。

从可持续经济发展的角度来看,可持续发展鼓励经济的可持续增长,注重经济的发展质量,而并非盲目追求经济的发展速度,即可持续发展要求人类改变以传统的"三高"为主要特征的生产方式,倡导清洁生产、低碳生产,推崇依靠生产要素优化组合的经济发展。从可持续生态发展的角度来看,可持续发展追求经济和生态环境的协调发展,在发展的同

〔1〕 国际自然资源保护联盟.《世界自然保护大纲》概要[J].自然资源研究,1980(2).

〔2〕 蒋伟.《我们共同的未来》简介[J].城市环境与城市生态,1988(1).

时确保环境具有相应的承载力,在保护环境、节约资源的前提下能够持续获得发展所需资源。从可持续社会发展的角度来看,可持续发展要求提高人类的生活质量,创造健康、和谐的社会环境。

ESG 投资的出现,或者说社会责任投资(SRI)转换为 ESG 投资的过程,与可持续发展理论有着密切的关系,这也是 ESG 投资从社会责任投资(SRI)中演变的第一个重要原因。随着企业社会责任成为全球共识,以及可持续发展理念的普及,上市公司的治理能力、环境影响、社会贡献等非财务指标也日益受到关注。环境、社会和治理方面的非财务指标逐渐被纳入资本市场对于上市公司的评价。从联交所要求上市公司披露相关 ESG 报告起,ESG 投资正式出现,其立足于公司的持续发展,以可持续发展为核心,服务于公司中长期发展战略目标的实现。

ESG 投资与可持续发展理论之间的研究当前并不多见,更多的是社会责任投资(SRI)与可持续发展理论之间的关联。Lewis 和 Mackenzie 认为投资者可以采取始终不购买和及时卖出不道德公司的股票,这样会促使这些公司重视企业的可持续发展[1]。宋秦通过对政策、社会、市场三方面的可持续发展分析,认为在中国设立社会责任投资(SRI)基金是可行的[2]。辛玺、潘峤将投资理念和投资策略与可持续发展连接起来,认为中国的社会责任投资具有广阔的发展前景[3]。

这些有关社会责任投资与可持续发展理论的联系,也使得 ESG 投资逐渐发展并取代社会责任投资(SRI),同时也是 ESG 投资中"E"得以发展的重要原因。由此,ESG 投资中环境方面的评估指标:碳及温室气体排放、环境政策、能源的使用、自然资源的使用和管理、生物多样性、员工环境意识等指标,也是从可持续发展理论而来。

2. 企业社会责任理论

传统的企业观认为股东利益最大化是企业的最高目标,而企业社会责任理论认为企业除了追求股东利益目标之外,还应该尽量促使社会利益的增加。许多学者都对企业社会责任进行了界定,英国学者最先提出了企业社会责任(corporate social responsibility,CSR)的概念,并认为企业社会责任含有道德因素在内[4]。现代企业社会责任思想起源于 20 世纪 30 年代大萧条时期的美国。

在理论发展初期,一些学者认为企业社会责任是对企业在利润最大化目标之外所负义务的概括。Joseph McGuire 指出企业不仅应履行经济和法律义务,还对社会负有超越这些义务的其他责任[5]。Derwall 等认为企业社会责任是企业的决策者采取措施保护

〔1〕 Lewis, A. & Mackenzie, C. Morals, Money, Ethical Investing and Economic Psychology[J]. *Human Relations*, 2000, 53(2).

〔2〕 宋秦.我国设立社会责任投资基金的问题研究[D].新疆财经大学,2007.

〔3〕 辛玺,潘峤.从兴业社会责任基金看责任投资前景[J].WTO 经济导刊,2009(10).

〔4〕 Eva Abramuszkinová Pavlíková, Karl Sheldon Wacey. Social Capital Theory Related to Corporate Social Responsibility[J]. *Acta Universitatis Agriculturae Et Silviculturae Mendelianae Brunensis*, 2013, 61(2).

〔5〕 Joseph McGuire. Doing Well While Doing Good? The Investment Performance of Socially Responsible Mutual Funds[J]. *Financial Analysts Journal*, 1963, 49(6).

并改善与他们利益相一致的整个社会的福利[1]。

1976 年,美国经济开发委员会的一项报告列出了企业应该履行的社会责任,包括经济增长、效率、教育、雇佣与培训等十个方面,并将企业社会责任分为自愿性行为和非自愿性行为。美国学者 Carroll 从利益相关者的视角对企业社会责任做了较为全面的分析[2]。Carroll 将企业社会责任分为经济责任、法律责任、伦理责任和慈善责任。企业大多数活动都建立在盈利的基础上,经济责任实质上反映了企业的本质属性。企业应该高效率地生产,并以公平的价格提供社会需要的商品和服务。但是,企业对利润的追求并非是无限制的,企业的法律责任就是对企业的一种约束,企业所有的活动都必须在法律允许的范围之内进行。

企业社会责任概念的提出是对传统"股东至上"企业观的一种修正,这种修正并非否认股东利益最大化原则,其意图在于以二元企业目标代替传统的一元企业目标。在企业追求股东利益和社会利益两个目标时,任一目标的最大化都会受到另一目标的制约。由此,企业社会责任理论产生了如人权政策、健康安全、管理培训、产品责任、职业健康安全、公益慈善等一系列评级指标,而这些指标也成为 ESG 投资中社会方面的重要披露信息内容。

3. 利益相关者理论

20 世纪 80 年代之后,利益相关者理论得到较快的发展,为企业履行社会责任提供了良好的分析工具。1963 年斯坦福大学的研究小组最先给出利益相关者的定义,他们认为利益相关者是"如果没有他们的支持,企业将不复存在的群体"[3]。关于利益相关者的定义目前已经有 30 种左右,其中最经典的定义来自 Freeman 等人,他们认为企业的利益相关者是能影响企业目标的实现或被企业目标实现所影响的个人或群体[4]。虽然 ESG 投资出现时间与利益相关者理论兴起时间有一定间隔,但是不可否认的是,利益相关者理论对于 ESG 投资的出现也有着重要的影响。

目前各学者关于利益相关者的边界没有统一的界定,但基本包括八类:股东、员工、债权人、消费者、供应商、社区、政府和其他组织。在对利益相关者的分类中,多维细分法已经成为主流,其主要目的是区分各利益相关者的重要程度。

Carroll 提出的两种分类法得到了较多的支持[5]。第一种是根据利益相关者与企业

〔1〕 Jeroen Derwall, Kees Koedijk, Jenke Ter Horst. A Tale of Values-Driven and Profit-Seeking Social Investors[J]. *Journal of Banking and Finance*, 2011, 35(8).

〔2〕 Carroll, Archie B. Paving the Rocky Road to Managerial Success[J]. *Supervisory Management*, 2003, 24(3).

〔3〕 Freeman R. Edward, Liedtka Jeanne. Corporate Social Responsibility: A Critical Approach[J]. *Elsevier*, 1991, 34(4).

〔4〕 Jeffrey S. Harrison, Freeman R. Edward. Stakeholders, Social Responsibility, and Performance: Empirical Evidence and Theoretical Perspectives[J]. *The Academy of Management Journal*, 1999, 42(5).

〔5〕 Carroll. Paving the Rocky Road to Managerical Success[J]. *Supervisory Management*, 2003, 24(3).

关系的正式性和紧密性,将其分为直接利益相关者和间接利益相关者,前者包括由于契约或法律承认的利益而能对企业直接提出索取权的个人和团体,后者包括非正式利益关系的个人和团体。第二种是从核心利益、战略利益和环境利益三个角度来划分利益相关者。核心利益相关者是指对企业的生存发展至关重要的个人和团体,战略利益相关者是企业在面临特定威胁或机会时才显得重要的个人和团体,环境利益相关者反映了企业存在的外部环境。

利益相关者理论认为,企业的生存和发展不仅依靠股东的资本投入,还取决于雇员、消费者、供应商等利益相关者的投入。所有的利益相关者都对企业的发展有所贡献,并在企业运营中承担了风险,那么企业应该是所有利益相关者实现其权益主张的载体,而并非仅仅追求股东的利润最大化目标。由此,ESG 投资披露信息中公司治理、反贿赂政策、反不公平竞争、风险管理、税收透明、投资者关系、公平的劳动实践、董事会独立性及多样性等指标,均是在利益相关者理论的影响下产生的。

# 第二节　ESG 投资国内对比分析

当前各国政府、投资者以及监管机构都加强了对 ESG 绩效的关注,尤其是投资者在进行资本配置时,更加偏向于支持那些绿色收入占比高或可实现可持续发展目标的企业。基于此,国际上要求上市公司披露 ESG 情况的法律法规明显增多,并在经过长期发展以后,逐渐形成了比较完整的信息披露和绩效评价体系。从全球范围来看,ESG 信息报告已然成为一种趋势。因此,分析国内外 ESG 体系特点及不足,对于我国构建完整的 ESG 体系可提供经验借鉴和启示。

从国内外 ESG 体系发展现状看,两者既有共同点,也有各自的特点。这些异同都与 ESG 在中国出现的决定机制有关。

## 一、国内外 ESG 体系发展的共同点

首先,陈宁等认为在 ESG 理念的框架下,E、S 和 G 三个维度下分别使用了多个评价指标,且披露、评价和投资过程相互衔接[1]。环境领域多涉及企业的资源消费和处理、废物管理及绿色发展等内容;社会领域多涉及企业员工、股东、产品和消费者、企业信用及安全等内容;治理方面多涉及公司治理、风险管理和外部监督等内容。

其次,各机构、组织和交易所的披露原则和指导逐步完善。全球主要交易所不断推进上市公司 ESG 披露程度,逐步从自愿披露向半强制披露过渡,披露内容也逐渐多元化,推动了当地上市公司信息披露的质量和水平。

最后,ESG 体系均对投资有一定引导效果。国内外许多投资机构开始将 ESG 体系作为决定投资策略的重要参考依据。总的来说,ESG 体系在引导投资方面发挥了愈加显著的作用,投资机构通过贯彻 ESG 理念能获取较好的社会效益和经济效益。

---

〔1〕 陈宁,孙飞.国内外 ESG 体系发展比较和我国构建 ESG 体系的建议[J].发展研究,2019(3).

## 二、国内外 ESG 体系发展相似的决定机制

### 1. 社会决定机制

当下的世界,气候变化加剧,山火、飓风、高温、海平面上升,这些真实存在的物理风险让市场越来越意识到环境保护的重要性。El Ghoul 等认为各国采取的各类环境政策也让相关公司的成本和盈利受到影响,公司估值的变化给资产管理人带来了不小的影响[1]。此外,人类社会的问题也在愈演愈烈,以美国为代表的发达国家的收入分化越来越大,随之而来的民粹主义上升,给整个经济社会的稳定带来挑战,发展路径面临调整。借助 ESG 对环境社会管制等问题相对全面的覆盖,资产拥有者和管理者们可以在一定程度上去规避这些风险[2]。

### 2. 经济决定机制

随着中国金融市场的发展,以及资管行业国际化程度的不断提升,ESG 这种成熟市场上日益引起重视的投资策略必然会得到各资产管理人的关注。中国正在持续推进金融开放,更多外国资产投资中国有了更通畅的渠道。考虑到国外投资者对符合 ESG 原则的金融产品偏好较强,这部分外国资产的需求也将推动中国国内资产管理行业投资理念的变革[3]。

同时,随着中国经济的持续增长,国民可支配收入及物质生活水平显著提高,公众也更愿意将自己资产的一部分投放在金融市场中进行理财,投资需求的日益提高就导致了公众对公司环境保护、社会责任和公司治理方面的关注度也日益提高。

另一方面,对清洁环境需求的增加也是 ESG 出现的一个重要决定机制。中国正在逐步从发展中国家向发达国家转型。发达国家的经验表明,环境污染程度与收入水平呈现倒 U 型曲线,在经济发展水平较差时,污染程度随着经济增长而上升,而经济水平发展到一定程度后,经济的继续增长则会导致污染水平的下降。当前,中国整体经济发展水平已经接近环境库兹涅茨曲线的顶点,其中部分发达城市已经成功跨越了该曲线最高点,这表明经济的进一步发展要更注重对环境的保护。

### 3. 政治决定机制

(1) 国家环保总局等部门对 ESG 披露的推动。

2007 年 4 月,国家环保总局发布《环境信息公开办法(试行)》,鼓励企业自愿通过媒体、互联网或者企业年度环境报告的方式公开相关环境信息。

2007 年 12 月,国资委发布《关于中央企业履行社会责任的指导意见》,将建立社会责任报告制度纳入中央企业履行社会责任的主要内容。

2008 年 2 月,国家环保总局发布《关于加强上市公司环境保护监督管理工作的指导意见》,环保总局与中国证监会建立和完善上市公司环境监管的协调与信息通报机制,促

〔1〕 El Ghoul S., Guedhami O., Kim Y. Country-Level Institutions, Firm Value, and the Role of Corporate Social Responsibility Initiatives[J]. *Journal of International Business Studies*, 2017, 48(3).

〔2〕 巴曙松,郑子龙.中国资本市场监管变迁中的上市公司责任[J].新金融,2019(1).

〔3〕 何贤杰,肖土盛,陈信元.企业社会责任信息披露与公司融资约束[J].财经研究,2012,38(8).

进上市公司特别是重污染行业的上市公司真实、准确、完整、及时地披露相关环境信息。

2010 年 9 月,环境保护部发布《上市公司环境信息披露指南(征求意见稿)》,规范了上市公司披露年度环境报告以及临时环境报告信息披露的时间与范围。

(2) 证券监管部门对 ESG 披露的推动。

2002 年 1 月,证监会颁布了《上市公司治理准则》,对上市公司治理信息的披露范围予以明确规定。

2017 年 12 月,证监会发布第 17、18 号公告,即《公开发行证券的公司信息披露内容与格式准则第 2 号——半年度报告的内容与格式》和《公开发行证券的公司信息披露内容与格式准则第 3 号——年度报告的内容与格式》,公告鼓励公司结合行业特点,主动披露积极履行社会责任的工作情况;属于环境保护部门公布的重点排污单位的公司或其重要子公司,应当根据法律、法规及部门规章的规定披露主要环境信息。

2018 年 9 月,证监会对《上市公司治理准则》进行了修订,增加了利益相关者、环境保护与社会责任章节,规定了上市公司应当依照法律法规和有关部门要求披露环境信息(E)、履行扶贫等社会责任(S)以及公司治理相关信息(G)。

## 三、国内外 ESG 体系发展的不同点

金希恩对国内外 ESG 体系发展的不同点做了梳理[1]。首先,我国 ESG 体系发展滞后于国外,信息披露环境和数据基础较差。近年来,我国监管部门、企业和公众对 ESG 理念的重视程度有所增加。然而,我国 ESG 体系的完整性较国外仍有较大差距,对企业在履行社会责任或绿色发展方面单独的研究也存在局限。其次,国外 ESG 体系的形成以自发运动为主,我国则以政府引导为主。最后,国内外 ESG 评价指标体系存在一定差异。一方面,国内外对 E、S 和 G 三方面指标的设定方面有所差别。例如,在社会责任方面,"人权"和"社区影响"等指标在国外被普遍使用,国内则较少涉及,而是增加了"扶贫"等特色化指标。另一方面,由于国情不同,对于某一相同指标,我国评级机构使用的指标权重与国外也不完全相同。

## 四、国内外 ESG 体系发展差异的决定机制

### 1. 社会决定机制

社会决定机制对国内外 ESG 体系发展差异的影响主要体现在社会责任和公司治理层面。国际 ESG 评估要素中,社会责任方面较为重要的两个指标是"人权问题"和"社区关系",联系中国的实际国情,上市公司对这两个领域涉及较少,因此在披露时的所占比重也较低,与之相对,国内在 ESG 评价中加入了一些符合中国社会特色的指标。

例如,在 2016 年,中国证券业协会发起证券公司"一司一县"结对帮扶贫困县,自行动发起以来,各证券公司已累计向贫困地区派驻挂职干部、驻村工作队队长、驻村第一书记等 176 名;设立或参与设立公益基金 66 只,总规模 6.08 亿元;设立或参与设立贫困地区产业基金 47 只,总规模达到 201.42 亿元。在各公司社会责任指标中,扶贫绩效已经占到

〔1〕 金希恩.全球 ESG 投资发展的经验及对中国的启示[J].现代管理科学,2018(9).

很大比重。另外,在 2020 年,新冠疫情的暴发使得支援抗疫成为社会责任绩效评级的重要指标。

在公司治理层面,党建则成为中国各上市公司着重披露的绩效之一,各大公司还搭建了党建信息化平台等一系列党建信息系统,充分发挥"互联网＋党建"的平台载体作用,进一步提升公司党建质量。无论是扶贫绩效、支援抗疫绩效还是对党建的重视,国内的 ESG 评级机制都融入了中国特有的本土化元素,体现出了与国际的不同之处。

2. 经济决定机制

在经济决定机制上,由于国内滞后的金融发展环境和不完备的信息披露市场,国内 ESG 评级体系的完整性要远低于国际水平。

金融市场发展不完整导致 ESG 评级的社会认知度和市场影响力都比较有限,各公司自己或第三方机构推出的 ESG 报告市场认可度也不高,其主要原因有三点:一是我国数据基础较薄弱,导致 ESG 体系的纵向和横向研究都缺乏可比性;二是没有建立起契合我国的 ESG 评级指标和指标权重,评级所能披露的公司真实状况较差;三是公司内部或部分第三方评级机构存在使用内部数据倒推法模拟部分数据指标的情况,因此可靠性较差。

3. 政治决定机制

我国 ESG 体系在整个社会还没有形成企业自发披露的风气,更多的是政府通过颁布相关文件或制定相应法规来引导企业自发发布或强制企业发布 ESG 评级。ESG 机制在国内的形成主要靠政治决定机制,而非社会决定机制。这种自上而下推进的评级导致了非营利组织的缺乏,同时在缺乏监管的情况下企业或第三方机构也就没有了进行信息披露的动力。

但政府强制推进 ESG 体系的优点在于,各机构的 ESG 评级一致程度较高,使得横向比较较为容易,因此 ESG 体系在中国发展速度也高于同时期国外 ESG 体系的发展速度。

值得一提的是,中国关于 ESG 的政策体系还并不完善,再加上中国社会与国际社会的较大差异以及金融市场发展的不完善,无论是社会决定机制、经济决定机制还是政治决定机制等方面的差异,都使得现阶段中国 ESG 发展存在诸多问题。

# 第三节　ESG 投资的经济影响

中国金融市场不断发展,ESG 作为一个成熟的市场越来越受到投资人的关注,同时金融开放也使得国内相关产品得到发展以满足国外投资者的需求。但 ESG 为何受到关注? 其内在的决定机制何在? 依然是值得探讨的问题,本节主要通过定性研究从理论角度对该问题进行分析。

从可持续发展理论来看,一家优秀的企业不应该只有良好的业务增长数据,更要有可持续的发展目光和潜力。由于气候变化是导致经济和金融体系结构性变化的重大因素之一,具有长期性、结构性、全局性的特征,企业的可持续发展尤为重要。

发展可持续需要从外部市场环境和内部优化这两个角度进行审视,外部市场环境涉及 ESG 形成的社会决定机制,投资者对气候变化议题的关注使得他们更倾向与投资与气候变

化有关的可持续业务,因此他们期望看到更多关于发行人的 ESG 风险和机遇管理的信息。

而从内部优化角度来看,公司则需要对定位、战略方向、经营模式等内部管理方进行优化,以提升风险应对能力。企业短期的 ESG 支出会带来一定的成本,但却能通过节约其他渠道的支出来提高企业经营的效率,如降低能耗并节省资源[1]。

Bhattacharya 等[2]、Greening 和 Turban 等[3]都指出运用 ESG 对公司治理进行改进,可以吸引更多高素质的员工,从而增加企业的劳动生产率。Schanzenbach 等发现,ESG 中的公司治理(G)因素与公司绩效有着直接的理论关系,而环境(E)和社会因素(S)则可以帮助确定具体的风险,内部控制薄弱、合规记录不佳、处于社会不受欢迎或具有环境风险的行业的公司可能面临更大的政治、监管和诉讼风险,运用 ESG 进行相关方面的改进则可以降低公司经营风险,降低"闪崩"可能性,提高可持续发展能力[4]。

公司的可持续发展能力直接影响投资,尤其是长期的价值投资。Brammer 等认为 ESG 信息披露的质量差异反映了公司不同的经营动机,因此对企业价值的影响也存在差异[5]。

巴曙松等指出,ESG 可以更全面反映公司的运营情况,公司发展的规范与否会影响外界对它的看法,特别是年轻一代更加关注社会责任,这会直接影响公司的估值水平,因此符合 ESG 理念的公司对于长期投资来说更有潜力[6]。杨岳斌同样在价值投资方面认为,ESG 可以帮助投资者排查投资风险,相关投资标的有更好的长远发展潜力。实践中,操群等认为雷曼兄弟的倒闭就是由于治理结构的不完善,这会导致公司对于风险评估的结果不准确,不利于科学决策的形成。因此,可持续发展可以看作是公司采取 ESG 治理理念的内在源动力[7]。

从利益相关者理论来看,企业应当综合平衡各个利益相关者的利益要求,而不仅专注于股东财富的积累。企业不能一味强调自身的财务业绩,还应该关注其本身的社会效益。企业管理者应当了解并尊重所有与组织行为和结果密切相关的个体,尽量满足他们的需求。

Cennamo 等[8]、Plaza Ubeda 等[9]都认为将各利益相关者纳入组织决策,既是一种

〔1〕　Aras, Güler, Crowther, David. Governance and Sustainability[J]. *Management Decision*, 2008(2).

〔2〕　Bhattacharya, Chitra B., Sen, Sankar, Korschun, Daniel. Using Corporate Social Responsibility to Win The War for Talent[J]. *Mit Sloan Management Review*, 2008, 49(2).

〔3〕　Turban, Daniel B., Greening, Daniel W. Corporate Social Performance and Organizational Attractiveness to Prospective Employees[J]. *Academy of Management Journal*, 1997, 40(3).

〔4〕　Schanzenbach, Max M., Sitkoff, Robert H. Reconciling Fiduciary Duty and Social Conscience: The Law and Economics of ESG Investing By A Trustee[J]. *Stan. L. Review*, 2020(72).

〔5〕　Brammer, Stephen J., Pavelin, Stephen. Corporate Reputation and Social Performance: The Importance of Fit[J]. *Journal of Management Studies*, 2006, 43(3).

〔6〕　巴曙松,郑子龙.中国资本市场监管变迁中的上市公司责任[J].新金融,2019(1).

〔7〕　操群,许骞.金融"环境、社会和治理"(ESG)体系构建研究[J].金融监管研究,2019(4).

〔8〕　Cennamo, Carmelo, Berrone, Pascual, Gomez-Mejia, Luis R. Does Stakeholder Management Have A Dark Side? [J]. *Journal of Business Ethics*, 2009, 89(4).

〔9〕　Plaza-Úbeda, José A., De Burgos-Jiménez, Jerónimo, Carmona-Moreno, Eva. Measuring Stakeholder Integration: Knowledge, Interaction and Adaptational Behavior Dimensions[J]. *Journal of Business Ethics*, 2010, 93(3).

伦理要求,也是一种战略资源,而这两点都有助于提升组织的竞争优势。

　　Sirgy 等提出了将利益相关者细分成内部利益相关者、外部利益相关者和远端利益相关者三类。内部利益相关者包括企业员工、管理人员、企业部门和董事会。外部利益相关者包括企业股东、供应商、债权人、本地社区和自然环境。远端利益相关者包括竞争对手、消费者、宣传媒体、政府机构、选民和工会等[1]。

　　Jones 等就指出企业对环境的污染、社会责任的缺失以及公司治理的不健全都将损害员工、所在社区甚至是整个社会的利益[2]。同时也认为,由于利益相关者与公司具有联系,利益相关者在环境质量、社会议题、公民道德等方面具有强烈的诉求,则会对公司和投资机构产生相应的压力,迫使他们采取与 ESG 有关的投资行为。

　　将 ESG 纳入利益相关者理论的框架,我们首先将看到股东是多元的,弗里德曼认为他们不仅仅只有财务上的需求。由于 20 世纪六七十年代绿色环保运动的兴起,越来越多的人接受了绿色环保理念,很多投资人和消费者愿意牺牲部分收益或支付一定成本以满足环保的要求。只要这些投资人所要求的行为本身是合法的,且不构成对公司资源的盗窃,那么企业就有能力且应该采取行动来满足不同利益相关者的需求。

　　另外,我们知道 ESG 投资最主要的特点,即与社会责任投资最大的差别,就在于其环境属性,ESG 对气候变化等环境议题更为关注。在利益相关者理论将环保纳入分析框架而完善发展的同时,也逐渐成为企业绿色行为的行动基础,并发展出两种不同的观点。

　　Goodpaster 等提出了工具主义的观点,认为企业关注利益相关者和履行社会责任是出于战略考量,目标是获得经济收益[3]。

　　Weigand 等也认为采用环境、社会与治理理念的投资者仍旧是基于经济收益的治理驱动,投资者并非基于道德选择,而是出于自利的经济动机做出经济决策的[4]。

　　而 Donaldson 和 Preston 则提出了规范主义的观点,认为环保等社会责任是企业应尽的道德义务与责任[5]。综合来看,利益相关者理论是促进公司和投资人采取 ESG 治理与投资行为的运行机制。

　　从信号理论来看,企业和投资人分别面临着信号传递和信号甄别的问题。信号传递指通过可观察的行为传递商品价值或质量的确切信息,信号甄别则指通过不同的合同来甄别真实信息。

---

　　[1] Sirgy, M. Joseph. Measuring Corporate Performance By Building on The Stakeholders Model of Business Ethics[J]. *Journal of Business Ethics*, 2002, 35(3).

　　[2] Wood, Donna J., Jones, Raymond E. Stakeholder Mismatching: A Theoretical Problem in Empirical Research on Corporate Social Performance[J]. *The International Journal of Organizational Analysis*, 1995.

　　[3] Goodpaster, Kenneth E. Business Ethics and Stakeholder Analysis [J]. *Business Ethics Quarterly*, 1991(7).

　　[4] Weigand, E.M., K. R. Brown, E. M. Wilhem. Socially Principled Investing: Caring About Ethics and Profitability[J], *Trusts And Estates*, 1996,139(9).

　　[5] Donaldson, Thomas; Preston, Lee E. The Stakeholder Theory of The Corporation: Concepts, Evidence, and Implications[J]. *Academy of Management Review*, 1995, 20(1).

对于企业来说,信息直接影响投资者对其实际价值的评估,而良好的 ESG 表现特别是环境和公司治理能力将能很好地反映出公司的经营情况与发展潜力,企业也可以通过 ESG 建立商誉,以保护企业声誉免受不利事件的损害,从而减轻逆向选择难题,当然这受到信息披露质量的影响,但作为重要的信号传递行为,公开 ESG 信息能够减少由信息不对称带来的委托代理问题,公司在 ESG 方面的良好表现有助于企业降低融资成本。何贤杰等指出,企业履行社会责任能够缓解融资约束,其信息披露质量越高,融资约束程度就会越低[1]。

另一方面,投资人也通过筛选的方法,将 ESG 作为重要指标进行筛选。在这里 ESG 变成一种身份揭示机制,有助于投资人排除经营风险较大、长期发展潜力不足的企业。ESG 披露的信息也会对企业的绩效产生影响,经营良好的公司可能有更好的合规项目,高质量的管理人员可能会被那些有环保或社会责任政策的公司所吸引。实证研究也证实,ESG 披露的管理层稳定性、高管薪酬安排等可识别的治理因素都可以对企业绩效产生显著影响。由此可见,信号理论也可以从经济决定机制的角度来说明 ESG 投资理念。

在关注 ESG 投资有效性的同时,也有学者认为 ESG 投资效果并没有那么明显,金希恩认为 ESG 的短期成本超过了长期收益,会对公司的财务绩效产生负面影响,从而损害公司或资产的估值[2]。ESG 会促使委托代理问题的出现,管理者可能会援引 ESG 因素来制定他们自己的政策偏好,而牺牲股东利益。但总的来看,ESG 对于公司和投资的长期可持续发展方面有着很大的积极作用,长期可持续发展作为一个根本目的,促使利益相关者做出 ESG 有关决策,并提出对相关信息的披露要求。

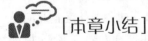 [本章小结]

ESG 投资考察环境影响、社会责任、公司治理三个方面,包括企业对环境的影响、对于社会的责任以及企业内部的公司治理情况。将 ESG 因素纳入投资决策中的 ESG 投资,即是一种期望在长期中带来更高投资回报率的新兴投资策略。

ESG 投资在海外已得到大力支持及较长足发展。对于海外 ESG 投资的发展历程,可追溯至 20 世纪 70 年代发达国家普遍兴起的绿色消费及环境保护等倡议在投资领域中的应用。这与当时发达国家经历经济高速发展后遗留下种种逐渐恶化的环境问题密不可分,但与此同时,也伴随着社会发展中由投资者个人信仰及个人偏好的不同所带来的投资风格的分化与多样性的演绎。进入 21 世纪之后,企业社会责任投资发展最终在全世界范围内得到进一步的深入与强化,主要得益于 2006 年创立的联合国责任投资原则(UN PRI)。

目前 ESG 投资在国内仍属于发展初期,近年随着环境问题的显现,相关政策文件的约束强化,上市公司对于社会责任报告及相关 ESG 信息的自主披露积极性有所提升,但

---

〔1〕 何贤杰,肖土盛,陈信元.企业社会责任信息披露与公司融资约束[J].财经研究,2012,38(8).

〔2〕 金希恩.全球 ESG 投资发展的经验及对中国的启示[J].现代管理科学,2018(9).

目前国内 ESG 指标体系的发展建设仍不成熟,究其原因,与许多公司披露信息的质量无法得到保证,由此也无法进行较好的指标量化有关,因此未来仍需采取相关的政策对此加以进一步强化。

## [思考与练习]

1. 简述 ESG 投资的概念和特征。

2. 简述 ESG 投资发展的理论基础。

3. 简述国内外 ESG 投资发展的异同点及影响因素。

## [参考文献]

### 中文文献

1. 巴曙松,郑子龙.中国资本市场监管变迁中的上市公司责任[J].新金融,2019(1).

2. 陈明欣,崔鑫.伦理投资与社会责任投资关系展望[J].现代商业,2020(26).

3. 陈宁,孙飞.国内外 ESG 体系发展比较和我国构建 ESG 体系的建议[J].发展研究,2019(3).

4. 代鹏举,刘海龙.社会责任投资在国外的实践及在中国的发展前景[J].科技进步与对策,2005(7).

5. 冯佳林,李花倩,孙忠娟.国内外 ESG 信息披露标准比较及其对中国的启示[J].当代经理人,2020(3).

6. 何贤杰,肖土盛,陈信元.企业社会责任信息披露与公司融资约束[J].财经研究,2012(8).

7. 金希恩.全球 ESG 投资发展的经验及对中国的启示[J].现代管理科学,2018(9).

8. 李树.西方国家企业的职业道德管理[J].集团经济研究,1999(5).

9. 李怡达.我国社会责任投资基金绩效水平及绩效归因研究[D].华中师范大学,2020.

10. 刘琪,黄苏萍.ESG 在中国的发展与对策[J].当代经理人,2020(3).

11. 娄亚娜.企业社会责任信息披露与投资效率关系的研究[D].首都经济贸易大学,2019.

12. 沈思.不断深化的银行 ESG 治理[J].中国金融,2020(Z1).

13. 田祖海.社会责任投资理论述评[J].经济学动态,2007(12).

14. 邢益坚.促进企业社会责任投资立法研究[J].广西质量监督导报,2020(10).

15. 张馨元,陈莉敏.中国 ESG 投资全景手册[R].策略研究,2019(10).

16. 朱顺和,孙穗.企业社会责任、财务报告质量与投资效率——基于沪深上市制造业公司的实证研究[J].技术经济与管理研究,2019(9).

### 英文文献

1. El Ghoul S, Guedhami O, Kim Y. Country-Level Institutions, Firm Value, and

the Role of Corporate Social Responsibility Initiatives［J］，*Journal of International Business Studies*，2017，48(3).

2. Iulie Aslaksen，Terje Synnestvedt. Ethical Investment and The Incentives for Corporate Environmental Protection and Social Responsibility［J］. *Corporate Social Responsibility and Environmental Management*，2003，10(4).

3. Lewis A & C. Mackenzie，Support for Investor Activism Among UK Ethical Investors［J］. *Journal of Business Ethics*，2000(24).

4. Louche C & S. Lydenberg. Socially Responsible Investment：Differences between Europe and United States［J］. *Vlerick Leuven Gent Working Paper Series*，2006(22).

5. Sparkes. Percy Holden Illing Worth and the Last Liberal Government［J］. *Baptist Quarterly*，2002，39(7).

# 第三章 ESG 在投资中的价值实现

## [本章导读]

作为一种新型投资理念,ESG 投资把环境、社会和公司治理因素与传统财务因素一并纳入考虑,关注投资回报收益,同时强调环境和社会价值的创造,从而实现社会和环境的可持续发展。因具有抗风险、稳收益的特点和社会责任属性,全球投资者对 ESG 投资的关注及兴趣在不断提升,全球 ESG 投资市场得到了快速发展。在中国,绿色零碳发展已上升为国家战略,同时中国资本市场不断开放,吸引了越来越多寻找 ESG 投资机遇的国际资本。政策和资本为 ESG 投资市场的发展提供了充足的支持,推动金融机构开发更多样的 ESG 产品和更丰富的 ESG 投资策略,为投资者提供多元投资选择,促进中国 ESG 投资市场高速发展。

## 第一节 ESG 投资概述

### 一、ESG 投资的界定

ESG 投资是指投资者在投资决策过程中,把环境、社会和公司治理因素与传统财务因素同时纳入考虑的一种以可持续发展为目标的投资理念。ESG 的本质是价值取向投资,核心是把社会责任纳入投资决策。投资者可将经济、社会和环境的可持续发展作为投资方向,通过改变其投资方式来改变社会,为社会更和谐、更持续的发展带来正面影响。

由于 ESG 数据反映了对估值有重要影响,但以往不会披露的因素,因此往往被归类为非财务信息。随着影响公司估值的因素日趋复杂,无形资产的影响力不断增加。ESG 指标通过衡量公司管理层所作出的影响运营效率和未来策略方向的决策,帮助解析有关品牌价值和声誉等无形资产的状况。

在 ESG 价值链中(见图 3.1),ESG 投资把投资者与 ESG 实践者有机地串联在一起。价值链上端是资产拥有者[1],包括退休基金、保险公司、散户投资者等。价值链中端是资产管理者[2],如银行、资产管理公司、基金公司等。上端和中端都属于投资者的范畴,

---

〔1〕 资产拥有者/所有者指拥有的任何具有商业或交换价值的东西的任何公司、机构和个人,资产存在的形式包括流动资产、固定资产、有形资产、不动产等。

〔2〕 资产管理,通常是指一种"受人之托,代人理财"的信托业务。从这个意义上看,凡是主要从事此类业务的机构或组织都可以称为资产管理者或资产管理公司。

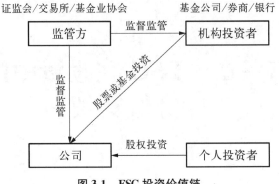

**图 3.1　ESG 投资价值链**

下端则是被投资方,即 ESG 实践者,一般为上市企业。

从投资者的角度来看,ESG 投资在进行传统财务分析、兼顾投资收益的同时,还分析投资对象对社会和环境的影响,选择对可持续发展有利的高质量公司进行投资。从企业的角度来看,ESG 投资对企业提出了更高的要求,企业想要吸引投资,除了关注自身财务数据外,也需要增强自身的社会责任感和积极加强 ESG 实践,从而实现社会和环境的可持续发展。

## 二、可持续发展投资种类及理念的演变

### 1. 可持续发展投资种类

以可持续发展为目的的投资统称为可持续发展投资,除了 ESG 投资以外,还包括影响力投资以及社会责任投资。这三种投资种类的投资策略以及关注重点各不相同(见图 3.2),影响力投资主要通过在环境与社会等领域进行投资的方式,为社会带来价值以增强投资者自身的社会影响力,是一种社会导向型的投资方式;社会责任投资主要依据投资者的社会价值观进行导向型或排他性投资,与影响力投资相比,其投资方向与个体联

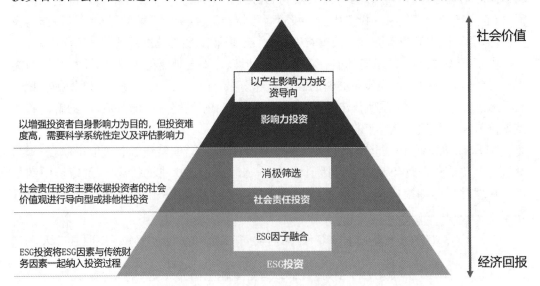

**图 3.2　可持续发展投资种类介绍**

系更强;ESG 投资在考虑财务、社会和环境因素外,将公司治理纳入企业社会责任投资中,是希望在经济回报和创造社会价值中间找到平衡,其收益导向性是三种可持续发展投资种类中最强的。

(1) 影响力投资。

根据全球影响力投资网络(global impact investing network,GIIN)的定义,影响力投资(impact investing)是指对公司、组织和基金进行投资,旨在产生可衡量的社会或环境正面影响以及财务回报的投资。"影响力投资"一词在 2007 年首次被洛克菲勒基金会及摩根大通银行等组织使用。截至 2017 年,影响力投资市场规模已高达 2 280 亿美元。影响力投资涉及的领域包括教育、医疗保健、住房、水、清洁和可再生能源、农业等。投资地理范围亦非常广,包括拉丁美洲、泛太平洋地区、中东地区以及非洲。

从广义上讲,任何负责任的投资方式都可以对社会产生积极影响。但是,纯粹的影响力投资需要明确的投资策略以及评价系统,使投资产生的社会价值最大化。因此,影响力投资是三种策略中最难实施的,并且可能带来重大的投资风险。

与其他投资方式相比,影响力投资者的资金主要用于投资社会企业(social enterprise),通过其产品与服务来解决社会或环境问题从而获得影响力。此外,社会企业的营运也会带来其他正面效益,如促进当地就业,提高员工成就感等。因此,影响力投资者除了能获得直接的社会效益外,还有社会企业运营产生的间接效益。

(2) 社会责任投资。

社会责任投资(socially responsible investment,SRI)关注的是投资对象产生的特定的社会影响,如宗教、社会公平、人类和平等问题。它最常见的投资方式是消极筛选(negative screening),排除那些不具有社会道德的公司。例如,社会责任投资者最初运用消极筛选排除涉及酒精、烟草、赌博和武器的公司或行业,后来还包括了与南非种族隔离、环境污染、侵犯人权、色情、滥用劳工以及动物实验等有关的内容。投资者通常会根据指数供应商或咨询顾问提供的投资建议做出撤资决定。

另外一种投资方式是积极筛选(positive screening),就是社会责任投资者在选择其投资组合或共同基金的投资对象时,选取那些对社会或环境有正面影响的公司,甚至包括为当地社区提供服务的组织或机构。社会责任投资与 ESG 投资最本质的区别在于,社会责任投资因素是用于排除特定的公司,而 ESG 投资则为投资组合提供选择指导。社会责任投资的不足在于,其简单地将公司排除在外的投资策略可能导致投资组合回报低于市场基准。

(3) ESG 投资。

ESG 投资与社会责任投资的投资理念相似,都将环境和社会因素纳入投资决策过程并明确追求投资收益。有别于社会责任投资,ESG 投资将公司治理纳入投资决策中。

"ESG 投资"一词首次出现在一项联合倡议中。在 2004 年,联合国前秘书长科菲·安南(Kofi Annan)邀请了 50 多家主要金融机构的首席执行官参与一项联合倡议。该项倡议由联合国全球契约组织(The UN Global Compact)发起,得到国际金融公司(IFC)和瑞士政府的支持,旨在探索将 ESG 整合到资本市场的方法。一年后,该倡议发布了一份名为 *Who Cares Wins* 的报告。该报告认为,在资本市场中纳入环境、社会和治理因素具有良好的商业意义,并可为社会带来更可持续的发展和更好的结果。

ESG 投资有时被用作一个笼统的标签来描述任何考虑社会因素的投资风格。从更严谨的角度看,ESG 投资指的是一种更复杂的组合投资策略,在追求市场回报率的同时,选择在 ESG 因子上得分更高的投资组合。

2. 可持续发展投资理念的演变

Deutsche Bank Climate Change Advisors(DBCCA)的研究指出可持续发展投资的发展可分为四个主要阶段:伦理投资、早期社会责任投资、现代社会责任投资和 ESG 投资(见表 3.1)。

表 3.1　可持续投资发展的四个主要阶段

| 伦理投资(价值观驱动型)(16 世纪以来) | 最早且最为流行的责任投资的形式是筛除或规避投资与个人、团体价值观不一致的公司或行业,如 1971 年越南战争期间成立的第一只伦理共同基金——和平女神世界基金(Pax World Fund)为反对核武器制造和军队的投资者提供了选择 |
| --- | --- |
| 早期社会责任投资(价值驱动型)(20 世纪 60 年代至 90 年代中期) | 早期社会责任投资在以宗教信仰为基础,价值观驱动投资进行筛查方面,与伦理投资并无差异。从 20 世纪 60 年代起,社会责任投资的雏形以一种新概念和投资策略兴起,在这段时期,社会责任投资指的是首先考虑社会责任、伦理和环境行为的价值观导向型或排他性投资 |
| 现代社会责任投资(价值驱动、风险和收益导向)(20 世纪 90 年代晚期至今) | 社会责任投资从伦理转向将环境和社会因素纳入投资决策过程,并明确追求投资收益。常用方式包括伦理负向筛查、环境和社会负向筛查、可持续性/气候变化主题和积极股东主义等 |
| ESG 投资(2004 年至今) | 在 21 世纪早期,产生了一种将社会和环境因素、公司治理纳入企业社会责任投资中的新趋势 |

资料来源:中证指数有限公司。

可持续发展投资的最早阶段是伦理投资,从 16 世纪开始萌芽,这种责任投资的形式是筛除或规避投资与个人、团体价值观不一致的公司或行业。进入 20 世纪 60 年代后,早期社会责任投资开始出现,社会责任投资的雏形以一种新概念和投资策略兴起,在这段时期,社会责任投资指的是首先考虑社会责任、伦理和环境行为的价值观导向型或排他性投资,但由于认同度低和参与者少,早期社会责任投资没有得到很好的发展。

直到 20 世纪 90 年代,社会责任投资进入新台阶。在理念上,从伦理转向将环境和社会因素纳入投资决策过程并明确追求投资收益;在关注度上,由于欧美的责任投资推动组织开始出现,举办社会投资论坛,有系统地倡导理念,现代社会责任投资进入快速发展阶段。责任投资理念和投资模式不断创新,全球开始出现多项 ESG 理念相关的金融产品,如首个数据库(KLD Database)、首只指数(Domini 400 Social Index)等。ESG 投资理念逐渐成熟,并于 2004 年由联合国全球契约组织正式提出。在现代社会责任投资的基础上演变而来的 ESG 投资,产生了一种将社会和环境因素、公司治理纳入企业社会责任投资中的新趋势。

如今,道德和价值观的一致性仍然是许多 ESG 投资者的重要考虑,但该领域正在迅速发展和演变,将来会有更多投资者将 ESG 因素与传统财务因素一起纳入投资过程。

### 三、ESG 投资的发展

#### 1. 全球 ESG 投资概况

经济合作与发展组织[1]在其 ESG 投资报告中指出,ESG 投资与其他种类的可持续发展投资之间的界限仍然模糊,国际金融市场并未形成统一的统计方法。因此在数据统计上,投资调查机构通常会把 ESG 投资归类到可持续发展投资进行计算。以下将通过对可持续发展投资的情况描述来侧面反映 ESG 投资情况。

据全球可持续投资联盟(GSIA)2018 年的统计,截至 2018 年年初,全球五大市场的可持续投资规模为 30.7 万亿美元,较 2016 年增长了 34%(见表 3.2)。欧洲可持续发展资产规模最高,为 14.1 万亿美元,美国的规模也接近 12 万亿美元。在增速方面,日本的增速非常惊人,高达 307%,超越加拿大,与欧洲和美国一起进入五大主要可持续投资市场的前三位。

表 3.2　全球五大主要市场 ESG 投资情况　　　　单位:百万美元

| 国家或地区 | 2016 年 | 2018 年 | 增长率 |
| --- | --- | --- | --- |
| 欧洲 | $ 12 040 | $ 14 075 | 11% |
| 美国 | $ 8 723 | $ 11 995 | 38% |
| 日本 | $ 474 | $ 2 180 | 307% |
| 加拿大 | $ 1 086 | $ 1 699 | 42% |
| 澳洲/新西兰 | $ 516 | $ 734 | 46% |
| 合计 | $ 22 839 | $ 30 683 | 34% |

数据来源: *2018 Global Sustainable Investment Review*,GSIA。

如图 3.3 所示,澳洲/新西兰的 ESG 投资在资产管理中的占比最高,2018 年为 63.2%。换言之,在专业基金经理人所管理的资产中,以每 100 美元资产看,其中 63.2 美元是 ESG 投资。除欧洲外,其他四个地区的 ESG 投资占比逐年提升。除此之外,ESG 投资在每个地区的专业管理资产中占有相当大的份额,从日本的 18.3% 到澳大利亚和新西兰的 63.2%。显然,ESG 投资已成为全球金融市场的主要力量。

此外,与 ESG 相关的贸易投资也在增长,可供机构和散户投资者投资的 ESG 相关金融产品总值超过 1 万亿美元,并将在全球主要金融市场中快速增长。根据晨星分析,全球可持续基金资产规模在 2019 年年底首次突破万亿美元(见图 3.4),并于 2020 年第三季度攀升至 1.26 万亿美元,其中 82% 来自欧洲。

此外,在联合国责任投资原则组织(United Nations Principles for Responsible Investment,UNPRI)的推动下,ESG 投资在全球得到快速发展。这个组织旨在帮助投资者理解 ESG

---

[1]　经济合作与发展组织(Organization for Economic Co-operation and Development,OECD)是由 38 个市场经济国家组成的政府间国际经济组织,旨在共同应对全球化带来的经济、社会和政府治理等方面的挑战,并把握全球化带来的机遇。其成立于 1961 年,目前成员国总数 38 个,总部设在巴黎。

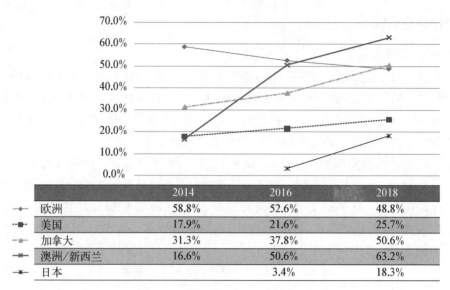

| | 2014 | 2016 | 2018 |
|---|---|---|---|
| 欧洲 | 58.8% | 52.6% | 48.8% |
| 美国 | 17.9% | 21.6% | 25.7% |
| 加拿大 | 31.3% | 37.8% | 50.6% |
| 澳洲/新西兰 | 16.6% | 50.6% | 63.2% |
| 日本 | | 3.4% | 18.3% |

图 3.3　资产管理中 ESG 投资占比

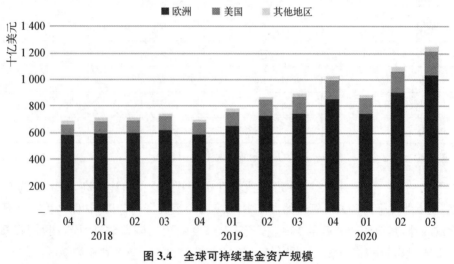

图 3.4　全球可持续基金资产规模

数据来源：晨星。

要素对投资价值的影响,推动投资机构将企业在 ESG 的表现纳入投资决策中,并支持各签署机构将这些要素融入投资战略、决策及积极所有权中。

根据 UNPRI 公布的最新数据,截至 2020 年 8 月,已经有 3 038 家机构成为 PRI 签署成员,承诺将 ESG 因素纳入公司经营中,其覆盖的资金规模已经超过 100 万亿美元,并且还在持续增长(见图 3.5)。

2019—2020 年的签署机构数量增长率为 28%,是自 2010 年以来最高。从地区分布来看,中国的签署机构数量增速最高,英美等发达地区的增速均为 20% 以上。另外,UNPRI 报告中还提到,新增的资产拥有者更多来自新的领域,包括企业养老基金、保险公司、公共财政部和中央银行。

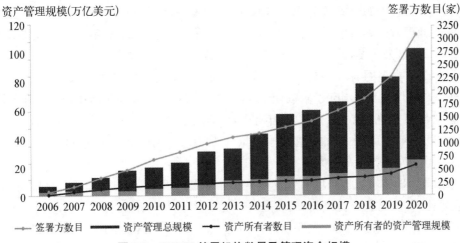

**图 3.5 UNPRI 签署机构数量及管理资金规模**

数据来源：UNPRI。

### 2. 中国 ESG 投资概况

据中国责任投资论坛研究,中国的 ESG 投资活动主要集中在 ESG 相关的公募基金和 ESG 理财产品。截至 2020 年 10 月底,共有 49 家基金公司发布了 127 只 ESG 相关的公募基金,规模超过 1 200 亿元人民币。中国首只 ESG 相关的公募基金出现在 2005 年,在此后 8 年中,基金的数量增长比较缓慢。直到 2015 年,ESG 相关的公募基金的数量和规模开始快速增长,一年里新增 24 只,增长超过 50%,之后保持平稳增长(见图 3.6)。

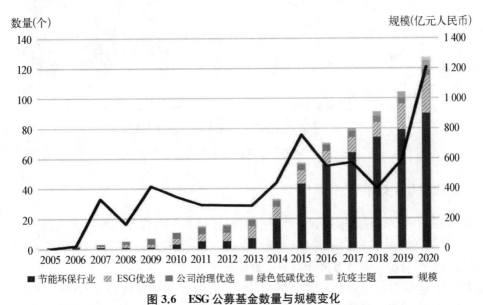

**图 3.6 ESG 公募基金数量与规模变化**

数据来源：Wind 数据终端。

另外,ESG 相关的公募基金的规模在 2020 年出现了大幅增长,增至 2019 年的两倍多,是增幅最快的一年。从种类上来看,ESG 相关的基金包括节能环保行业、ESG 优选、公司治理优选和绿色低碳优选四大类别,自新冠疫情暴发后,新增抗疫主题类 ESG 基金。

相比 ESG 相关的公募基金,ESG 理财产品的发展较迟,但发展势头同样迅速。第一只 ESG 主题理财产品由华夏银行在 2019 年 4 月推出。截至 2020 年 11 月底,共有 10 家商业银行或理财公司发行了 47 只 ESG 理财产品,估计资产规模超 230 亿元人民币。其中包括以 ESG 命名的有 38 只,以绿色命名的 4 只,其他命名方式 1 只。6 成以上的泛 ESG 理财产品均在 2020 年发行,表明 ESG 投资理念正在个人投资者中得到快速普及。

据 UNPRI 公布的数据,到 2012 年才首次有中国机构加入 UNPRI。随后几年发展迅速,截至 2020 年 8 月,中国的签署机构数量为 49 家。其中,投资管理机构为 37 家,服务供应商为 10 家,资产拥有者为 2 家。

从中国 PRI 签署机构新增数量及种类来看(见图 3.7),最早加入 UNPRI 的机构是投资管理机构,其次是服务提供商,最后是资产所有者,这从一定程度能反映早期 ESG 投资推动力量主要来自客户需求,主要以外资为主。从 2016 年开始,中国的签署机构数量持续上升,并于 2019 年首次有中国资产所有者加入 UNPRI。总体来说,中国资本市场对 ESG 投资的态度也在逐渐发生变化,从被动接受 ESG 投资理念,到主动探索将 ESG 融入投研流程,说明市场对 ESG 投资的关注日益提高。

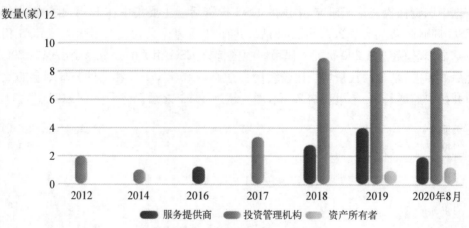

图 3.7　中国 PRI 签署机构每年新增数量及类型

数据来源:UNPRI。

## 四、ESG 投资相关政策

ESG 投资的发展与国家监管政策的发展密切相关。随着各国政府越来越重视 ESG 问题,尤其是气候变化,并将其纳入政府议程,相关的监管政策将对市场产生深远影响。值得注意的是,自愿准则将更可能成为强制性的要求。

从国际 ESG 投资相关政策情况看,UNPRI 在 2019 年更新的数据显示,在全球 50 个最大经济体中,共有超过 730 项政策修订,涉及约 500 项政策工具,支持、鼓励或要求投资者考虑长期价值驱动因素,包括 ESG 因素。在这些经济体中,有 48 个已经制定了相关的政策,旨在帮助投资者识别 ESG 风险并把握可持续投资机遇。

可持续金融政策是 21 世纪的一种新现象,其数量在 2000 年后呈现井喷式增长,97%是在 2000 年之后制定的(见图 3.8)。这个增长趋势与 UNPRI 签署机构数量及管理资金规模的上升趋势（见图 3.5）相似，这说明 ESG 投资的发展与国家监管政策的发展之间呈现正相关的关系。

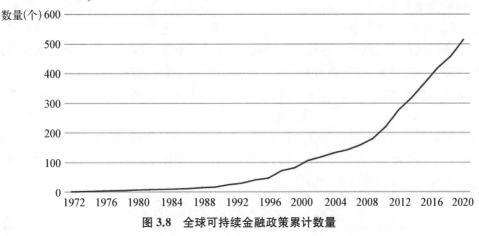

**图 3.8　全球可持续金融政策累计数量**

*数据来源：UNPRI。*

尤其是在欧美发达国家，对投资者和企业来说，ESG 监管的步伐正在加快。作为全球 ESG 投资最重要的市场，欧盟是最早支持联合国可持续发展目标和负责任原则的区域性组织之一，在近五年集中推进了一系列 ESG 相关条例法规的修订工作，从制度上加速了 ESG 投资在欧洲资本市场上的发展。2017 年，欧盟对《股东权指令》进行了新修订，明确将 ESG 议题纳入具体条例中，并实现了 ESG 三项议题的全覆盖。

此外，欧盟委员会在 2019 年 4 月针对资本市场制定了相关规则，要求泛欧洲养老金计划（Pan-European Personal Pension Product，PEPP）提供者必须考虑与 ESG 因素有关的风险，以及投资决策对 ESG 因素的潜在长期影响；PEPP 提供者也必须披露有关投资政策如何考虑 ESG 因素的详细信息和 ESG 绩效表现。

2019 年 6 月，欧盟委员会技术专家组（TEG）发布了《欧盟可持续金融分类方案》（*EU Taxonomy*），旨在鼓励私人进行可持续投资并促进气候中和经济，并为政策制定者和投资者提供实用性工具，该政策可能会对投资前景产生重大影响。

ESG 投资在美国的发展模式与欧盟"政策法规先行"的模式不同，美国资本先表现出对 ESG 的追捧，其后政策法规才相继出台。在 2015 年联合国提出可持续发展目标之后，美国政府加速了 ESG 政策法规的制定和出台，规范了 ESG 投资市场秩序，使 ESG 投资体系逐渐成熟。另外，有 181 家公司 CEO 于 2019 年发布《关于公司宗旨的声明》，该声明明确了企业社会责任的新标准，体现美国商界开始主动向可持续发展转型。

除了欧盟和美国两个 ESG 投资最大的市场，英国、新加坡和日本也较早制定并出台了 ESG 相关政策法规[1]。

## 五、我国 ESG 投资相关政策情况

生态文明建设作为中国长期的发展战略，与 ESG 系统的核心价值绿色、可持续发展

---

〔1〕　ESG 投资政策相关内容可参见本书第五章。

高度一致,这极大地推动了 ESG 投资的发展。

国家层面上,国务院在 2015 年发布的《生态文明体制改革总体方案》和"十三五"规划都明确推动绿色金融发展。随后,国家七部委(人民银行、银监会、环境保护部、证监会、保监会、国家发改委和财政部)于 2016 年颁布《关于构建绿色金融体系的指导意见》,提出了支持和鼓励绿色投融资的一系列激励措施,并要求逐步建立和完善上市公司和发债企业强制性环境信息披露制度,大力推动绿色金融和 ESG 责任投资在中国的不断发展。

为进一步推动绿色金融实践,政府在 2017 年选择了 5 个省份建立绿色金融改革创新试验区,包括浙江、江西、广东、贵州、新疆五省(区)的 8 个市(州、区),并于 2019 年追加了甘肃作为第六个绿色金融试验点。各地区试验的重点不尽相同,例如,广东的试验重点为建设绿色金融改革创新试验区;江西的重点是构建组织体系完善、产品服务丰富、稳健安全运行的绿色金融服务体系(见表 3.3)。

表 3.3　中国绿色金融改革创新试验区

| 城　　市 | 省/自治区 | 批准日期 | 具 体 试 验 重 点 |
|---|---|---|---|
| 湖州 | 浙江 | 2017 年 | 支持传统产业转型 |
| 衢州 | | | |
| 赣江新区 | 江西 | 2017 年 | 构建组织体系完善、产品服务丰富、稳健安全运行的绿色金融服务体系 |
| 广州 | 广东 | 2017 年 | 建设绿色金融改革创新试验区,研究设立以碳排放为首个品种的创新型期货交易所 |
| 贵安新区 | 贵州 | 2017 年 | 通过绿色金融为大数据信息共享、生态环境保护和扶贫建设基础设施 |
| 哈密市 | 新疆维吾尔自治区 | 2017 年 | 通过绿色融资工具支持现代绿色农业、制造业、工业和清洁能源发展 |
| 克拉玛依市 | | | |
| 昌吉州 | | | |
| 兰州 | 甘肃 | 2019 年 | 通过绿色融资工具改造传统工农业,以发展污染控制、清洁能源、水利和绿色农业等行业;为新的绿色金融平台部署新的金融技术 |

资料来源:保尔森基金会。

2018 年 11 月,中国证券投资基金业协会发布《绿色投资指引(试行)》,对基金管理人的绿色投资活动及其内部制度建设作出普适性指引,由机构自主灵活地运用相关指标和基本方法,改善投资决策机制,丰富投资策略,提升绿色投研体系和绿色投资文化建设,为推动发展绿色投资基金、开发绿色投资指数、全面践行 ESG 投资奠定基础。

2020 年 10 月下旬,国家五部委(生态环境部、国家发改委、人民银行、银保监会和证监会)联合发布了《关于促进应对气候变化投融资的指导意见》(以下简称《指导意见》),为通过金融工具缓解和适应气候变化设定了明确的政策目标。中国的监管机构致力于建立一个全面的监管框架,以提供相关的财政激励,并鼓励私营部门更广泛地参与绿色金融市场。

《中共中央关于制定国民经济和社会发展第十四个五年规划和二○三五年远景目标的建议》延续了"十三五"规划中的绿色发展理念,重点将通过强化绿色发展的法律和政策保障和完善绿色金融系统,加快推动绿色低碳发展。可以预计,在"十四五"期间,中国ESG 投资市场将持续保持增长。

商道融绿统计显示,2016—2020 年全国及地方共制定并发布绿色金融相关政策共621 条,其中绿色金融专项文件提出了发展绿色金融具体实施细则的政策共 371 条。地方政策层面上,从政策发行地区来看,广东省及粤港澳大湾区在 2020 年发布的 ESG 相关政策最多,共 10 条。作为第一批绿色金融创新改革试验区之一,广东省充分结合自身在经济改革开放中获得的经验,深耕绿色金融沃土,打造可自主循环的绿色金融生态。另外,浙江省、江苏省、青海省等也发布了多条绿色金融相关政策,积极探索建立和完善具有本省特色的绿色金融体系(见表3.4)。

表 3.4 2020 年地方主要 ESG 相关金融政策梳理

| 行政区 | 文件标题 | 简 要 内 容 | 发布机构 | 签发时间 |
|---|---|---|---|---|
| 广东省深圳市 | 《深圳经济特区绿色金融条例》 | 创新绿色金融产品和服务,在绿色信贷方面,要求创新绿色供应链、绿色建筑、个人绿色消费等绿色信贷品种;在绿色保险产品方面,鼓励开展环境污染责任险、绿色建筑质量险等绿色保险业务。鼓励发展与个人生活和消费相关的绿色金融产品,支持金融机构开展环境权益抵押和质押融资业务,鼓励金融机构参与粤港澳大湾区碳交易市场跨境交易业务 | 深圳市人民代表大会 | 2020 年 10 月 29 日 |
| 青海省 | 《青海省银行业保险业发展绿色金融支持国家公园示范省建设三年行动方案(2020—2022 年)》 | 要求各银行保险机构要紧跟青海国家公园示范省建设三年行动方案,积极践行绿色发展理念 | 青海省银保监局 | 2020 年 9 月 17 日 |
| 粤港澳大湾区 | 《关于贯彻落实金融支持粤港澳大湾区建设意见的实施方案》 | 表示要支持港澳金融机构参与广州绿色金融改革试验区建设,搭建粤港澳大湾区环境权益交易与金融服务平台,鼓励银行保险证券基金机构创新绿色金融产品和服务。同时,发挥粤港澳三地金融学会、行业协会等机构的作用,加强绿色金融标准研究 | 广东省地方金融监管局、人民银行广州分行、广东银保监局、广东证监局、人民银行深圳市中心支行、深圳银保监局、深圳证监局 | 2020 年 7 月 31 日 |
| 山西省 | 《关于进一步加强绿色金融工作的通知》 | 明确了绿色金融在污染防治攻坚战中的重要作用,也明确了绿色金融是银行保险机构保持可持续发展的内在需求 | 中国银保监会山西监管局 | 2020 年 7 月 28 日 |
| 甘肃省兰州市 | 《兰州新区建设绿色金融改革创新试验区实施方案》 | 明确了兰州新区建设绿色金融改革创新试验区的目标任务、工作进度和责任考核,为兰州新区绿色金融改革创新试验区建设提供了坚强的制度保障和政策支持 | 甘肃省政府办公厅 | 2020 年 7 月 15 日 |

（续表）

| 行政区 | 文件标题 | 简 要 内 容 | 发布机构 | 签发时间 |
|---|---|---|---|---|
| 广东省广州市 | 《广州市黄埔区、广州开发区促进绿色金融发展政策措施》 | 政策围绕"机构、产品、市场、平台、创新"五大维度,从绿色金融组织机构、绿色贷款、绿色债券及资产证券化、绿色保险、绿色基金、绿色企业上市挂牌、地方金融机构绿色业务、绿色金融风险补偿、绿色认证费用、绿色金融创新等10个方面提出了22项具体措施,单次补贴最高达300万元,力求全面调动各类金融资源和金融工具,加快建立健全全区绿色金融体系 | 广州市黄埔区人民政府 | 2020 年 4 月 24 日 |
| 江苏省 | 《省政府关于推进绿色产业发展的意见》 | 健全绿色金融体系的相关任务,包括鼓励商业银行开发绿色金融产品;引导金融机构加大对企业节水减排、污染治理技术改造的信贷支持 | 江苏省人民政府 | 2020 年 3 月 27 日 |
| 长三角 | 《关于在长三角生态绿色一体化发展示范区深化落实金融支持政策推进先行先试的若干举措》 | 提出了发展绿色金融的多项任务,包括整合绿色金融相关配套政策,提高绿色金融对接效率;鼓励发展绿色信贷,探索特许经营权、项目收益权和排污权等环境权益抵质押融资;加快发展绿色保险,创新生态环境责任类保险产品;鼓励绿色企业通过发债、上市等融资,支持发行中小企业绿色集合债等 | 长三角生态绿色一体化发展示范区执委会等 | 2020 年 3 月 27 日 |
| 吉林省长春市 | 《关于营造安全高效金融环境的若干举措》 | 提出推动金融产品服务的创新服务实体经济,其中包括绿色信贷、绿色证券、绿色保险等,并鼓励银行机构设立绿色金融专营支行,建立绿色金融事业部 | 长春市人民政府办公厅 | 2020 年 2 月 28 日 |

# 第二节　相关投资机构方主体介绍

投资者的定义是投入现金购买某种资产,以期望获取利益或利润的自然人和法人。

按照主体来说,投资者可以划分为个人投资者和机构投资者。个人投资者一般是指以自然人身份从事股票买卖的投资者。由于现阶段个人投资者并非 ESG 投资主力,以下将主要介绍机构投资者。

从广义上讲,机构投资者是指用自有资金或者从分散的公众手中筹集的资金专门进行有价证券投资活动的法人机构。以有价证券收益为其主要收入来源的证券公司、投资公司、保险公司、各种福利基金、养老基金及金融财团等,一般称为机构投资者。机构投资者通常具有集中性、专业性的特点。ESG 投资不仅可以将先进的社会治理理念与投资实践相结合,而且更能帮助投资者积极规避或应对重大的投资风险,因此受到机构投资者的青睐。

CFA 研究基金会发布的 ESG 投资研究报告指出,ESG 机构投资者一般包括六类:

养老基金、保险公司、商业银行、投资公司、投资顾问公司、对冲基金及其他。

在 ESG 投资领域,前四类投资者为目前最为主流的投资者,本节将对此进行详细叙述。

## 一、养老基金

养老基金(Pension Fund)属于政府公共基金,它的来源是社保缴费、外汇储备和财政收入。养老基金在很多国家都是资本市场最重要的参与者。对于政府来说,将其基金的战略重点放在 ESG 投资上尤为重要。

第一,政府的投资往往对市场有指导作用,其投资应该与社会发展方向一致,这样才能有效引导资本市场、推动社会进步。

第二,社会不道德和环境不可持续的商业行为一定伴随着沉重的社会环境成本,如碳排放或剥削员工。但这部分成本并不由公司承担,相反,这些成本被分摊到员工和社会上。政府可以通过投资或监管对市场进行干预,使市场发展与政府倡导的核心价值相一致,引导公司避免产生社会环境不良影响。

第三,养老基金的投资周期相比其他资管机构的投资周期要更长,所以养老基金更倾向低风险投资和关注长期收益。虽然 ESG 表现优秀的公司需要承担额外的成本来提交他们 ESG 绩效和管理 ESG 风险,但这些公司更关注长期发展和注重风险管理,这使得这些公司更符合养老基金的投资需求。

根据经济合作与发展组织(OECD)的数据,过去十年,养老金资产一直在增长,截至 2018 年年底,全球养老金资产达到 44.1 万亿美元。目前,欧洲养老金市场 ESG 投资走在了全球前列,主要原因是监管对 ESG 投资的推动。

欧洲保险和职业养老金管理局(EIOPA)于 2016 年 12 月通过 IORPII指令,从三个方面对 ESG 理念在养老金投资中的应用作出具体要求:(1) 要求欧盟成员国允许企业私人养老计划将 ESG 因子纳入投资决策;(2) 私人养老计划需要将 ESG 因子纳入治理和风险管理决策;(3) 私人养老计划需披露如何将 ESG 因子纳入投资策略。欧洲的监管支持养老金进行 ESG 投资,其目的在于推动社会朝 ESG 方向发展,进而再以投资回报的方式回馈给养老金。

另一大经济体美国的做法与欧洲不太一样。美国劳工部于 2020 年 6 月 23 日提出《雇员退休收入保障法》修订计划,要求私人养老金计划受托人如果要进行 ESG 投资,必须证明相关投资不会牺牲财务回报。

美国劳工部指出,由私营企业提供的员工退休计划不是促进社会发展目标或政策目标的工具,它的唯一目标就是为雇员提供退休保障,因此必须始终将投资的经济利益放在第一位,以使可用于支付退休金的资金最大化。

随后,在 2020 年 8 月 31 日,美国劳工部提出第二条新增法规,要求受规管的所有退休计划受托人只能在涉及财务回报的事情上才可去投票,包括 ESG 相关问题,除非它们会对退休计划产生可衡量的财务影响,否则受托人不得参与投票。

全球三大评级机构之一的惠誉(Fitch Ratings)指出,美国劳工部从受托人的受托责任出发,旨在最大程度提高养老金的回报,以增加其可自由支配资金的能力;而欧洲则还是保持着过去二十年来的一贯政策,即希望吸引更多私人部门的投资以实现更广泛的公共目标。

中国养老金体系主要分为三大支柱:公共养老金、职业养老金和个人养老金。公共养老金由政府主导建立,包括城镇职工基本养老保险和城乡居民养老保险两大组成部分。职业养老金是由企事业单位发起,由商业机构运作,包括企业年金和职业年金两大组成部分。个人养老金由商业机构提供,居民个人选择自愿购买。社保基金指的就是公共养老金,在三大支柱中占比最大,为 85.7％,截至 2017 年年底,参保人数为 91 548 万人,累计结存 50 202 亿元。

根据《全国社会保障基金投资管理暂行办法》,社保基金由全国社会保障基金理事会(社保基金会)负责管理。中央财经大学绿色金融国际研究院指出,社保基金会采取的投资运作方式为直接投资与委托投资相结合。直接投资由社保基金会直接管理运作,主要包括银行存款、信托贷款、股权投资、股权投资基金、转持国有股和指数化股票投资等。委托投资由社保基金会委托投资管理人管理运作,主要包括境内外股票、债券、证券投资基金,以及境外用于风险管理的掉期、远期等衍生金融工具等,委托投资资产由社保基金会选择的托管人托管。2018 年,社保基金资产总额为 22 358.78 亿元,其中直接投资资产 9 915.40 亿元,占社保基金资产总额的 44.35％;委托投资资产 12 438.38 亿元,占社保基金总额的 55.63％。但目前,社保基金会在进行直接投资时,没有明确提出把 ESG 因子纳入投资决策中。

为引导社保基金进行 ESG 投资,中国证券基金业协会出台了《绿色投资指引(试行)》,其中第五条明确指出,为境内外养老金、保险资金、社会公益基金及其他专业机构投资者提供受托管理服务的基金管理人,应当发挥负责任投资者的示范作用,积极建立符合绿色投资或 ESG 投资规范的长效机制。在政策的鼓励下,社保基金有望作为长期机构投资者进行 ESG 投资。

## 二、保险公司

保险公司的运作模式是收取保费,将保费所得资本投资于债券、股票、贷款等资产,运用这些资产所得收入支付保单所确定的保险赔偿。根据全球领先的数据统计互联网公司 Statista 的统计数字(如图 3.9),截至 2018 年,全球保险年度保费约为 5.3 万亿美元,其中

**图 3.9　全球保险年度保费**

数据来源:Statista。

约 1.48 万亿美元来自美国市场,是第一大保险市场。同期,中国保险市场保费收入约 0.58 万亿美元,超越日本,成为全球第二大保险市场。

UNPRI 目前签署的保险公司数量超过 50 家,管理规模超过 10 万亿美元。UNPRI 理事会主席 Martin Skancke 在保险业 ESG 投资发展论坛上指出,保险业的重点是收集溢价和管理风险,因此保险业与可持续性密切相关,随着《巴黎协定》表明气候变化的重要性以及政府对该问题的承诺,保险业的作用越来越重要。保险业较其他金融行业特殊,ESG 问题也会影响其承保端业务。由气候变化而导致的极端天气会使投保人生命财产受损,保险公司会因此而面临更多的索赔,但银行、资管公司则不存在如此问题。因此,保险业更应该关注 ESG 议题,在投资决策端考虑纳入 ESG 因子,避免因投资气候不友好型企业间接导致气候恶化,从而给自身业务带来负面影响。

另一方面,保险业进行 ESG 投资受政策影响较大。在美国,各州保险公司的 ESG 投资实践和承诺水平各不相同,主要原因是各州保险监管力度不一样。比如说,加州保险局[1]在 2016 年发起了气候风险碳倡议[2],要求加州保险公司披露其化石燃料投资和气候风险相关信息,并自愿从煤电项目中撤资。这一政策直接推动当地的保险公司对 ESG 投资。在中国保险业发展早期,保险公司资产只能投资银行存款和政府债券。1999 年,中国保监会[3]批准保险公司通过购买证券投资基金间接进入证券市场。2003 年,中国人寿等 9 家保险公司被批准直接投资股市。这一系列措施促使中国保险资产管理行业建立起市场化、专业化和多元化的保险业资产管理体系,为保险资产管理业 ESG 投资奠定了基础。

2018 年,中国保险资产管理业协会发布《中国保险资产管理业绿色投资倡议书》(以下简称《倡议书》),旨在凝聚行业力量,推动保险资金绿色投资持续健康发展,支持中国经济绿色转型。《倡议书》提出打造绿色投资特色体系,通过债权投资计划、股权投资计划、资产支持计划、绿色产业基金、绿色信托、绿色 PPP、绿色债券等多元化投资方式,稳步加大保险资金绿色投资比重,促进污染防治、节能减排、新能源等领域的技术进步,提升产业绿色生产力,加速我国经济绿色转型。

根据安永发布的《保险资产管理业开展 ESG 投资》报告,目前中国保险资产主要通过债权投资计划直接投资绿色项目,截至 2019 年 4 月底,以此形式进行的绿色投资规模已超过 7 000 亿元人民币。此外,保险资金还通过发起设立股权投资计划、参与私募基金和产业基金、投资绿色信托产品等方式支持绿色金融发展。

---

〔1〕 加州保险局(California Department of Insurance, CDI)成立于 1868 年,是一个负责监管保险法规、执行消费者保护法规、教育消费者和促进加州保险市场稳定的机构。CDI 对保险业如何在加州开展业务具有权威,并对该州的保险公司、代理人和经纪人的费率和操作进行许可和监管。

〔2〕 气候风险碳倡议(Climate Risk Carbon Initiative)是由加州保险局在 2016 年发起的,旨在向公众提供有关加州保险公司因化石燃料投资带来的气候风险的信息。

〔3〕 中华人民共和国保险监督管理委员会(China Insurance Regulatory Commission, CIRC),简称中国保监会,成立于 1998 年 11 月 18 日,是国务院直属正部级事业单位,根据国务院授权履行行政管理职能,依照法律、法规统一监督管理全国保险市场,维护保险业的合法、稳健运行。

**案例 3-1　中国平安**

近年,中国保险业龙头中国平安在 ESG 领域表现十分抢眼。国际专业财经杂志《财资》(*The Asset*)指出,2019 年,中国平安绿色产品投资达 512.45 亿元人民币,社会普惠类投资达 9 032.04 亿元,绿色信贷贷款余额达 242.73 亿元,社会普惠性贷款的贷款余额达 8 989.21 亿元。中国平安是中国首批进入 ESG 领域的保险公司之一,是首家签署 UNPRI 的中国保险企业,也是中国首家宣布把高污染产业排除在投资选择外的资产拥有者,并制定标准停止对不达标的煤炭项目提供保险。

中国平安将 ESG 标准全面融入企业管理,提升公司资本市场综合价值,制订了《平安集团责任投资政策》,推动责任投资和可持续保险业务发展。通过不同投资策略,将 ESG 及气候变化风险融入投资分析,形成适用于不同类型资产投资的七种责任投资策略,形成保险业 ESG 投资实践的独特路径。

在 ESG 投资实践上,中国平安收购西班牙建筑及基础设施集团 ACS 下属公司 Urbaser 过程中,针对拟收购公司进行了 ESG 尽职调查,识别了公司的 ESG 风险,并向公司提出相应整改建议。Urbaser 作为全球环境保护和废固治理的龙头企业,业务遍及多个国家,是全球废固管理技术最先进的企业之一,该公司在全球数百个城市每年处理约 1 140 万吨垃圾及 11 万吨工业废料。

通过此次收购,有助于帮助中国环保企业引进国外城市环境服务先进管理经验和技术,实现中国环保企业在世界领域的领先。平安寿险在收购项目全过程中持续关注企业 ESG 表现及实践,实现对 ESG 风险的有效管理。

## 三、商业银行

商业银行是金融机构之一,而且是最主要的金融机构,主要的业务范围有吸收公众存款、发放贷款以及办理票据贴现等,如中国工商银行、中国农业银行、中国银行、中国建设银行等。商业银行的盈利渠道主要是贷款、银行类保险、销售理财基金类产品、金融机具的销售、金融智能终端业务消费获利、对冲业务、票据业务等。目前我国融资体系仍然是以商业银行的间接融资为主。根据中国银保监会公布的数据,2018 年年末,中国银行业境内总资产 261.4 万亿元,是当年全国 GDP 的 2.9 倍。中国人民银行发布的《2018 年社会融资规模存量统计数据报告》统计,社会融资规模存量为 200.75 万亿元,同比增长 9.8%,其中银行投放贷款和投资债券余额合计高达 185.8 万亿元,占同期社会融资总量的 92.55%,包括银行发放的各类贷款存量 140.6 万亿元,同比增长 12.6%;银行的债券投资余额 45.2 万亿元,同比增长 14.1%。

银行理财是中国金融机构进行 ESG 投资的重要途径之一,近年来实现快速发展。随着 ESG 责任投资理念及投资实践的深入,商业银行也逐步关注并尝试推出带有 ESG 理念的理财产品。统计数据显示,自 2019 年华夏银行发行首款银行 ESG 主题理财产品以来,截至 2020 年 9 月 18 日,共有 1 家银行和 4 家理财子公司存续 ESG 主题的理财产品 30 款。与此同时,兴银理财、光大理财等理财子公司也拟发售 ESG 主题的理财产品。银行理财引入 ESG 投资理念能有效防控产品投资风险和提升产品投资收益,也有助于银行与理财子公司的差异化发展,预计 ESG 主题理财规模会越来越大。

ESG 主题的理财产品越来越受欢迎的原因主要来自两个方面。一方面为政策原因,2018 年公布的《商业银行理财业务监督管理办法》第三十条规定商业银行发行公募理财产品的,单一投资者销售起点金额降至 1 万元人民币。这一新规降低了购买 ESG 理财产品的门槛,有助于更多的个人投资者了解、选购 ESG 产品,扩大投资人群。另一方面,ESG 理财产品的业绩普遍比基准高。相关研报显示,目前银行发售的 ESG 主题产品平均业绩比较基准为 4.44%,高于传统的非 ESG 主题产品。

### 案例 3-2 华夏银行践行 ESG 投资理念

2019 年 3 月,华夏银行资产管理部加入 UNPRI,成为该组织在中国境内首家商业银行资产管理机构成员。华夏银行近年积极推行 ESG 理念,通过三大 ESG 策略推行 ESG 投资理念:

1. 优化 ESG 投研体系:独立开展 ESG 分析框架和评价体系的研究,精准了解企业的 ESG 表现,优化资产配置效率,使 ESG 分析方法能够深度整合至投资决策流程。

2. 构建 ESG 三层因子体系:与国内外研究机构和学术机构建立沟通交流机制,进一步定位具备实质性、可比性、可得性的行业关键因子,持续提升 ESG 策略对投资决策的指导能力。

3. 进行 ESG 数据研究:探索自然语言处理技术在此方面的应用,拟以 ESG 因子为数据点构建知识图谱快速收集和分析数据,并将分析范围关联至供应链和参控股方,构建能够服务于股票、债券、非标债权、股权等类型投资的 ESG 数据。

目前,华夏银行共发行 ESG 主题产品 20 款,涵盖节能环保、清洁能源、生态保护和基础设施建设等领域,是发行 ESG 主题产品最多的银行机构。其中固定收益类产品 11 款,混合类产品 9 款,累计募集金额超过 100 亿元,约占国内公募机构管理的 ESG 策略产品规模的 1/10。截至 2019 年上半年,华夏银行向实体经济投入绿色融资总额 1 208 亿元,其中绿色信贷 720 亿元、绿色租赁 318 亿元、碧水蓝天基金 100 亿元和绿色债券投资 70 亿元。

## 四、投资公司

投资公司,泛指汇集众多资金并依据投资目标进行合理组合的一种企业组织,如投资银行、基金管理公司、财务公司等金融机构。另外,投资公司也包括一些大型金融机构旗下的资产管理机构,如保险、商业银行和证券公司旗下的资产管理机构。其中,投资银行和基金管理公司是 ESG 投资的重要参与者。

1. 投资银行

投资银行是与商业银行相对应的一类金融机构,是主要从事证券发行、承销、交易、企业重组、兼并与收购、投资分析、风险投资、项目融资等业务的非银行金融机构,也是资本市场上的主要金融中介。高盛集团、花旗集团、摩根士丹利、摩根大通等都是世界知名的投资银行。

在国际金融市场上,许多全球顶尖的投资银行多年来主动践行 ESG 原则与标准,不只是为了应对监管要求或追随社会潮流,而是深刻认识到当今世界所面临的巨大环境压力、气候变化、财富差距、劳资冲突等更广泛的社会矛盾,希望通过在 ESG 方面的努力推动人类社会的可持续发展。

早在 2006 年,高盛集团所发布的可持续发展研究报告首次明确提出了环境、社会和公司治理等(ESG)概念,并在 2008 年基于 ESG 研究框架推出了高盛可持续权益资产组合。摩根士丹利则在 2009 年成立了全球可持续金融小组(Global Sustainable Finance)将可持续发展目标纳入每一项核心业务,并在 2012 年将可持续发展的主题融入投资组合,提供超过 120 种可选投资产品及定制化的组合方案;在 2017 年成立可持续发展委员会,专门负责制定公司的总体 ESG 框架。

2. 基金管理公司

基金管理公司是指依据有关法律法规设立的对基金的募集、基金份额的申购和赎回、基金财产的投资、收益分配等基金运作活动进行管理的公司。目前,基金投资是中国金融机构进行 ESG 投资的最主要途径。ESG 基金是运用 ESG 标准来指导投资实践的基金类型,关注于更长期的投资回报以及将更广义的利益相关方包括环境与社会资源等纳入投资考虑中。

晨星(Morning Star)在《全球可持续资金流向报告》(Global Sustainable Fund Flows)中指出,2020 年虽然受到疫情影响,但可持续基金反弹强劲,全球可持续基金流入量在 2020 年第二季度增长了 72%,达到 711 亿美元。截至 2020 年 6 月底,全球可持续基金资产达到创纪录的 1.1 万亿美元,较上一季度增长 23%。目前,ESG 基金数量和规模,美国都处于领先水平。截至 2019 年年底,美国共发行 564 只考虑 ESG 主题的相关基金,资金管理规模达到 9 330 亿美元。

目前中国 ESG 相关的公募基金有 127 只,规模超过 1 200 亿元人民币。根据平安数字经济研究中心的研究,其中有 12 只为纯 ESG 基金,资金规模为 149 亿元人民币,这些基金在制定投资策略、筛选投资标的时,至少考虑了环境、社会和公司治理中两个及以上维度。另外,环境主题基金共 48 只,资金规模为 472 亿元人民币,这类基金在制定投资策略筛选投资标的时,主要考虑的环境因素包括环保、低碳、美丽中国、新能源、绿色节能等。总体来看,纯 ESG 主题基金仍然较少,ESG 基金仍以环境主题类基金为主。

 **案例 3-3　兴证全球基金**

兴证全球基金是 A 股市场最早引入社会责任投资理念的基金管理公司,并在 2008 年成立了国内首只公募社会责任基金产品——兴全社会责任基金。这只基金除了关注企业盈利能力和管理水平,也更关注企业的社会责任实践,包括环境、社会和公司治理层面。

2011 年,兴证全球基金再度成立了国内首只绿色投资基金——兴全绿色投资基金(LOF),提出绿色投资筛选策略,挖掘绿色科技产业或公司,以及在传统产业中积极履行环境责任公司的投资机会。

2016 年,兴证全球基金启动了社会责任专户。这类产品根据投资者要求设置禁止投资名单,把其中的企业排除在投资范围外,同时为公益基金会提供资产管理服务,部分收益用作公益资金来推动公益项目。

截至 2018 年年底,兴全社会责任基金已成立了 5 个社会责任专户,通过社会责任专户公益累计捐赠超过 400 万元。

除了公募基金积极践行 ESG 投资理念,私募基金也在不断探索本土化 ESG 投资之路。2020 年 4 月,光大控股宣布"光大一带一路绿色投资基金"正式成立,这是中国首只百亿级以绿色为投资主题的私募股权基金。该基金由光大集团牵头,以光大控股发起并管理。基金管理目标规模为 200 亿元,首期 100 亿元人民币基金,将以设立"境内人民币母基金＋地方直投基金"的组合模式进行,其中母基金拟募集规模不低于 50 亿元。基金将整合光大集团内金融和产业优势资源,聚焦"一带一路"沿线国家和地区,主要投向为绿色环境、绿色能源、绿色制造和绿色生活等四个领域。该基金将采用多元化配置策略,获得稳健可持续回报,最大限度地分散行业和周期风险。

# 第三节　ESG 投资的驱动力

ESG 投资发展非常迅速,从 2004 年在联合国全球契约组织的报告中被首次提出,到现时全球 ESG 基金资产达到并超过 1.1 万亿美元,并保持双位数增长。为寻找 ESG 投资长远发展支撑点,本节将会从中国机构投资者的角度探讨 ESG 投资的驱动力。

在 2019 年,基金业协会就中国基金业 ESG 与绿色投资做了一份调查,共 324 家机构参与了这次调查,包括公募基金管理公司、私募证券基金管理人、从事私募资管业务的证券期货经营机构及其资管子公司。从开展方和样本数量来看,这次调查具有权威性和全面性。就 ESG 首要投资驱动力而言,该调查报告显示 58% 的机构将降低风险作为首要驱动力,另外分别有 25% 和 15% 的投资机构将社会责任和投资收益列为首要驱动力(如图 3.10)。下文将从降低风险、社会责任和投资收益三个角度展开论述。

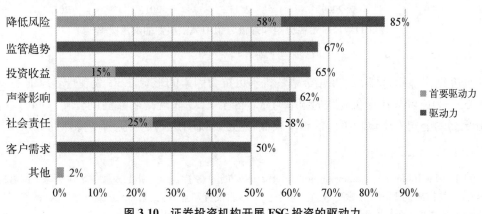

图 3.10　证券投资机构开展 ESG 投资的驱动力

## 一、降低风险

受访的绝大多数投资机构都认为 ESG 作为一种新型投资理念,可以有效降低个股及组合风险,而这一观点被不少研究证实。MSCI[1]团队对 ESG 与公司估值、投资风险和表演的关系进行研究,并于 2018 年发表名为 *Foundations of ESG Investing* 的论文。此项研究是基于 MSCI ESG 评级数据,以 1 600 多只股票作为样本进行分析。研究发现,ESG 表现优秀的企业可通过风险传导机制来降低自身管理风险,从而降低其投资人的投资风险。风险传导机制主要通过三个环节实现。

第一,ESG 表现更好,体现在环境、社会和公司治理三个方面的因子上的得分也更高。这些因子既包括公司管理层管理,也包括对供应链的管理。因此,这些因子的得分越高,说明公司自身管理以及供应链管理越好,也意味着更严格的合规管理和更高的风险管控能力。ESG 风险管理水平是 MSCI ESG 研究的重点之一,也是对企业评级的重要依据之一。在 MSCI ESG 评级模型中,当公司风险管理水平能与 ESG 风险暴露水平匹配时,公司在这一关键议题上可以取得较高的得分。换言之,面临更高 ESG 风险的公司必须拥有更高的风险管理水平,而 ESG 风险较低的公司可以采用更温和的风险管理模式。

第二,更高的风险控制能力能有效帮助公司避免受到欺诈、贪污、腐败或诉讼案件等负面事件的影响,进而避免因这些负面事件严重影响公司的价值和股价。MSCI 团队通过研究个股股价暴跌频率,来评估公司的风险管理能力(如图 3.11)。

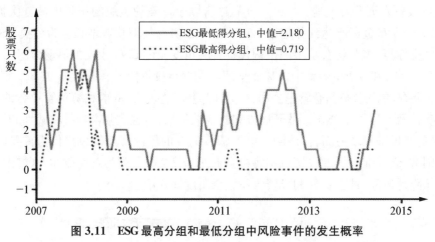

**图 3.11　ESG 最高分组和最低分组中风险事件的发生概率**

资料来源:MSCI。

研究结果显示,排除 2008 年金融危机不可抗力因素的影响,ESG 表现排名靠前的公司在 2009—2015 年发生股价暴跌的频率均显著低于 ESG 表现排名靠后的公司。同时,ESG 评分更高的公司发生风险事件的频率较低,这足以说明这些公司更善于降低商业风险。

---

〔1〕 MSCI(Morgan Stanley Capital International)是一家提供全球指数及相关衍生金融产品标的的国际公司,其推出的 MSCI 指数供投资人参考。全球的投资专业人士,包括投资组合经理、经纪交易商、交易所、投资顾问、学者及金融媒体均会使用 MSCI 指数。

　　第三,风险事件的减少最终降低了公司股价的尾部风险[1]。为更好了解 ESG 特征与尾部风险的关系,研究团队对比了 5 组 ESG 表现不同的公司的波动率,波动率越高表示尾部风险越高。结果显示,ESG 评分最高组(Q5)的波动率明显低于 ESG 评分最低组(Q1),即 ESG 评分高的公司尾部风险低(见图 3.12)。

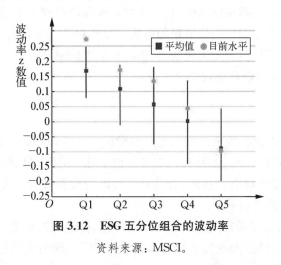

**图 3.12　ESG 五分位组合的波动率**

资料来源：MSCI。

## 二、社会责任

　　从 ESG 投资的发展过程来看,最初阶段是由伦理道德所引导的,旨在筛除或规避投资与个人、团体价值观不一致的公司或行业,关注伦理、宗教、人类和平等问题。随着社会发展进入新的阶段,新的问题也会伴随产生。自 20 世纪末以来,全球人口不断攀升,自然资源被快速消耗,气候变化问题突出,人类生存面临非常严峻的考验,促使政府、企业以及社会思考社会责任问题。

　　由世界经济论坛携手 Marsh & McLennan Companies 联合发布的《2020 年全球风险报告》,广泛深入分析了未来十年可能对世界产生影响的重大风险问题。该报告指出超过 75% 的调查受访者表示,他们预计"极端高温天气"和"自然生态系统受到破坏"风险将在 2020 年之后进一步增加。过去 5 年,全球气温正朝着记录最高温方向的发展,台风、洪涝、山火等气候相关的自然灾害频发,其造成的影响也愈加深远,平均每一周就有一次灾难发生。目前,全球气温比前工业化时期平均气温高 1℃,依照目前各国设定的减排目标进行减排推算,预测到 21 世纪末,气温将会升高至少 3℃,远高于气候专家提出的 1.5℃警戒水平。由于气候变化的影响,许多生态系统都在衰退甚至面临灭绝的风险,生态系统的加速失衡会导致粮食危机和水资源短缺。气候脆弱地区的粮食产量很可能减少,难以平衡人口快速增长所带来的粮食需求,水资源短缺问题同样也在加剧,未来面临水资源短缺的地区和人口会逐渐增多。

　　这些问题都会对社会、经济和地球健康带来不可逆转的后果。该报告提出 2008—2016 年中受极端天气如洪涝、风暴、山火等影响,每年有超过 2 000 万人被迫离开自己的家园。在

---

　　[1]　尾部风险是指在巨灾事件发生后,直到合约到期日或损失发展期的期末,巨灾损失金额或证券化产品的结算价格还没有被精确确定的风险。

2018 年,全球有 1 650 亿美元的经济损失和压力来自自然灾害。另外,美国气候评估机构 (National Climate Assessment,NCA)在报告中指出,21 世纪末因气候相关事件导致的损失将达到美国 GDP 的 10%,如果气候持续恶化,各国没有实质性行动的话,会给他们带来接近 1 万亿美元损失。气候变化对资本市场影响的风险同样不容忽略,多国中央银行把气候变化看作是对资本市场的系统风险,并一再强调现在已经到了不得不采取行动的地步。

正是意识的提高推动着社会价值观的形成。民众对可持续发展的关注促使资本市场思考如何引导更美好的社会和人类发展,在相应价值观的驱动下,投资者在投资活动中开始关注和实践 ESG,推动企业绩效持续改进。

## 三、投资收益

投资收益是投资人进行投资决策最重要的指标之一,ESG 投资也不例外。ESG 投资收益通过两个方面体现:一是股息分红;二是股价上涨。MSCI 团队分别对这两个方面进行研究,推导出两个传导机制。首先,股息分红可以为投资者带来长期稳定的收益,股息的高低决定了投资者的收益水平。

ESG 评级较高的公司通常具备长远的发展目标、科学的战略规划和更好的人力资本发展或者更好的创新管理,形成竞争优势。此外,ESG 表现更强的公司往往更擅长制定长期的业务计划和人才激励计划,提高公司人才黏性,推动公司管理水平提升。这个管理竞争优势会转化成市场竞争优势,可提高公司营业收入和降低成本,实现盈利能力提升,而更高的盈利水平会为投资者带来更高的股息。MSCI 研究团队在 2018 年研究中把公司按照 ESG 表现分为 5 组(Q1—Q5):Q1 组代表 ESG 评级最低,Q5 代表评级最高,通过对比它们的盈利能力和股息率来研究 ESG 表现和盈利能力以及股息分红的关系。结果发现,ESG 评级高的公司(Q5)盈利能力更强,为投资者带来的股息获益率也更高,同时,股息分红也更好,在与 Q1 组的公司相比时这一结论更加显著(见图 3.13、图 3.14)。

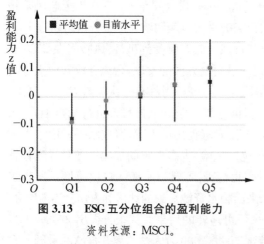

图 3.13    ESG 五分位组合的盈利能力

资料来源:MSCI。

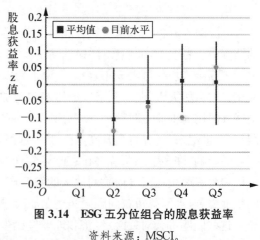

图 3.14    ESG 五分位组合的股息获益率

资料来源:MSCI。

另外,投资收益亦可通过股价上涨实现,股价上涨的传导机制通过以下三个环节实现:(1) 更低的系统性风险;(2) 较低的资本成本;(3) 更高的市场估值。

质性议题分析作为 ESG 体系建设的重要一环,能有效识别出公司的系统性风险,ESG

表现好的公司意味着较好的重要性议题分析,因此展现出较低的系统性风险,不易受到系统性市场冲击的影响。例如,供应链高效的公司比低效率公司更不容易受到季节性产品销售变化和原材料价格波动的影响。系统性风险溢价会转换为股票的期待回报率,即较低的系统风险意味着较低的期待回报率,因此公司获得资本的成本也会降低。作为推导传导机制最后一步的资本成本与市场估值,MSCI 团队比较了 ESG 评级从低到高的 5 组公司的价格收益率[1],该比率越小,表明企业获利能力越大,因此市场估值也越高。结果发现,ESG 评级高的公司对应的价格收益率更低(见图 3.15),也意味着其市场估值更高。

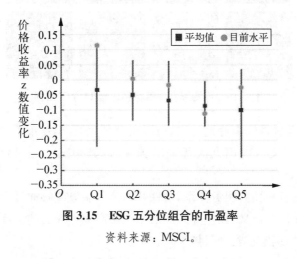

图 3.15　ESG 五分位组合的市盈率

资料来源: MSCI。

# 第四节　SDGs 与 ESG 投资紧密结合

## 一、可持续发展目标

为驱动可持续发展,许多国际机构都发起了可持续发展投资倡议,旨在推动 ESG 投资,用金融手段实现可持续发展目标。本节将对可持续发展目标和一些 ESG 投资倡议展开详细论述。

1. SDGs

可持续发展目标(Sustainable Development Goals,SDGs)是联合国所有成员国在2015 年通过的全球行动目标,旨在到 2030 年前结束贫困,保护地球,确保所有人都享有和平与繁荣。SDGs 共包含 17 项可持续发展子目标,覆盖健康、教育、性别平等、气候行动等议题,在社会、经济和环境可持续性之间取得平衡(见图 3.16)。SDGs 将指导 2015—2030 年的全球发展政策和资金使用,联合国开发计划署(United Nations Development Programme,UNDP)作为推动 SDGs 的主要机构亦将督促各国政府的发展政策,以及民间组织和私营机构包括投资者的资金使用符合 SDGs。

---

〔1〕　价格收益率(earnings-to-price ratio,EP ratio)是股票从起始点开始至今的涨跌幅度。价格收益率为普通股利润率的倒数。这一比率越小,表明企业获利能力越大,股票质量越好。

**图 3.16　可持续发展目标共包含 17 个子目标**

为推进可持续发展目标更好地落实,中国政府在 2016 年发布了《中国落实 2030 年可持续发展议程国别方案》,提出九大优先实施领域,其中五大领域涉及环境和社会,与 ESG 议题高度一致,包括:

- 改善社会保障和社会服务体系,确保基本公共服务能够通过平等机会获得;
- 捍卫公平和社会正义,以提高人民的幸福感和促进人类的全面发展;
- 保护环境,构筑生态安全保护屏障;
- 积极应对气候变化,将气候变化响应纳入国家发展战略;
- 促进资源和可持续能源的有效利用。

虽然 SDGs 与 ESG 在理念上有着很多相同之处,但从实际应用上却有着不同功能。SDGs 是基于联合国所有成员国为达成可持续发展的愿景而制定的目标,旨在推动政府、企业和非政府组织携手实现目标,给国家、企业等社会各界提供指导,在内容层面上会更高和更广。ESG 的应用场景更多的是在企业和金融市场,投资者基于企业 ESG 表现做出投资决策,因此 ESG 朝向会更具体化以及更容易被评估。

两者在功能上可以形成相互补充,SDGs 可以作为 ESG 的方向指导,确保以 ESG 为导向的企业行为和投资取向与国家和世界的共同目标保持一致;另外,ESG 可以作为 SDGs 的绩效管理手段,通过对 SDGs 进行具体化分析和目标拆解,把目标拆解后形成的指标融入 ESG 评价系统,实现 SDGs 与 ESG 的紧密结合。

在 SDGs 具体化和拆解的过程中,气候相关财务信息披露工作组(TCFD)能够提供专业的框架与工具,促进 SDGs 与 ESG 更好的结合。

2. TCFD

气候相关财务信息披露工作组(Task Force on Climate-Related Financial Disclosures, TCFD)由 G20 金融稳定委员会(FSB)主席 Mark Carney 牵头成立于 2015 年,通过制定统一的气候变化相关信息披露框架,帮助投资者、贷款人和保险公司合理地评估气候变化相关风险及机遇,以做出更明智的财务决策。信息披露框架的核心要素包括治理、战略、风险管理以及指标和目标(见表 3.5)。

表3.5 TCFD气候变化相关信息披露框架

| 治理 | 披露组织机构与气候相关风险和机遇有关的治理情况 |
|------|---------------------------------------------|
| 战略 | 披露气候相关风险和机遇对组织机构的业务、战略和财务规划的实际和潜在影响 |
| 风险管理 | 披露组织机构如何识别、评估和管理气候相关风险 |
| 指标和目标 | 披露评估和管理气候相关风险和机遇时使用的指标和目标 |

TCFD建议的气候变化披露框架得到广泛的支持,根据TCFD 2019年报告,这些支持来自374家金融公司、270家非金融公司和114个其他组织,同时有管理34万亿美元资产的340名投资者要求企业按照TCFD的建议进行气候变化相关披露。全球重要证券交易所包括伦敦证券交易所和香港证券交易所,都发布了ESG披露指引,推荐上市公司参照TCFD的建议进行披露。另外,指数机构也纷纷以实际行动对TCFD表示支持。道琼斯可持续发展指数(DJSI)以TCFD建议的标准来对气候战略部分进行评估。明晟(MSCI)发布《基于TCFD建议的汇报》(*TCFD-based Reporting*)指导机构投资者按照TCFD的要求管理与披露气候变化信息。同时,UNPRI表明其气候风险战略和治理指标与TCFD框架一致,成为2020年PRI签署方的强制性要求。

## 二、SDGs融入投资决策的重要性

SDGs是全球性目标,需要世界各方资源共同完成,尤其是资金的支持非常重要。据商业和可持续发展委员会(Business & Sustainable Development Commission,BSDC)的估算,为了完成SDGs,2015—2030年每年投入的资金大约为5万亿—7万亿美元,并且预计大部分资金是来自私营机构,同时在SDGs相关的领域会创造12万亿美元的市场机会。投资活动为资本市场提供资金和活力,而资本市场作为资金流通的重要渠道,对满足SDGs资金需求起到关键的作用。

此外,投资者如何应对ESG问题会对可持续发展目标的实现产生重要影响,投资者应该清楚地意识到ESG风险和机遇与外界存在一个紧密的循环:这种循环可分为正面循环与负面循环,一些如气候变化、商业道德等的ESG相关问题,可能会给投资者带来风险和机遇,投资者的应对策略及投资行为会作用于外界从而产生不同的影响,最终以ESG风险和机遇的形式反馈到投资组合中。把SDGs融入投资决策是为了更好地避免负面循环的产生,降低长期投资风险。

有效的投资指南或框架可以帮助投资者解决SDGs难以转换为投资机会的难题,并促进形成以SDGs为投资方向的投资趋势。为建立SDGs与投资机会的联系,UNPRI在2020年6月提出了《以SDGs结果投资:一个包含五个阶段的投资框架》(*Investing With SDG Outcomes: A Five-Part Framework*),这个框架的五个阶段包括鉴别目标成果、制定政策与目标、投资者塑造结果、金融系统塑造共同结果和全球利益相关方合作实现与SDGs一致的结果(见表3.6)。

有了UNPRI框架的支持,SDGs与资本才能更有机地相互结合,促进在全球范围内的资本配置以可持续发展为目标,降低投资行为对经济、环境和社会的负面影响。

表 3.6　UNPRI 的 SDGs 投资框架的五个阶段

| 鉴别目标成果 | 第一阶段是关于投资者识别并了解机构自身的投资和企业营运所带来的意外后果。此次评估包括识别与被投企业营运、产品和服务相关的正面及负面影响。这个阶段,投资者可以关注现有与 SDGs 相关的投资,并决定是否需要进一步扩大与 SDGs 相一致的投资组合的规模 |
|---|---|
| 制定政策与目标 | 第二阶段,投资者从识别意外后果发展到采取行动改变结果,这一过程可以通过制定政策与目标实现。由于在现实世界中诸多议题皆是环环相扣的,例如,气候变迁与水资源短缺、贫穷与粮食安全。因此,当投资者在衡量自身投资组合对全球带来何种影响时,必须更全面地将所有投资项目与 SDGs 进行比对 |
| 投资者塑造结果 | 投资者依据上一个阶段中所设立的政策与目标来检视自身投资行动所产生的结果,并根据这些目标进一步了解自身的实现进度。同时,我们也为投资者提供帮助以实现这些目标。例如,投资决策、投资对象的管理以及我们如何通过适当的披露和报告,维持与决策者和主要利益相关方之间的互动 |
| 金融系统塑造共同结果 | 投资者将金融体系中可以发挥的力量列入考量,根据 SDGs 来检视自身在金融体系中的成果,不仅能够联合个人的投资行动,也能吸引更多的机构投资者和金融体系中的其他参与者(信用评级机构、指数提供商、代理顾问、银行、保险公司等)一同参与行动实现目标 |
| 全球利益相关方合作实现与 SDGs 一致的结果 | 为实现 SDGs,需要全球利益相关方合作。金融部门、企业、政府、学术界、NGOs、媒体甚至个人及其社区都必须共同采取行动。除了上述提到的利益相关方的合作之外,还需要一些必要条件。例如,在投资活动中,供需端需要有效的连接,以及可以量化 SDGs 进展的工具,如时间表和完成标准。尽管给予投资者的支持仍然不够,但目前已经开发的一些工具、指标和数据库等可以帮助投资者在整个框架内采取行动。鉴于实现可持续发展目标时间紧迫,投资者必须与其他各方合作,进一步开发所需的工具和激励措施 |

# 第五节　ESG 投资实践

　　ESG 投资虽然是新型投资方式,但也是基于传统投资演变而来,在投资过程中把 ESG 因子纳入投资决策中考虑。机构投资者的规模以及管理模式相对成熟,他们一般都有一套完善的管理方法,而这套管理方法会涉及投资管理全生命周期。在投资中融入 ESG 较为常见的方法就是把 ESG 因子纳入投资管理的全生命周期。以传统投资管理为例,投资管理可以分为四个步骤:愿景和目标规划、投前管理、投后管理和退出管理。即使 ESG 投资策略多样,但 ESG 投资与传统投资在投资管理全生命周期上都是采用同一套管理逻辑,以下将从这四个步骤入手,探讨 ESG 考量因素如何在投资管理的全生命周期中得到体现。

## 一、愿景和目标规划

　　投资管理的全生命周期的第一步是规划,主要内容包括设定投资愿景与战略目标,并且制定与之匹配的投资政策路线。ESG 投资需要有明确的发展愿景和战略目标,保持与 ESG 价值和原则一致,并形成 ESG 投资行动路线。ESG 所包含的议题众多,想要与 ESG 价值保持一致,首先要了解 ESG 及其重要议题。上文提到的国际框架和标准可以有效帮助机构投资者筛选与自身业务和风险管理风格相符的议题,例如,某些保险公司有业务是提供气候保险,可以根据联合国提出的 SDGs 找到气候治理目标,再按照目标的要求制定自身的愿景和目标规划,指导投资的大体方向,如新能源、电动汽车等。

## 二、投前管理

投前管理是基于愿景与目标进行的 ESG 投资策略制定,以及评估投资实践对投资战略的影响,包括可能产生的协同作用、冲突或机会。投前管理对投资决定起到决定性作用,是投资管理的全生命周期中最关键的一环。根据 GSIR 对全球 ESG 投资的研究,主流的 ESG 投资策略包括负面剔除、正面筛选、ESG 因子整合考量、特定的可持续发展主题投资、ESG 指数投资以及股东参与(见表 3.7)。

表 3.7　ESG 六种投资策略介绍

| 负面剔除 | 剔除那些在 ESG 指标上呈现负面效应或者不可接受的公司 |
|---|---|
| 正面筛选 | 选择那些在 ESG 因子上高于同类平均水平的板块和公司 |
| ESG 因子整合考量 | 将 ESG 因子作为评价公司的一个维度,并融入传统的基本面分析或多因子模型中 |
| 特定的可持续发展主题投资 | 选择某一类或者多种与可持续发展相关的主题进行投资 |
| ESG 指数投资 | 利用 ESG/绿色指数作为投资决策的主要工具 |
| 股东参与 | 在 ESG 指引下利用股东权力影响企业行为,包括直接的企业参与(即与高级管理层或公司董事会沟通),提交或共同提交股东提案,以及代理投票 |

资料来源:GSIR,作者整理。

### 1. 负面剔除

负面剔除通过排除一个或多个在 ESG 指标上呈现不良影响的资产类别。最早运用这个投资策略的是社会责任投资,通常排除或限制对酒精、烟草、枪支、游戏或化石燃料等行业的投资。投资者认为这些行业会危及人类健康安全和社会的发展,所以要避免此类投资。随着社会发展,社会关注的重要议题也在发生变化,负面剔除标准也不断变化。气候变化、环境污染、社会责任和公司治理等议题逐渐成为主流的筛选指标,越来越多的投资者将 ESG 元素纳入投资决策的流程,这可以有效降低投资组合中极端风险事件发生的概率。例如,德国大众汽车集团因故意规避美国汽车尾气排放规定,被美国环保部门处以超过 240 亿美元的罚金,导致大众集团股价暴跌 20%,给投资者带来巨大损失。这起事件显示出采用 ESG 指标对目标公司进行监测、"排雷"和风险防范的重要性。

### 2. 正面筛选

与负面剔除正好相反,正面筛选关注的是在 ESG 因子上高于同类平均水平的资产类别,这也是影响力投资的最主要投资策略。与负面剔除相比,正面筛选的优势在于更能锁定优质资产进行投资,从而提升投资回报率。正面筛选的标准包括绿色能源、回收资源、在就业机会方面有良好记录等。

### 3. ESG 因子整合考量

ESG 因子整合考量会将 ESG 因子作为评价公司的一个维度,并融入传统的基本面分析或

多因子模型中。这种投资策略常运用于基金管理公司的投资组合管理,但由于 ESG 因子整合方法众多,机构投资者使用的方法也各异。例如,美国共同基金的基金经理会对 ESG 风险与机会进行定性或定量分析,并将其整合到传统的财务分析中,整合过程侧重于 ESG 问题对公司财务(正面和负面)的潜在影响,最终形成投资决策。整合策略的优势是优化原有投资分析系统,可以对投资标的进行更全面的评估。此类策略的前提是获得可靠和准确的 ESG 信息,但目前 ESG 信息披露质量有待提高,导致一些投资者对运用 ESG 整合法比较慎重。

4. 特定的可持续发展主题投资

这种投资策略关注可持续发展主题的资产,通常是在环境和社会范畴内,如气候变化、多样性或经济平等。最常见的做法是,投资者会根据联合国设定的可持续发展目标(SDGs)进行投资。过去两年中,以气候变化和水资源为主题的相关基金占可持续发展主题投资的主导地位。

5. ESG 指数投资

ESG 指数投资指投资者运用 ESG 指数作为主要工具进行投资决策。ESG 指数是指数编制机构通过采集和分析上市公司 ESG 信息编制而成的,可以反映上市公司 ESG 表现,是评估企业 ESG 风险与机遇的重要工具。本书第四章会对 ESG 指数进行详细介绍。

6. 股东参与

股东参与是利用股东权力敦促企业承担相应责任。投资者有责任了解上市公司是否充分披露和管理可持续发展的相关风险,并在 ESG 指引下利用股东权力影响企业行为,包括直接的企业参与(即与高级管理层或公司董事会沟通),提交或共同提交股东提案,以及代理投票。

根据中国证券投资基金业协会统计的数据,中国机构投资者会采取单一或多种 ESG 投资策略,包括筛选策略、特定的可持续发展主题投资、ESG 因子整合考量和 ESG 指数产品(如图 3.17)。采用筛选策略(包括负面筛选、正面筛选及相对筛选)是目前中国机构投资者最主要的投资策略,使用比例占到调查样本的 85%。另外,主题投资也是投资者使用较为普遍的投资策略,使用比例将近 50%。ESG 因子整合考量和 ESG 指数投资的使用占比分别是 30% 和 25%,在比例上没有前两种高,原因可能是因子整合和 ESG 指数两种策略对 ESG 分析质量要求高,但目前中国企业 ESG 披露总体水平不高,会限制 ESG 分

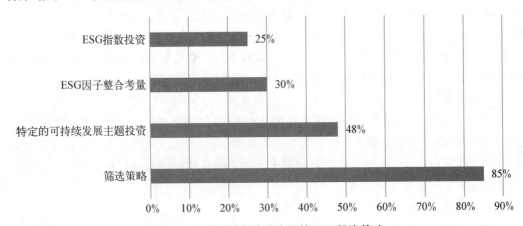

**图 3.17　中国机构投资者应用的 ESG 投资策略**

析效果,最终可能对投资决策有负面影响。

除了 ESG 投资策略,投前管理也包括 ESG 尽职调查。无论是采用哪一种投资策略,ESG 尽职调查都是非常必要的,其目的在于全面以及详细了解投资目标的 ESG 绩效,同时考虑可能存在的 ESG 问题,从而最大限度地了解风险和机遇。ESG 尽职调查的必要性体现在合规性的深度以及产业链的广度上,既能降低合规性风险,也能规避社会环境争议性问题。此外,尽职调查范围除了包括目标企业的自身经营,还包括企业所在产业链的上下游,这部分可能面临较高的 ESG 风险。

## 三、投后管理

投后管理的界定是投资完成后的管理活动,包括对被投企业的 ESG 绩效持续关注以及退出管理,是一个信息反馈过程。投后管理的作用是承接投前管理获得的 ESG 信息,在投资后方便跟踪被投企业的 ESG 表现变化,并根据其变化进行计划调整。并不是所有被投企业的 ESG 基准都非常高,有些基准低的企业被投资者看中的原因是其 ESG 机遇多和提升空间大,可以通过提高效率、提高员工忠诚度、改善声誉等方式提高市场价值,是增加投资回报的重要机会。

投前阶段中识别出的 ESG 风险与机遇是制定 ESG 绩效改善行动计划充分的依据,投资者可以与被投企业充分沟通并支持其 ESG 绩效改善行动计划的制定与实施,以及将行动计划整合到投后管理中。有了行动计划后,投资者可以对被投企业的 ESG 表现进行持续跟踪。这一过程会涉及绩效管理,因此需要建立一套有效的过程监控管理系统,包括建立 ESG 议题的关键绩效指标(KPI),设定基准数值,定期收集这些 KPI 的进展数据。投资者可以根据 ESG 表现提升进展情况及其创造的价值,调整针对被投企业的 ESG 行动方案或目标。

## 四、退出管理

退出管理的制定需要从三方面考虑:退出时投资组合的价值、被投企业 ESG 管理能力的延续和退出后产生的负面影响。首先,投资的本质是实现投资价值,并尽可能把投资价值最大化。因此,在启动退出机制前,需要再次识别被投企业的 ESG 价值提升空间和重大问题,并确保有足够的时间采取最后的提升行动或解决重大问题,从而实现退出前的价值最大化。其次,由于投资者在投资期间不断支持被投企业的 ESG 管理绩效的提升,可能导致其产生一定依赖性。因此,投资人可以把经验传授给被投企业,让被投企业可以延续 ESG 管理能力。最后,投资人也需要考虑项目退出后可能产生的 ESG 负面影响,如就业、知识产权保护等方面的负面影响,并采取有效的防范措施。

# 第六节　ESG 投资案例分析

## 一、贝莱德

贝莱德集团(Black Rock Inc.)是全球最大的资产管理公司,总部设于美国纽约市,并在全球 26 个国家中设立了 74 个办事处,其客户遍及 60 个国家,资产规模在 2020 年年初达 6.8 万亿美元。贝莱德集团代表全球各地的个人与机构投资者管理资产,提供种类繁多的证券、固定收益、现金管理与选择性投资产品。除此之外,贝莱德集团还面向数量不断增长的机构投资者提供风险管理、投资系统外包与财务咨询服务。贝莱德集团旗下知名基金包括贝莱德环球资产配置基金、贝莱德世界矿业基金、贝莱德拉丁美洲基金、贝莱德新兴欧洲基金、贝莱德世界能源基金及贝莱德新能源基金等。

1. 贝莱德的可持续发展投资理念

作为资产管理公司,贝莱德的宗旨是致力于帮助更多投资者实现财富幸福。从长远来看,贝莱德认为与业务相关的可持续性问题会影响公司的长期业务表现。因此,把这些因素纳入投资研究、投资组合构建和管理中,有利于长期风险管理以及实现对投资回报的正面影响。为全面落实可持续发展投资理念,贝莱德选择用更积极的方式,直接与企业沟通及参与投票,促使企业为贝莱德的客户创造长期且可持续的增长及回报。

为取得可持续的稳健业绩,贝莱德高度关注公司及客户对社会带来的 ESG 影响。贝莱德在致客户的信(见图 3.18)中明确表示可持续发展投资应当成为新的投资标准。近年来,贝莱德一直将可持续发展理念更为深入地融入科技平台、风险管理和产品组合中,并深入转型 ESG 投资。

尊敬的客户:

我们去年曾向您致函,提出贝莱德承诺将以可持续发展作为我们新的投资标准。我们阐述了如何把可持续发展的投资理念全面融入贝莱德风险管理实践、争取超额投资回报、构建投资组合和践行投资督导等多项工作之中,以助您取得更佳投资收益。我们作出这一承诺是基于一个坚定的投资理念:将可持续发展融入投资流程有助于投资者建立更具韧性的投资组合,实现更高的长期、风险调整后的收益。

2020 年,我们完成了所有主动型投资组合和投资咨询策略的环境、社会和治理(ESG)全面整合,并推出了 Aladdin Climate,为气候数据和分析设定了新标准。我们加强关注可持续发展的投资督导工作,同时推出了近百只新的可持续发展投资基金,让可持续发展投资更为普及,并为投资者提供更多的选择。您可在此处查阅贝莱德 2020 年可持续发展投资行动总结。

就我们去年 1 月向您致函后不久,新冠疫情席卷全球,造成重大的人员和经济损失,情况迄今仍然持续。股市下跌让许多市场人士认为疫情将拖慢全球应对气候变化的行动。但事实恰恰相反。正如贝莱德董事长兼首席执行官劳伦斯·芬克在《2021 年致企业首席执行官信函》中所述,疫情大流行迫使整个社会更深切反思这个危及人类存活的威胁。

众多企业、政府和投资者都做出了应对气候变化的承诺,使 2020 年成为极具历史意义的一年。这些承诺以实现"净零排放"为核心,目标是在 2050 年之前实现全球经济活动的二氧化碳排放量不超过大气层清除二氧化碳的量,达到这个科学标准是将全球变暖幅度控制在 2℃ 以下所必需的条件。

在过去一年里,中国、欧盟、日本和韩国都做出了实现净零排放的承诺;美国上周也已重新加入《巴黎协定》。越来越多的金融监管机构正在强制要求披露气候风险相关的信息,各国央行正在针对气候风险进行压力测试,世界各地的政策制定者亦正在开展合作以期实现共同的气候目标。占全球排放量 60% 以上的 127 个政府,以及超过 1 100 家企业,正在考虑或已经做出净零排放的承诺。

这些变化将对投资者产生巨大影响。我们在去年的信函中指出,投资者日益认识到气候风险是投资风险,这将会推动资本大规模重新配置。同时,我们认为应对气候变化创造了一个历史性的投资机遇。随着全球经济正向净零排放迈进,贝莱德相信只有走在转型的最前沿,才能为客户实现最佳投资回报。

**图 3.18  贝莱德 2021 年致客户的信**

2. ESG 整合

贝莱德进行 ESG 整合主要在两个方面实现：投资流程管理和投资策略。

首先，贝莱德把 ESG 因素融入投资流程管理，需要通过现有的投资管理团队实现：基金经理负责管理 ESG 风险，并对 ESG 因素如何影响其投资决策的过程存档备查。

贝莱德的风险和量化分析团队，作为负责评估所有投资风险、交易对手风险和运营风险的部门，将对基金经理们定期进行月度评估，以审视他们在投资管理流程中对 ESG 风险的考量表现。这意味着贝莱德及其风险和量化分析团队将把 ESG 风险的重要性，放在如信用风险和流动性风险等传统风险同样的地位，实施同等严格的管理标准。

在投资策略的制定上，贝莱德为客户提供回避型、进取型投资策略。第一，回避型投资策略对应本章第五节介绍的负面剔除策略，旨在排除 ESG 风险高或违背资产所有者价值观的某些公司或行业。为了减低 ESG 风险，贝莱德持续评估一些特定投资领域的风险收益状况和负面外部影响，以求在为客户追求长期收益最大化的同时将风险降低。

目前，贝莱德有 1.8 万亿美元的主动投资资产管理规模（AUM），不包含 ESG 风险较高行业，如具争议性的武器生产行业。贝莱德对公募和私募投资组合中那些受资本重新配置影响的高风险行业进行持续评估，并采取积极措施降低敞口，以提高投资组合的风险收益比。

其次，贝莱德采取进取型的投资策略，对应前文介绍的正面筛选，注重增持 ESG 指标绩效良好的公司或行业，依据特定公司行为或既定的正面社会或环境成果调整资产配置。

贝莱德扩展以可持续发展作为导向的主动投资策略，提供包括以全球能源转型为主题的基金产品，以及旨在促进社会正向外部影响及限制不利外部效应的影响力投资基金等。贝莱德目前管理着 500 亿美元用于支持低碳经济转型解决方案的投资，包括：行业领先的可再生能源基础设施业务；负责投资风力和太阳能的私募项目；绿色债券基金；LEAF 这一业内首个以环境可持续发展为主题的现金管理策略产品；重点关注材料的物尽其用并避免浪费的循环经济主动投资策略产品。

再次，贝莱德也会扩展专门的低碳转型应对策略产品，方便客户投资于在能源转型方面最具成效的企业。此外，贝莱德成立了一支行业领先的影响力投资团队，通过评估企业对社会产生的积极影响程度来选择投资，赚取超额收益。贝莱德的影响力投资解决方案遵循世界银行国际金融公司制定的《影响力管理运营准则》。

除了在投资流程管理和投资策略的制定上整合了 ESG 因素，贝莱德还研发了相关 ESG 投资工具以及产品。贝莱德在投资工具的研发上加入很多 ESG 元素，例如，贝莱德的旗舰模型投资组合的可持续发展版本，在目标资产配置系列的模型上用 ESG 优化的指数敞口代替传统的市值加权指数敞口。

在投资产品方面，贝莱德计划在未来几年内将公司旗下的 ESG ETF 产品数量增加一倍（至 150 只），其中包括旗舰指数类产品的可持续发展版本。贝莱德提供的 ESG ETF 产品可以分为三条线：第一条产品线允许客户自行筛除其不愿投资的行业或企业；第二条产品线是在追踪市值加权指数的同时，有针对性地提高 ESG 得分；第三条产品线是可以让客户投资于 ESG 评分最高的企业，并且采纳贝莱德的筛除标准，如对化石燃料业务的筛除。

3. 利益相关方参与及沟通

在 2020 年 1 月，贝莱德加入了"气候行动 100＋"（Climate Action 100＋）投资者联

盟。这个主旨为应对气候变化的投资者联盟也因为贝莱德的加入而更加壮大,这些投资机构合计的资产规模超过 41 万亿美元。作为全球众多公司的股东,贝莱德表示将行使股东权力,确保企业根据《巴黎协定》的总体目标,通过投资督导敦促企业承担相应责任,减少价值链的温室气体排放,明确理事会对气候变化风险和机遇的责任和监督,以及按照 TCFD 建议加强企业信息披露。

贝莱德主要采取两种督导方式:一是与企业密切沟通;二是行使投票权。通过沟通,贝莱德将了解上市公司是否充分披露和管理可持续发展的相关风险,同时清晰阐明观点,确保企业充分理解股东对它的期望;通过代理投票权,贝莱德可以投票反对企业董事(或董事会)或者支持股东的议案。

贝莱德在 2020 年公布的可持续发展投资报告中指出,贝莱德已经筛选出了 244 家企业,断定这些企业在管理气候风险或就气候风险方面进行信息披露的表现欠佳。贝莱德对这 244 家中 53 家企业投了反对票,并将余下的 191 家企业纳入待观察名单。若这些公司仍不能取得实质性进展,贝莱德 2021 年对其管理层投出反对票,这也展现了贝莱德在执行可持续发展投资新标准上的决心。

## 二、嘉实基金

嘉实基金管理有限公司成立于 1999 年 3 月,是中国最早成立的十家基金管理公司之一。至今已拥有公募基金、专户投资、保险投资、养老金业务、海外投资、另类投资、财富管理等在内的全牌照业务,累计为超 1 亿个人投资者及超 7 000 家各类机构客户提供专业、高效的理财服务。截至 2019 年年末,嘉实基金实现各类资产管理规模超过 1 万亿元人民币,位居行业前列。

1. 嘉实的可持续发展理念

嘉实基金的使命是"服务财富增长,助力产业腾飞",以普惠金融为理念,力争实现客户、员工和公司长期共赢发展。追求长期价值增长、兼顾经济和社会效益是嘉实基金的社会责任投资理念。这种投资理念驱使嘉实基金在投研体系上投入更多资源来研究公司的长期增长趋势及长期价值,判读公司的盈利是否具备持续增长的趋势,这样才能发现最具有投资价值的公司,最终通过投资行为影响社会价值取向,实现可持续发展。

2. ESG 投资体系搭建

嘉实基金于 2018 年加入 UNPRI,持续推动 ESG 与投资研究体系的整合(见表 3.8),将 ESG 因子系统纳入研究、投资、风险管理各个环节,增强投资回报和防控风险,履行资产

**表 3.8　嘉实 ESG 指标体系**

| 主题 | 议题 | 事项 | | | |
|---|---|---|---|---|---|
| 环境 | 环境风险暴露<br>污染治理<br>自然资源和生态保护 | ● 地理环境风险暴露<br>● 气候变化<br>● 自然资源利用 | ● 业务环境风险暴露<br>● 大气&水污染排放<br>● 循环和绿色经济 | ● 环境违规事件 | |
| 社会 | 人力资本<br>产品和服务质量<br>社区建设 | ● 劳工管理和员工福利<br>● 产品安全和质量<br>● 社区建设和贡献 | ● 员工健康和安全<br>● 商业创新<br>● 供应链责任 | ● 人才培养和发展<br>● 客户隐私和数据安全 | ● 员工相关争议事件<br>● 产品相关争议事件 |
| 治理 | 治理结构<br>治理行为 | ● 股权结构和股东权益<br>● 商业道德和反腐败 | ● 董事会结构和监督<br>● 治理相关争议事件 | ● 审计政策和披露 | ● 高管薪酬和激励 |

管理者的信托责任。同时,通过投资手段支持有益于经济和社会发展、注重环境保护的优秀企业,履行资产管理人的社会责任,推动行业和经济发展。

嘉实基金在ESG实践上面临三大挑战:一是国际ESG研究标准或框架在A股市场不完全适用;二是国内企业ESG数据匮乏,尤其是环境、社会范畴的披露信息少,信息的质量与可靠性难以保证,给ESG因子有效性研究带来很大难度;三是投研从业人员责任投资理念的培育和能力建设还需时日。

为了系统性构建适合中国A股市场的ESG研究框架、评级指标体系和评判标准,嘉实基金设立了业内专职ESG研究团队,负责内部ESG研究框架和数据库的构建,并与股票和债券投研团队密切合作,全面推进ESG在投资研究体系的整合。

嘉实基金的ESG团队在与投研团队的配合中,通常会先将重点ESG因子纳入基本面和行业分析,再开展因子有效性研究和ESG产品研发。对此,嘉实基金表示,在评估国际和国内主流ESG评价体系的适用性时,团队会从国内上市公司ESG发展特点、行业和区域政策出发,基于ESG因子在国内的重要性和投资相关性初步建立符合中国国情和市场特质的核心指标体系。

针对ESG数据缺乏的问题,嘉实基金的解决方式是借助科技手段拓宽信息源,基于AI文本解析补充ESG新闻舆情和重大负面事件提示,构建ESG高频数据,而非单纯依赖于公司主动披露的或第三方的数据支持。目前嘉实公司自主研发的ESG研究方法论和深度挖掘的非财务指标和非结构化数据能够帮助投研团队提前发现与ESG相关的风险与机遇,并有助于在进行投资决策时对风险和机遇进行前瞻性的判断。

针对企业ESG议题的研究分析能够帮助投资经理做出更为准确的判断和决策,帮助其有效提升投资回报的质量和稳定性。一般来说,一家关注行业动向、未来政策趋势、环境保护、具有社会责任感、公司治理结构完善的企业对未来宏观经济与政策变化的柔韧性更强,其在ESG领域的前瞻性战略布局将有助于更好地应对ESG相关监管、运营和声誉的风险。而企业对待长期发展的态度与行为对企业违规踩雷也有一定的前瞻性。反思过去的许多公司出现的重大负面事件,无论是财务造假、贪污腐败、伪劣产品,还是环保违规等,其实在负面事件发酵之前皆有迹可循。

3. ESG投资产品研发

嘉实开发ESG相关投资产品,推出了环保投资工具,如嘉实环保低碳基金、嘉实资本的绿色资产证券化系列产品、联合中证指数公司发布国内首个以环保专利技术作为样本股选取主要指标的指数——中证环保专利50指数,以及在2019年发布的由嘉实基金定制、中证指数公司编制的中证嘉实沪深300ESG领先指数。嘉实ESG指数是结合了A股市场情况和数据特点自主研发的ESG因子所构建的,嘉实ESG指数的编制包括四个环节:首先,剔除沪深300样本空间中有重大治理问题、债务违约、环境处罚的股票;再根据环境保护(E)、社会责任(S)、公司治理(G)三类指标计算股票的ESG评分和行业排名;其次,按照沪深300样本股中证一级行业样本数量,分配各行业样本个数配额;最后,按照行业样本配额,在沪深300样本中每个中证一级行业选取ESG行业排名靠前的股票。更多指数编制的内容可以参考本书第四章。

目前,嘉实在ESG产品的研发上,仍然处于起步阶段,主要通过发掘对环境和社会能产生长期积极影响的投资机会,增强可持续的长期投资回报。未来,嘉实将围绕 ESG 主题投资、ESG 投研整合、公司沟通和积极所有权这三大方向持续开展和布局 ESG 工作,践行 ESG 投资理念。

 [本章小结]

　　把环境、社会和公司治理因素与传统财务因素同时纳入考虑的 ESG 投资理念受到越来越多投资者的青睐,并在全球范围内发展迅速,ESG 投资已经发展成为资本市场中一项重要的投资策略。从投资者角度来看,ESG 理念为资本市场实现社会责任价值投资提供了有效的工具,也能帮助投资者积极规避或应对重大的投资风险,这些因素都是 ESG 投资的重要驱动力。

　　针对不同规模和商业策略的投资者,开展 ESG 投资的具体方法也有所不同,但 ESG 投资的重要性和价值适用于所有投资者。一些具有前瞻性的投资者已经将 ESG 重要性与价值的认知转化为具体行动,开始对 ESG 因子融入投资管理全生命周期进行探索。目前仅靠小部分有前瞻性的投资者远远不够,未来需要有更多投资者参与 ESG 投资的实践中,创新 ESG 投资模式,促进 ESG 投资稳步发展。

 [思考与练习]

　　1. 什么是 ESG 投资? 它与影响力投资、社会责任投资有何区别?

　　2. ESG 表现更好的企业是如何为投资者带来更高收益的?

　　3. ESG 投资与可持续发展目标 SDGs 之间存在什么联系?

　　4. 投资机构在进行 ESG 投资时,有什么常用的策略? 这些策略各有什么特点?

 [参考文献]

**中文文献**

　　1. 曹德云.中国保险资产管理业的 ESG 实践与发展.https://www.amac.org.cn/businessservices_2025/ywfw_esg/esgzs/zszgsc/202011/P020201125606145777865.pdf. 2020 年 12 月 1 日.

　　2. 华夏银行.践行 ESG 理念 深化商业银行金融供给侧结构性改革.https://www.sohu.com/a/333190494_120055512.2019 年 8 月 12 日.

　　3. 惠誉评级.绿色金融不断扩张,推动中国向低碳转型.https://www.sohu.com/a/432474113_120058654.2020 年 11 月 17 日.

　　4. 嘉实基金.打造一流投研 专注中国 ESG 投资价值发现.https://www.sohu.com/a/349971733_161105.

　　5. 普益标准.银行 ESG 理财产品简析.https://mp.weixin.qq.com/s/7iZBwIvcxdWErUJqGwy3-Q.

6. 秦韵.浅析 ESG 投资理念[J].中小企业管理与科技,2020(7).

7. 邱慈观.ESG 实践和 ESG 投资的区别与重要价值.http://finance.sina.com.cn/esg/pa/2020-04-27/doc-iirczymi8602368.shtml.2020 年 4 月 27 日.

8. 邱慈观.可持续金融[M].上海交通大学出版社,2019.

9. 商道融绿.中国地方政府绿色金融政策有效性分析.http://www.syntaogf.com/Menu_Page_CN.asp?ID=8&Page_ID=360.2020 年 8 月 4 日.

10. 商道纵横.“灰犀牛”来袭,上市公司如何应对?.https://zhuanlan.zhihu.com/p/91414766.2019 年 10 月 13 日.

11. 施懿宸等.中国资本市场 ESG 发展 2019 年度总结报告.https://pdf.dfcfw.com/pdf/H3_AP202004021377474896_1.pdf?1585845907000.pdf.2020 年 4 月 4 日.

12. 施懿宸,李雪雯.社保基金进行 ESG 投资的必要性.http://m.tanpaifang.com/article/68922.html.2020 年 3 月 11 日.

13. 石秀珍.嘉实基金推进 ESG 落地应用 中证嘉实沪深 300ESG 领先指数即将发布.https://rich.online.sh.cn/content/2019-11/11/content_9432978.htm.2019 年 10 月 28 日.

14. 王军辉.ESG 与养老金投资.http://pl.sinoins.com/2018-10/30/content_274870.htm.2018 年 10 月 30 日.

15. 兴全基金.为 ESG 发声 A 股最早的社会责任投资践行者.https://finance.sina.com.cn/money/fund/original/2019-07-10/doc-ihytcitm1020419.shtml.2019 年 7 月 10 日.

16. 中国证券投资基金协会.ESG 与绿色投资调查问卷(2019).https://www.amac.org.cn/researchstatistics/report/gmjjhybg/202003/P020200330706430008626.pdf.2020 年 3 月 1 日.

17. 中节能皓信.可持续发展目标(SDGs)投资趋势逐渐成形.新浪财经.https://finance.sina.com.cn/esg/2020-08-13/doc-iivhvpwy0861419.shtml.2020 年 8 月 13 日.

18. 中央财经大学绿色金融国际研究院.美国资产管理机构的 ESG 投资实践.https://mp.weixin.qq.com/s/2O9GO1Ro1ooawUxLqQjBSA.2019 年 11 月 6 日.

19. 中证指数有限公司.ESG 投资发展报告(2019).http://www.csindex.com.cn/uploads/researches/files/zh_CN/research_c_1627.pdf.2020 年 1 月 21 日.

20. 朱忠明,祝健等.社会责任投资:一种基于社会责任理念的新型投资模式[M].中国发展出版社,2010.

**英文文献**

1. BlackRock. BlackRock ESG Integration Statement. https://www.blackrock.com/cn/literature/publication/blk-esg-investment-statement-web.pdf.

2. BlackRock. Investment Stewardship. https://www.blackrock.com/corporate/about-us/investment-stewardship#our-responsibility.

3. GSIA. Global Sustainable Investment Review 2018. Global Sustainable Investment Alliance. http://www.gsi-alliance.org/wp-content/uploads/2019/03/GSIR_Review2018.

3.28.pdf.

4. Hoffmann，Bridget，Eric Parrado，and Tristany Armangue. The Business Case for ESG Investing for Pension and Sovereign Wealth Funds. https：//publications.iadb.org/publications/english/document/The-Business-Case-for-ESG-Investing-for-Pension-and-Sovereign-Wealth-Funds.pdf.

5. Marsh & McLennan Companies. A Look at How People around the World View Climate Change. Retrieved from：https：//www.marsh.com/cn/zh/insights/research/global-risks-report-2020.html.

6. OECD. ESG Investing：Practices，Progress and Challenges. https：//www.oecd.org/finance/ESG-Investing-Practices-Progress-Challenges.pdf.

7. Suni H. Investing in an ESG World. UBS Group AG. https：//www.ubs.com/global/en/asset-management/insights/sustainable-and-impact-investing/2020/investing-in-an-esg-world.html.

8. UNPRI. PRI Annual Report 2019. Principles for Responsible Investment. https：//d8g8t13e9vf2o.cloudfront.net/Uploads/t/j/z/priannualreport2019_901594.pdf.

# 第四章 ESG 评级

## [本章导读]

上市公司的环境、社会以及治理(ESG)信息在国际资本市场越发受到重视,国际和国内比较成熟的 ESG 评级体系和机构能够搭建海外投资者了解中国企业在 ESG 方面的水平和进展的平台。本章将着重介绍中国和国际著名的 ESG 评级,深入分析在议题选择和方法论上的不同,以便帮助企业更好地思考其 ESG 战略。

## 第一节 ESG 评级介绍

### 一、ESG 评级机构发展现状和历史

在上一章,本书着重介绍了社会责任投资、ESG 投资和绿色金融等概念。

随着最近十年 ESG 投资的主流化,投资者以及有关企业也开始关注并重视除财务指标以外的非财务指标,其中环境、社会和治理指标备受关注。这部分具有社会责任意识的投资者希望选取在环境、社会以及治理指标表现良好的企业进行投资,但现有的信息披露机制不足以有效且全面地揭示企业可持续发展信息。为迎合投资者的可持续发展及投资行为,能够提供相关指标信息并基于此作出评估的一系列 ESG 评级机构和评价标准应运而生。

ESG 评级机构也就是对企业进行可持续发展表现进行评价的组织。不同的 ESG 评级机构也有不同的评估策略,部分评级机构只关注非财务信息,也有评级机构结合财务信息和非财务信息综合评估企业价值以及可持续性。这些评级机构主要的信息获取途径包括企业问卷、企业公开披露的信息和有关报告。基于上述信息,ESG 评级机构的团队会对不同行业的企业进行分析并生成评级结果。

谈及 ESG 评级机构和 ESG 投资机构的关系,ESG 评级机构的产生和发展不仅仅是基于 ESG 投资逐渐主流化的背景,同时 ESG 机构投资者也依赖于 ESG 评级机构对投资标的进行评级的结果进行投资决策。无论投资机构采取的是正面筛选、负面剔除,还是 ESG 因子整合的投资策略,都需要以企业 ESG 评级结果作为投资决策的基石。

1. 国外 ESG 评级机构发展历史

自 2008 年金融危机以来,不仅 ESG 投资策略逐渐被接受,ESG 评级机构也出现了明显的机构整合趋势,许多评级机构开展了兼并重组活动(见表 4.1),实现了较快发展。

表 4.1　国外 ESG 评级机构兼并重组大事记

| 时　间 | 兼并重组事件 | 时　间 | 兼并重组事件 |
|---|---|---|---|
| 2009 年 2 月 | Risk Metrics Group 收购 Innovest | 2017 年 1 月 | ISS 收购 IW Financial |
| 2009 年 9 月 | Sustainalytics 和 Jantzi Research Inc.兼并 | 2017 年 6 月 | ISS 收购 South Pole Group's Investment Climate Data Division |
| 2009 年 11 月 | Thomson Reuters 收购 Asset 4 Risk Metrics Group 收购 KLD | 2017 年 7 月 | Morningstar 收购 Sustainalytics 40%的股份 |
| 2009 年 12 月 | Bloomberg 收购 New Energy Finance | 2018 年 3 月 | Sustainalytics 收购 Solaron Sustainability Services 的部分股权 |
| 2010 年 3 月 | MSCI 收购 Risk Metrics Group | 2019 年 1 月 | Sustainalytics 收购 GES International |
| 2010 年 7 月 | GMI 与 The Corporate Library 合并 | 2019 年 4 月 | Moody's 收购欧洲评级机构 Vigeo EIRIS 的大量股份 |
| 2012 年 7 月 | Sustainalytics 收购 Responsible Research | 2019 年 6 月 | Moody's 收购气候数据机构的大量股份 |
| 2014 年 6 月 | MSCI 收购 GMI Ratings | 2019 年 9 月 | MSCI 收购环境金融科技和数据分析公司 Carbon Delta |
| 2015 年 9 月 | ISS 收购 Ethix SRI Advisors | 2019 年 10 月 | 汤森路透收购 Ethical Corporation 的母公司 FC Business Intelligence |
| 2015 年 10 月 | Vigeo 和 EIRIS 合并 | 2019 年 12 月 | Robeco SAM 将 SAM ESG 评级转给 S&P Global |
| 2016 年 10 月 | Standard & Poor's 收购 Trucost | 2020 年 4 月 | 晨星收购 Sustainalytics |

　　截至 2018 年,全球有超过 600 个 ESG 评级和排名体系,而且这一数字还在不断增加。ESG 评级机构也不再是孤立且小众的利益相关方,而是成为目前整个投资生态体系中非常重要的角色。在 ESG 评级领域,MSCI(明晟)就是整合发展趋势最佳的代名词。

### 案例 4-1　MSCI 明晟的发展历程

　　MSCI(Morgan Stanley Capital International)的全名为摩根士丹利资本国际公司,中文名为明晟。MSCI 也是一家 ESG 评级机构,对全球数千家企业以及与环境、社会和治理相关的商业实践进行分析评级。在本章的第二部分会对 MSCI 的评级体系和相应方法作进一步介绍。

　　MSCI 是兼并了多家 ESG 研究机构的结果。2010 年,MSCI 收购 Risk Metrics Group,后者是风险管理和治理产品与服务的提供商。Risk Metrics Group 曾于 2007 年收购 ISS(Institutional Shareholder Services),于 2009 年 2 月收购 Innovest Strategic Value Advisors,并于 2009 年 11 月收购 Kinder Lydenberg Domini(KLD)Research & Analytics。后两者现在称为 MSCI ESG Research。此外,2010 年 7 月,MSCI 收购了

Measure Risk,后者是为对冲基金投资者提供风险透明度和风险衡量工具的提供商。此后,在 2014 年 8 月,MSCI 收购了公司治理研究和评级提供者 Governance Holdings Co. (GMI Ratings),并在 2013 年 1 月收购为美国机构投资界提供绩效报告工具的 Investor Force。

MSCI 是一个例子,说明了 ESG 评级和信息提供机构如何通过不断的兼并发展来为全球大量的机构投资者提供 ESG 相关信息,其中包括全球最重要的证券投资基金、养老基金和对冲基金。此外,MSCI ESG 研究的数据和评级也用于构建 MSCI ESG 指数。

因为可持续商业实践所包含的内容非常广泛,这一不断发展的 ESG 评级机构整合趋势满足了不同利益相关方日益复杂并且综合的评级需求。当前的 ESG 评级机构已经将公司治理、数据管理、风险或沟通等方面专业的研究机构整合到其评级和研究系统中。此外,这种市场变化导致出现了更多专业的、多学科和多元文化的工作团队,并扩大了涉及的行业、地域和部门范围。

2. 国内 ESG 评级机构发展历史

相较于国际的 ESG 评级机构的发展水平,中国目前 ESG 评级机构还处于起步和发展阶段。目前国内的 ESG 评级机构主要以社会价值投资联盟(CASVI)以及商道融绿等第三方机构为主。

以商道融绿为例,它结合全球 ESG 标准和中国市场特点,专为中国开发了有效的 ESG 评估方法,并积累了大量数据。自 2009 年成立以来,商道融绿得到了极大的发展。在 2018 年,商道融绿开发了 ESG 评级体系,并据此建立融绿 A 股上市公司 ESG 数据库。在 2018 年,该数据库涵盖了 2015—2017 年沪深 300 各期成分股(共计 417 家)的 ESG 数据。到目前,商道融绿 ESG 评级数据库所涵盖的投资标的的数量进一步增加,不仅包括沪深 300 的投资标的,还包括中证 500,共 800 只标的。

商道融绿得到进一步发展,呈现出与国外 ESG 评级机构整合并购的趋势。在 2019 年,商道融绿获得穆迪少数股权投资,并“寻求依托各自的优势与能力,为投资者和发行人的 ESG 需求提供联合研究、产品开发和技术合作等多种解决方案”。

社会价值投资联盟(简称社投盟)是中国首家专注于促进可持续发展金融的国际化新公益平台,由友成企业家扶贫基金会、中国社会治理研究会、中国投资协会、吉富投资、清华大学明德公益研究院领衔发起,近 50 家机构联合创办。经过数年的发展,社投盟的 ESG 评级体系目前也对沪深 300 中的 300 只成分股进行了评级。

3. 当前 ESG 评级面临的挑战

- ESG 评级机构用于评估公司 ESG 表现的标准有很大差异,公司从这些评级机构所得到的信号也往往差异较大。在社会价值投资联盟、商道融绿和富时罗素等四家 ESG 评级机构中,平均相关系数仅为 0.33。相比之下,穆迪和标准普尔的信用评级相关性为 0.992;这说明不同评级提供商对公司的 ESG 表现水平评价差别很大。
- ESG 评级面临的另一个挑战是其数据来源的滞后性。一些评级机构的数据来源

包括企业年报以及企业社会责任报告和可持续发展报告,但这类报告一般一年或半年更新一次,因此,评级机构某些数据点的更新频率也相应地为半年或一年更新一次。有必要提高 ESG 评级数据的时效性,以保证 ESG 评级的相关评估结果能够更好地帮助投资者识别风险,并提升投资回报。

4. ESG 评级机构发展趋势

针对当前 ESG 评级机构面对的一系列挑战,ESG 评级机构未来发展趋势也和人工智能、机器学习等前沿数据分析技术密切相关。更多类型的数据来源以及不断提高的机器计算能力使得人工智能等算法的应用在 ESG 评级和投资领域成为可能。

原有的 ESG 评级机构一般多依赖于企业自主公开披露的信息以及政府和非政府组织发布的相关负面信息作为 ESG 评级的底层数据来源。但正如前所述,目前 ESG 数据的滞后性并不能及时有效地反映企业当前的 ESG 表现。

因此,有研究者提出,将包括定位时空数据、遥感数据以及传感器数据等地理信息数据和原有的 ESG 公开信息结合,并通过自然语言处理(natural language processing)和深度学习结合,来更好地识别关联事件和关联主体,以及相关 ESG 事件的影响程度。

## 二、ESG 评级机构价值实现

在介绍了 ESG 评级机构的出现和发展背景后,我们可以更好地理解 ESG 评级机构作为整个 ESG 投资全景中的角色以及提供的独特价值。

正如同前文所提及的,ESG 评级机构的成立和发展主要是顺应 ESG 投资者对于企业 ESG 表现的日益增长的数据和评级需求。当然,ESG 评级机构所存在和实现的价值不仅仅局限于作为评级机构方对于投资标的进行非财务表现分析,同时也在帮助 ESG 投资者更好地识别投资标的,为投资决策提供一系列洞见和参考,同时帮助投资机构规避 ESG 系统性风险和尾部风险,进一步提高投资绩效。

与 ESG 投资有关的常见争论围绕这样一个想法,即将 ESG 因素纳入投资过程会损害投资绩效。但是,一些研究表明,具有良好 ESG 表现的公司在一定时期内显示出较低的资金成本、较低的波动性以及更少的贿赂、腐败和欺诈事件,其表现较为稳定。

相反,研究表明,在 ESG 方面表现不佳的公司具有较高的资本成本,由于存在争议和其他事件(如劳工罢工和欺诈、会计和其他治理违规行为),其波动性更高。

同时,ESG 评级机构也可以通过 ESG 指数编制机构间接为机构投资者和个人投资者提供价值(如图 4.1)。其实现的路径是首先 ESG 评级机构对投资标的进行分析,发布评级结果。ESG 指数编制机构基于 ESG 评级开展指数编制工作,例如,MSCI(明晟)新兴市场 ESG 领导者指数就是在 MSCI ESG 评级基础上进行的,截至 2019 年 10 月,国内目前有 42 支基于 ESG 评级

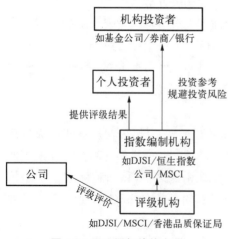

**图 4.1　ESG 评级价值实现**

结果的泛 ESG 指数。

最后，机构投资者基于这些 ESG 相关指数开发相应 ESG 基金产品，并从长期来看为投资者带来稳健的投资收入。部分表现优良的 ESG 指数，如 ESG100 指数与责任指数的回报率显著优于上证 50 与沪深 300 指数（如表 4.2）。这证明基于 ESG 评级机构的结果，指数编制机构也能够为投资者实现价值。

表 4.2　主要投资指数与 ESG 指数盈利能力比较

| 指数简称 | 1 个月收益率 | 3 个月收益率 | 1 年收益率 | 3 年年化收益率 | 5 年年化收益率 |
|---|---|---|---|---|---|
| 沪深 300 | 0.585 5 | 0.958 4 | 27.915 3 | 5.175 6 | 1.735 1 |
| 上证 50 | 0.515 | 0.411 4 | 26.886 1 | 8.358 6 | 2.421 4 |
| 180 治理 | 0.628 2 | −0.040 2 | 16.032 1 | 3.519 6 | −0.774 9 |
| ESG 40 | −0.091 7 | 0.066 4 | 8.668 4 | 0.856 | −0.359 |
| ESG 100 | 0.238 7 | 0.012 | 19.424 3 | 4.322 5 | 2.581 5 |
| 责任指数 | 0.458 6 | −0.426 7 | 20.352 8 | 5.717 1 | 2.499 1 |
| 治理指数 | 0.568 5 | −0.292 | 15.941 2 | 1.417 7 | −0.993 4 |

数据来源：中证指数有限公司。

## 三、ESG 评级机构的角色和定位

根据可持续咨询机构（Sustain Ability）2018 年的一项报告，许多企业表示随着评级机构的增长，企业收到的问卷和信息要求也越来越多，并且不同评级机构之间也有非常多的重复之处。不断涌现的评级、框架以及原则让企业感到沮丧且困惑。

在解释不同主题之间的关系以及评级机构的纽带地位之前，有必要先将 ESG 原则、ESG 标准以及 ESG 评级和指数在本书中的定义界定清楚。

ESG 原则代表公司需要遵守或实现的一系列根本的商业逻辑和准则。示例包括上一章所介绍的联合国负责任投资原则（UN PRI）以及联合国可持续发展目标（SDGs）。

ESG 框架表示一系列具体标准、流程或方式，需要企业通过信息披露等方式来确保企业行为符合 ESG 框架的具体标准。示例包括全球报告倡议组织（GRI）、与气候相关的财务信息披露（TCFD）等。

ESG 评级是根据对公司在环境、社会或治理问题上的质量、标准或绩效的比较评估得出的对公司的评估。示例包括 MSCI ESG 评级、Sustainalytics ESG 评级和 CDP 气候变化得分。

ESG 指数是根据公司的 ESG 评级结果对公司进行分类，并根据指定的评分系统将它们按特定顺序排列或分组的列表。示例包括道琼斯可持续发展指数（DJSI）和 FTSE4Good 指数系列。

这四者关系（如图 4.2）的复杂之处在于，不同机构主体之间有着各种合作，使得不同原则、框架、评级以及指数之间处于相互嵌套的关系。

**图 4.2　ESG 相关原则、框架、评级和指数**

　　例如,联合国负责任投资原则(UN PRI)中的原则一要求机构投资者将 ESG 问题纳入投资分析和决策过程,原则三要求机构投资者对 ESG 问题进行适当的信息披露。而如何将 ESG 问题纳入投资分析以及如何开展相关信息披露,这就是 ESG 原则制定机构 UNPRI 和 ESG 框架制定机构 SASB 的合作之处。当然,此类的合作非常多,机构之间的复杂关系给本来已经"臃肿"的 ESG 体系再增加一层挑战。

　　在这样复杂的框架和原则的背景下,对于 ESG 评级机构而言既是挑战也是机遇。如何整合不同的 ESG 相关框架,同时保持与其余框架和原则的一致性是体现 ESG 评级机构比较优势之处。其中在保证其评级体系一致性上比较出色的机构是 CDP。

　　CDP 的气候变化问卷中的问题设置就保证了其和 TCFD 和 SDGs 的一致性。也就是说,CDP 的问题是参照 TCFD 对企业在气候变化相关的财务信息披露的要求来进行设置的。同样的逻辑也适用于 CDP 和 SDGs 的关系,CDP 所要求企业提供的相关信息也是反映 SDGs 某些具体目标上的要求。

　　在 CDP 问卷中要求企业分享其碳排放强度的目标和进展,该问题就对应 TCFD 框架中关于气候变化目标的具体披露建议:描述企业在应对气候变化风险和挑战所使用的目标以及相应的进展。同时,该问题不仅对应着 TCFD 中相关的建议,同时也和 SDGs 中目标 7　可负担和清洁能源,目标 12　负责任消费和生产以及目标 13　气候行动相呼应。最后,该问题还与 DJSI 问卷中涉及气候相关目标的内容相呼应。

　　所以,仅仅以 CDP 为例可知,其作为评级在 ESG 生态系统中的重要性在于其纽带和枢纽作用,它连接起不同层级的 ESG 框架和原则。并且这样的纽带作用在其他 ESG 评级机构中并不少见,例如,RobecoSAM 的企业可持续发展评估也是和全球报告倡议中的具体要求相呼应。

　　最后,ESG 评级也是将企业 ESG 表现通过相关框架和原则进行量化的过程。以

CDP 为例,正如前文提到 CDP 的气候变化问卷与 TCFD 框架保持一致,因此,企业的气候相关财务信息披露情况能够通过 CDP 的问卷评分得到反映。

同理,在 RobecoSAM 的企业可持续发展评估中关于人权的部分参考的是 *UN Guiding Principles on Human Rights and Business*(简称 UNGPs)。因此,企业在人权方面是否符合 UNGPs 的标准也能够通过 RobecoSAM 的企业可持续发展进行量化展示。

这就是 ESG 评级机构独特的价值所在,不仅能够连接其他的相关原则和框架,还能够将框架的定性要求进行量化展示,以帮助进行横向比较。

# 第二节　国内外较有影响力的评级体系

大量各种报告和评级的第三方提供商正在对许多国际和国内的上市公司的环境、社会和治理(ESG)绩效进行评估和评级。机构投资者、资产管理者、金融机构和其他利益相关者越来越依赖这些报告和评级来评估和衡量企业在一段时间内 ESG 的表现。这些 ESG 评级结果也成为投资者与企业就 ESG 评级进行沟通的基础。

但是,这些报告和评级方法的覆盖范围差异很大。目前,国际上已经建立了以明晟(MSCI)道琼斯可持续发展指数(DJSI)、富时罗素(FTSE Russell)、全球环境信息研究中心(Carbon Disclosure Project,CDP)等为代表的 ESG 评级方法以及相关应用。

中国境内知名的第三方 ESG 评级机构包括:(1)商道融绿 ESG 评级;(2)社会价值投资联盟 ESG 评级等。

ESG 评级指标体系是 ESG 核心价值的具体体现,也是 ESG 投资的基础。这些机构将评级的指标分别划入 E、S、G 三个方面,但在底层指标设计上各有不同。在计算方法上,以加权平均为主,根据各自方法赋予一定的指标权重,并按照行业情况对权重进行调整。

## 一、国际较有影响力的评级体系

### 1. 明晟(MSCI)

Morgan Stanley Capital International(MSCI),即摩根士丹利国际公司,又译明晟,针对全球 7 500 家公司(包括子公司在内的 13 500 家发行人)和 65 万多只股票和固定收益证券进行评级。MSCI 与全球 50 家著名的资产管理公司中的 46 家开展合作,是全球领先的 ESG 评级和研究机构。

2018 年 6 月,A 股正式纳入 MSCI 新兴市场指数和 MSCI 全球指数,所有纳入 MSCI 指数的上市公司将接受 ESG 评级,A 股上市公司由此开启了接受 MSCI ESG 评级的道路。2019 年 11 月,明晟(MSCI)ESG 研究团队公开逾 2 800 家上市公司的 ESG 评级结果。截至 2019 年 8 月,MSCI 已经对纳入 MSCI 指数的 487 家中国上市公司开展 ESG 研究和评级。2019 年,中国上市公司的 MSCI ESG 评级表现有所提升,但仍与全球市场有明显差距。在 2020 年,MSCI 也公开了 ACWI 指数中 7 500 只成分股的 ESG 评级,为全球投资者进一步提升 ESG 信息透明度。

MSCI 评级方法的亮眼之处在于其指标体系非常全面,不仅对于企业潜在风险暴露以及风险管理进行评估,而且同时也注重环境、社会、治理方面的发展机会。在实际构建指标体系过程中,不仅考虑了行业差异,同时也增加了时间维度。MSCI 评级框架主要包含 3 个大类、10 项主题以及 37 项关键指标,具体情况见表 4.3。

表 4.3　MSCI 评级指标体系

| 大类指标 | 主　题 | 关 键 指 标 |
|---|---|---|
| 环境 | 气候变化 | 碳排放量 |
|  |  | 产品的碳足迹 |
|  |  | 为环境保护提供资金 |
|  |  | 是否加剧气候变化的脆弱性 |
|  | 自然资源 | 对水资源的压力 |
|  |  | 对生物多样性与土地利用的影响 |
|  |  | 原材料的采购 |
|  | 污染和废弃物 | 有毒的排放物和废弃物 |
|  |  | 包装材料及其废弃物 |
|  |  | 电子垃圾 |
|  | 和环境相关的发展机会 | 清洁技术的发展机会 |
|  |  | 绿色建筑的发展机会 |
|  |  | 可再生能源的发展机会 |
| 社会 | 人力资本 | 劳动力管理 |
|  |  | 健康和安全 |
|  |  | 人力资本开发 |
|  |  | 供应链劳动力标准 |
|  | 产品责任 | 产品的安全和质量 |
|  |  | 化学品的安全性 |
|  |  | 金融产品的安全性 |
|  |  | 隐私与数据安全 |
|  |  | 责任投资 |
|  |  | 健康与人口风险 |
|  | 和利益相关方是否存在冲突 | 易引起争议的采购事件 |
|  | 和社会责任相关的发展机会 | 涉及通行行业的机会 |
|  |  | 涉及金融行业的机会 |
|  |  | 涉及医疗保险的机会 |
|  |  | 涉及营养和健康行业的机会 |

（续表）

| 大类指标 | 主 题 | 关 键 指 标 |
|---|---|---|
| 治理 | 公司治理 | 董事会 |
| | | 薪酬 |
| | | 所有权 |
| | | 会计准则 |
| | 公司行为 | 商业伦理 |
| | | 反垄断实践 |
| | | 税收透明度 |
| | | 腐败和不稳定性 |
| | | 金融体系的不稳定性 |

MSCI 的评级的数据来源主要通过公开信息抓取上市公司 ESG 层面的表现，并整合为超过 1 000 个企业 ESG 政策和表现的数据点。其数据来源主要有三类：

（1）来自政府以及非政府组织专业数据库，例如 CDP；

（2）上市公司公开信息披露，包括年报、可持续发展报告等；

（3）来自全球和当地新闻机构、政府以及非政府组织等的媒体渠道。

MSCI 的 ESG 团队将与公司进行沟通以确认相关数据的质量及可靠性，并对 ESG 报告数据及相关信息进行反馈与修正，对公司发生的争议性事件进行每日监控，此外，每周对关键因素指标的评分情况进行调整。其中值得关注的是，MSCI 会采用替代数据，即指由公司外部发布的与公司有关的信息，以弥补上市公司自身披露的不足。

在上述 37 项关键指标体系中，MSCI 依据各个议题从上市公司的风险暴露和风险管理两方面打分：

（1）风险暴露：企业在多大程度上暴露于行业实质性风险？

（2）风险管理：企业如何管理每项实质性风险？

同时，其权重也会由所在行业来决定。该权重的高低主要反映两方面情况：一是该项指标对于行业的影响强度；二是该行业受该指标影响的时间。

具体来看，一方面考察的是该行业的该项指标相对于其他所有行业而言，对环境或社会所产生的外部性大小，且通常是基于相关数据进行的分析，最终得到"高等""中等""低等"三档的影响力评价，如对于平均碳排放强度这一指标的权重判定就是如此。另一方面考察的是该项指标给该行业公司带来实质性的风险或机遇，也就是可能产生实质性的负面或者正面影响的时间长短，也按照具体年份数划分为"长期""中期""短期"三档。最终具备"短期"且"高等"影响力的指标，其权重设置可能为具备"长期"且"低等"影响力指标的三倍以上。从更新频率来看，每年 11 月 MSCI ESG 研究将对各个行业的考察指标及权重进行一次重新审查。

最后还需要关注的是企业的负面事件。MSCI 也会对企业负面事件进行审查，因为在 MSCI 看来，负面事件的出现可能展示出企业在风险管理中存在的结构性能力缺陷。

总结起来,MSCI ESG 评级是基于全球同业的相对结果,对企业的关键议题的风险暴露和风险管理进行评分,经过行业加权和调整之后分为"AAA"(最高)到"CCC"(最低)七个等级(如图 4.3)。CCC 和 B 等级表明处于落后水平,BB、BBB 和 A 等级表明企业处于平均水平,AA 和 AAA 等级表明处于行业领先地位。

图 4.3　MSCI ESG 评级结果划分

　　MSCI 根据其对上市公司的 ESG 评级结果,开发了多种 ESG 指数产品,旨在帮助机构投资者更有效地衡量 ESG 投资业绩。MSCI 的 ESG 投资策略主要包括 ESG 整合(Integration)、价值观的体现(Value)和影响力投资(Impact)三大类。其主要 ESG 指数产品包括:

- MSCI ESG 领导者指数(MSCI ESG Leaders Indexes)
- MSCI ESG 关注指数(MSCI Focus Indexes)
- MSCI 责任投资指数(MSCI SRI Indexes)
- MSCI ESG 广泛指数(MSCI ESG Universal Indexes)
- MSCI 气候变化指数(MSCI Climate Change Indexes)
- MSCI 低碳指数(MSCI Low Carbon Indexes)

　　2. 道琼斯可持续发展指数(DJSI)

　　与 MSCI 根据上市公司的 ESG 评级结果进行 ESG 指数产品的搭建一样,道琼斯可持续发展指数(Dow Jones Sustainability Indices, DJSI)也是由标普道琼斯基于 RobecoSAM 的企业可持续发展评估(Corporate Sustainability Assessment,CSA)进行指数的发布和计算。相较于其他评级体系,DJSI 具有悠久的发展历史,是全球公认的社会责任及可持续发展参考标杆。

表 4.4　道琼斯可持续发展指数(DJSI)的相关概念和主体

| 评级机构 | 标普全球(S&P Global)和 RobecoSAM(现已被收购) |
|---|---|
| 评级方法 | 企业可持续发展评估(Corporate Sustainability Assessment) |
| 评级结果 | 标普全球 ESG 得分(S&P Global ESG Score) |
| 指数产品 | 道琼斯可持续发展指数(Dow Jones Sustainability Indices) |

　　从 1999 年成立以来,DJSI 就开始持续进行企业 ESG 表现评估,并搭建可持续发展指数产品。RobecoSAM 的企业可持续发展评估具有最高的评级质量。在全球纷繁复杂的 ESG 评级体系中,能够获得多数受访者的认可,也侧面证明了 RobecoSAM 在衡量企业可持续发展表现上所存在的价值。

　　在 2020 年 2 月,知名评级公司标准普尔国际(S&P Global)发布了 2020 年度道琼斯可持续发展指数系列（Dow Jones Sustainability Indices，DJSI）的邀请名单，邀请全球约3 500家上市公司参与企业可持续发展测评（Corporate Sustainability Assessment，CSA），通过回应网上问卷的形式展示自身在可持续发展方面的表现。各行业的可持续发展表现得分最高的10％将最终入选 DJSI 指数系列成分股。

在此次邀请名单中，中国内地、香港及台湾地区共有超过 360 家公司受邀。最终大陆地区只有中国平安和光大国际入选了 DJSI 新兴市场指数。值得注意的是，这也是中国平安首次入选 DJSI 新兴市场指数，光大国际自 2016 年就连续多年入选 DJSI 新兴市场指数。

总体而言，RobecoSAM 的 ESG 评级体系对于中国内地公司的门槛较高。在 2019 年，中国香港和台湾地区分别有 10 家和 23 家企业入选 DJSI 亚太和世界指数。因此，相较于中国香港和台湾地区的企业可持续发展水平而言，中国大陆企业还处于发展阶段。

正如前文所提到的，整个道琼斯可持续发展指数是在 RobecoSAM 的企业可持续发展评估基础上建立的。CSA 遵循一系列严格的方法论，选取和该企业相关的具有财务影响的行业指标（Financially relevant and industry specific ESG criteria）。

因此，CSA 不仅具有通用维度，还有行业特定指标以及权重。除了在经济、环境和社会通用议题之外，每个行业都有一系列的行业特殊议题，以食品行业为例：（1）在经济维度下，有以下行业指标：客户关系管理、创新管理、健康与营养、新兴市场策略；（2）在环境维度下，有以下行业指标：环境策略及管理体系、转基因生物制品、包装材料、原材料采购、水资源风险；（3）在社会维度下，涉及影响力价值和最低工资两个行业指标。

并且，相较于其他指标体系而言，SAM 的 CSA 方法论也比较公开透明。上述所涉及的具体议题的行业权重以及具体议题解释都作为公开信息进行发布（见表 4.5），企业也可以针对自身的情况进行相应提升。

表 4.5　企业可持续发展评估环境议题展示

| 环境 | 运营生态效率 | 直接温室气体排放（范围 1） |
| | | 间接温室气体排放（范围 2） |
| | | 能源 |
| | | 耗水量 |
| | | 废弃物 |
| | 气候战略 | 管理激励 |
| | | 气候变化战略 |
| | | 气候情景分析 |
| | | 气候相关目标 |
| | | 低碳产品 |
| | | 范围三温室气体排放 |
| | | 内部碳定价 |

| 环境 | 产品管理 | 产品设计规则 |
|---|---|---|
| | | 生命周期分析 |
| | | 产品效益 |
| | | 有害物质 |
| | | 承诺 |
| | | 产品生命周期结束 |
| | | 环境标签和声明 |

同时，从 1999 年开始进行企业可持续发展评估以来，CSA 的评估方法论也在不断演进和发展。每年受邀参与问卷填写的企业，都会收到与上年略微不同的问卷问题和内容。CSA 此举是希望通过问卷内容的更新，全面反映并涵盖最新的可能会对企业竞争优势产生影响的可持续发展议题和趋势。如在 2020 年最新版的方法论中，部分议题的表述方式以及问题的内容都有修改（如表 4.6）。

表 4.6　2020 年 CSA 议题部分调整展示

| 议　题 | 涉　及　行　业 | 关　键　变　化 |
|---|---|---|
| 信息安全/网络安全与 IT 系统可用性 | 全部行业 | 该标准侧重于公司为防范重大信息安全/网络安全事件做好准备的能力以及在受到攻击时它们是否可以做出适当反应。它还评估公司过去是否曾经历过信息安全/网络安全事件以及其财务后果 |
| 可持续金融 | 银行业<br>保险业<br>多元化金融资本行业 | 金融机构在应对可持续发展挑战，促进向低碳经济过渡以及促进可持续发展方面可发挥重要作用。在识别和解决日益严重的环境挑战及相关风险时，金融机构可以通过利用其在金融创新中的专业知识而受益。提供新金融工具的机会使金融机构可以将 ESG 集成到每个业务领域中。我们修订后的问题可以使公司更清楚地披露所有业务运营中的创新产品（批发/企业/投资银行、零售银行、资产管理、财富管理、证券交易所、保险承销），以及公司如何在其不同的业务部门中整合 ESG 标准 |

表 4.6 所提及的两个议题都是当下企业可持续发展的重要议题。近年来，消费者对于个人隐私的安全保护意识不断觉醒，但企业层面信息泄露事件仍层出不穷。在 2018 年，全球最大社交媒体脸书（Facebook）被曝出数据泄露事件，根据《纽约时报》的报道，有近 5 000 万条个人信息被泄露。

万豪国际在 2018 年遭受信息泄露事件被英国政府罚款近 1.2 亿美元，之后在 2020 年 3 月万豪又遭受第二起信息泄露事件，这次泄露据称有近 520 万名消费者信息被黑客所盗取。因此，对于所有行业来讲，在治理层面的信息和网络安全成为企业需要关心的实质性议题。因此，包括信息安全和可持续金融在内的其他 ESG 议题也都在每年 CSA 方法论更新过程中进行涵盖。

CSA 主要依靠 61 个依据行业划分的调查问卷作为信息来源,每一份问卷大约有 80—100 个问题,涵盖 20 个不同的议题。每一个问题都需要有文本、相关文件或是数据进行支撑。根据每个问题回答的结果,生成 20 个不同议题的加权后得分。

随后,这 20 个议题,又会按照经济、社会、治理三个维度进行加权汇总,生成三个维度的得分。最后得出标普全球 ESG 得分(S&P Global ESG Score)。企业也会依据得分被划分为:金牌企业、银牌企业、铜牌企业、行业进步者以及可持续发展企业。

不仅企业会被划分为金、银、铜三个层次。同时,正如前文所提到的,各行业的评分靠前的企业也会被收录进入道琼斯可持续发展指数系列。经过 20 多年的发展,DJSI 已经形成了一系列指数,包括最核心的 DJSI 全球指数(DJSI World),目前 DJSI 主要是按照地域和国家划分为:DJSI 世界、DJSI 北美、DJSI 欧洲、DJSI 亚太地区、DJSI 新兴市场、DJSI 韩国、DJSI 澳大利亚、DJSI 智利、DJSI 太平洋联盟。

### 3. 富时罗素(FTSE Russell)

富时罗素(FTSE Russell),是隶属于伦敦证券交易所的指数编制公司。目前,FTSE 已运营指数超过 50 年,覆盖全球 25 个交易所和 98% 的可投资证券市场,有 3 万亿美元的资金跟踪其指数。

FTSE 拥有逾 15 年的 ESG 评级经验,对企业进行 ESG 评级和跟踪,其评级方法包含 ESG 三个维度的 14 个主题,每个主题下有 10—35 个指标,总计 300 个指标。对于每家受评公司,FTSE 会根据其在 FTSE 行业分类系统中的类别选择适用于该行业的主题进行评级(见表 4.7)。

**表 4.7 富时罗素 ESG 评级体系主题**

| 大类指标 | 主 题 | 大类指标 | 主 题 | 大类指标 | 主 题 |
|---|---|---|---|---|---|
| 环境 | 生物多样性 | 社会 | 顾客责任 | 治理 | 反腐败 |
| | 气候变化 | | 健康和安全 | | 企业治理 |
| | 污染物和资源 | | 人权和社区 | | 风险管理 |
| | 供应链 | | 劳工标准 | | 税务透明度 |
| | 水安全 | | 供应链 | | |

根据每一家企业所在的行业进行细分之后,富时罗素会选择相应的行业主题进行评级。评级的结果主要依据两个维度进行加权打分,一是风险暴露,二是信息披露程度,最后得到主题得分(见图 4.4)。

在富时罗素评分方法中,横轴为风险暴露,其主要考虑两方面因素的影响:一是与该行业相关主题的财务重要性,与 MSCI 和 DJSI 做法一致,不同的行业会受到不同 ESG 风险的影响,因此风险暴露程度也会不同;二是公司的运营所在地,ESG 相关的议题也会受到地域因素的影响,不同地区的差异性也会反映在风险暴露中。因此,在综合考虑相关因素之后,富时罗素会把企业在该议题上的风险暴露程度按照低、中、高进行划分。

最后决定一个企业在某项议题上获得成绩高低的另外一个因素是信息披露的程度。在每个主题之下,企业信息披露所能够回应的具体指标的有效程度将会影响该主题的最

| | | 风险暴露 | | |
|---|---|---|---|---|
| | | 低 | 中 | 高 |
| 主题得分 | 0 | N/A | 0% | 0% |
| | 1 | 0—5% | 1—5% | 1—10% |
| | 2 | 6—10% | 6—20% | 11—30% |
| | 3 | 11—30% | 21—40% | 31—50% |
| | 4 | 31—50% | 41—60% | 51—70% |
| | 5 | 51—100% | 61—100% | 71—100% |

**图 4.4   富时罗素 ESG 评分方法**

终得分。

信息披露有效程度结合上述提到的风险暴露程度,最后能够在图 4.4 评分矩阵图中找到对应的分值。以社会中的供应链主题为例,假设该企业的供应链风险暴露程度为中等,同时供应链相关信息披露有效性达到 41%—60%,那么该企业在供应链主题下的评分将会为 4 分。最后,富时罗素将会把所有主题评分结果加权汇总为从 0 到满分 5 分的评级区间。

FTSE ESG 评级结果一方面会直接被追随 FTSE 的投资者作为投资参考,另一方面还会用于 FTSE 可持续投资系列指数的构建。目前,FTSE 的可持续投资系列指数中较为知名的有 FTSE ESG 指数和 FTSE4-Good 指数。2019 年 6 月,FTSE 宣布将 A 股纳入其指数体系,并逐步提高纳入比例。

FTSE Russell ESG 评级对全球 47 个发达市场和新兴市场约 4 100 只证券进行 ESG 研究。富时环球指数系列(FTSE All-World Index,包括发达及新兴系列)、富时全指指数(FTSE All-Share Index)、罗素 1000(Russell 1000 Index)等指数的成分股企业均会被纳入评级范围。

## 二、国内较有影响力的评级体系

### 1. 商道融绿

商道融绿结合全球 ESG 标准和中国市场特点,专为中国开发了有效的 ESG 评估方法,并积累了大量数据。商道融绿核心团队于 2009 年成立以来得到了极大的发展。目前商道融绿 ESG 评级数据库所涵盖的投资标的数量进一步增加,不仅包括沪深 300 的投资标的,还包括中证 500 的投资标的,共 800 只标的。

融绿 ESG 信息评估体系共包含三级指标体系(见表 4.8):一级指标为环境、社会和公司治理三个维度;二级指标为环境、社会和公司治理下的 13 项分类议题,如环境下的二级指标包括环境管理、环境披露及环境负面事件等;三级指标将会涵盖具体的 ESG 指标,共有超过 200 项三级指标,如社会方面的三级指标包括劳动政策、员工培训、女性员工、反歧视、供应链责任管理等 30 多项指标。评估体系分为通用指标和行业特定指标。通用指标适用于所有上市公司,行业特定指标是指各行业特有的指标,只适用于本行业内的公司。

表 4.8　商道融绿指标体系

| 大类指标 | 主　题 | 关　键　指　标 |
|---|---|---|
| 环境 | 环境管理 | 环境管理体系 |
| | | 环境管理目标 |
| | | 员工环境意识 |
| | | 节能和节水政策 |
| | | 绿色采购政策 |
| | 环境披露 | 能源消耗 |
| | | 节能 |
| | | 耗水 |
| | | 温室气体排放 |
| | 环境负面事件 | 水污染 |
| | | 大气污染 |
| | | 固废污染 |
| 社会 | 员工管理 | 劳动政策 |
| | | 反强迫劳动 |
| | | 反歧视 |
| | | 女性员工 |
| | | 员工培训 |
| | 供应链管理 | 供应链责任管理 |
| | | 监督体系 |
| | 客户管理 | 客户信息保密 |
| | 社区管理 | 社区沟通 |
| | 产品管理 | 公平贸易产品 |
| | 公益及捐赠 | 企业基金会,捐赠及公益活动 |
| | 社会负面事件 | 与员工、供应链、客户、社会及产品相关的负面事件 |
| 公司治理 | 商业道德 | 反腐败和贿赂 |
| | | 举报制度 |
| | | 纳税透明度 |
| | 公司治理 | 信息披露 |
| | | 董事会独立性 |
| | | 高管薪酬 |
| | | 董事会多样性 |
| | 公司治理负面事件 | 商业道德和公司治理负面事件 |

融绿 ESG 评估指标体系的特点在于重视负面事件的评价。在每个一级指标下的二级指标中,都包含了负面事件二级指标。三类负面事件指标形成了融绿 ESG 负面信息监控体系,有助于投资者采用负面剔除的选股方法。

上市公司 ESG 信息的来源为公开信息,分为环境、社会和公司治理三大方面,每一方面都覆盖企业自主披露的信息和相关负面信息。

公司自主披露的 ESG 信息主要来自上市公司年度报告、可持续发展报告、社会责任报告、环境报告、公告、企业官网等。企业的负面 ESG 信息主要来自企业自主披露、监管部门(如环保、安监、证监、银保监等部门)的处罚信息、正规媒体报道、社会组织调查等。

融绿 ESG 评级体系分为信息收集、分析评估及评估结果等三项流程。在信息搜集阶段,将完成搜集企业自主披露的 ESG 信息及通过融绿 ESG 负面信息监控系统搜集上市公司的 ESG 负面信息;在分析评估阶段,将对照国际和国内法规、标准及最优实践,对企业自主披露的信息进行评估,然后对负面事件根据严重程度及影响等进行评估,并将评估结果进行交叉审核;在评估结果阶段,根据不同行业的实质性因子进行加权计算,并最终得到每个上市公司的 ESG 综合得分。根据对全体评估样本上市公司的 ESG 综合得分进行排序,参考国际通用实践及中国上市公司 ESG 绩效的整体水平,参照聚类分析的方法得到融绿 ESG 评级的级别体系,共分为十级(见表 4.9)。

**表 4.9　商道融绿 ESG 评级及其含义**

| 评　级 | 含　　义 |
| --- | --- |
| A+、A | 企业具有优秀的 ESG 综合管理水平,过去三年几乎没出现 ESG 负面事件或个别轻微负面事件,表现稳健 |
| A−、B+ | 企业 ESG 综合管理水平良好,过去三年出现过少数影响轻微的 ESG 负面事件,ESG 风险较低 |
| B、B−、C+ | 企业 ESG 综合管理水平一般,过去三年出现过一些影响中等或少数较严重的负面事件,但尚未构成系统性风险 |
| C、C− | 企业 ESG 综合管理水平薄弱,过去三年出现过较多或较严重的 ESG 负面事件,ESG 风险较高 |
| D | 企业近期出现了重大的 ESG 负面事件,对企业有重大的负面影响,已暴露出很高的 ESG 风险 |

资料来源:商道融绿。

### 2. 社会价值投资联盟(CASVI)

社会价值投资联盟(简称社投盟)是中国首家专注于促进可持续发展金融的国际化新公益平台,由友成企业家扶贫基金会、中国社会治理研究会、中国投资协会、吉富投资、清华大学明德公益研究院领衔发起,近 50 家机构联合创办。

社投盟 ESG 评级的信息主要来自:(1)企业公开信息披露,包括年度报告、社会责任报告以及可持续发展报告等;(2)监管部门信息,包括国家安监总局、国家税务总局、国家生态环境部以及各层级法院公开信息以及黑名单;(3)第三方数据库以及主流媒体信息披露。

社投盟对于企业社会价值的评估逻辑在于"义利并举",将企业的社会价值分为"义"和"利"两个取向,与环境效益(E)、社会效益(S)、治理结构(G)、经济效益(E)的国际共识相结合,通过目标(驱动力)、方式(创新力)和效益(转化力)三个维度对企业的社会价值进行评估。这使得社投盟的评估模型在 ESG 评价的基础上增加了经济效益,这是其评价模型的独特之处。社投盟开发的"上市公司社会价值评估模型"由筛选子模型和评分子模型两部分构成。

　　(1) 筛选子模型是社会价值评估的负面清单,按照 5 个方面(产业问题、财务问题、环境与事故、违法违规、特殊处理)、17 个指标,对评估对象进行"是与非"的判断。

　　(2) 评分子模型包括 3 个一级指标(目标、方式和效益)、9 个二级指标、27 个三级指标和 53 个四级指标,这是对上市公司社会价值贡献的量化评分模型(见表 4.10)。

表 4.10　社投盟指标体系

| 一级指标 | 二级指标 | 三级指标 | 四 级 指 标 |
|---|---|---|---|
| 目标(驱动力) | 价值驱动 | 核心理念 | 使命愿景宗旨 |
| | | 商业伦理 | 价值观经营理念 |
| | 战略驱动 | 战略目标 | 可持续发展战略目标 |
| | | 战略规划 | 中长期发展规划 |
| | 业务驱动 | 业务定位 | 主营业务定位 |
| | | 服务受众 | 受众结构 |
| 方式(创新力) | 技术创新 | 研发能力 | 研发投入 |
| | | | 每亿元营业总收入有效专利数 |
| | | 产品服务 | 产品/服务突破性创新 |
| | | | 产品/服务契合社会价值的创新 |
| | 模式创新 | 商业模式 | 盈利模式 |
| | | | 运营模式 |
| | | 业态影响 | 行业标准制定 |
| | | | 产业转型升级 |
| | 管理创新 | 参与机制 | 利益相关方识别与参与 |
| | | | 投资者关系管理 |
| | | 披露机制 | 财务信息披露 |
| | | | 非财务信息披露 |
| | | 激励机制 | 企业创新奖励激励 |
| | | | 员工股票期权激励计划 |
| | | 风控机制 | 内控管理体系 |
| | | | 应急管理体系 |

（续表）

| 一级指标 | 二级指标 | 三级指标 | 四 级 指 标 |
|---|---|---|---|
| 效益（转化能力） | 经济转化 | 盈利能力 | 净资产收益率 |
| | | 营运效率 | 总资产周转率 |
| | | | 营收账款周转率 |
| | | 偿债能力 | 流动比率 |
| | | | 资产负债率 |
| | | | 净资产 |
| | | 成长能力 | 近 3 年营业收入复合增长率 |
| | | | 近 3 年净资产复合增长率 |
| | | 财务贡献 | 纳税总额 |
| | | | 股息率 |
| | 社会转化 | 客户价值 | 质量管理体系 |
| | | | 客户满意度 |
| | | 员工权益 | 公平雇佣政策 |
| | | | 员工权益保护与职业发展 |
| | | | 职业健康保障 |
| | | 安全运营 | 安全管理体系 |
| | | | 安全事故 |
| | | 合作伙伴 | 公平运营 |
| | | | 供应链管理 |
| | | 公益贡献 | 公益投入 |
| | | | 社区能力建设 |
| | 环境转化 | 环境管理 | 环境管理体系 |
| | | | 环保支出占营业收入比率 |
| | | | 环保违法违规事件及处罚 |
| | | | 绿色采购政策和措施 |
| | | 绿色发展 | 综合能耗管理 |
| | | | 水资源管理 |
| | | | 物料消耗管理 |
| | | | 绿色办公 |
| | | 污染防控 | 三废（废水、废气、固废）减排 |
| | | | 应对气候变化措施及效果 |

最终的评分共设 10 个基础级别、10 个增强级别。基础等级设置为 AAA、AA、A、BBB、BB、B、CCC、CC、C 和 D；增强等级即 AA 至 B 基础等级用"＋"和"－"号进行微调，分别为 AA＋、AA－、A＋、A－、BBB＋、BBB－、BB＋、BB－、B＋和 B－，表示在各基础等级分类中的相对强度。

基于评级体系，社投盟也搭建了义利 99 指数。该指数是根据社投盟牵头研发的"上市公司可持续发展价值评估模型"，从沪深两市规模最大、流动性最好的 300 家公司中评选出可持续发展价值最高的 99 家公司作为样本股，以反映沪深两市上市公司社会价值创造能力与股价走势的变动关系。作为全球第一支可持续发展价值主题指数，义利 99 指数采用分级靠档的加权方式，以 2013 年 12 月 16 日为基期，基点为 1 000 点。义利 99 指数反映的是上市公司经济、社会、环境综合效益，不仅考量上市公司过去的表现以及当下的市值，还考察上市公司的持续发展和创造价值的能力。

### 案例 4-2　南方基金 ESG 评级体系

除了上文提到的包括 MSCI 以及商道融绿在内的国内外独立第三方 ESG 评级体系之外，其实国内外资管机构内部也开始逐渐建立相应的 ESG 评级体系。南方基金 ESG 评级体系就是其中一个案例。

根据南方基金对外公布的信息，目前南方基金 ESG 评级体系已经涵盖了 17 个主题、36 个子主题、104 个指标，并根据不同行业的特征对不同主题和指标设定相应的权重。同时，与 MSCI 等主流 ESG 评级机构做法一致，也会将企业负面信息作为评级体系的一部分纳入考量。

南方基金的经理进行投资决策时，就会辅助参考内部和外部 ESG 评级结果，并和行业研究员充分讨论财务和非财务系列指标，最终形成可投资的股票池。

## 第三节　国内外指标体系对比

正如本章第一节所述，目前不同评级机构之间的相关性相对较低，即使同一机构在不同 ESG 评级机构都会呈现不同的结果。ESG 评级机构用于评估公司 ESG 表现的标准有很大差异，公司从这些评级机构所得到的信号也往往差异较大。在社会价值投资联盟、商道融绿、MSCI ESG 指数和富时罗素等四家 ESG 评级机构中，平均相关系数仅为 0.33。相比之下，穆迪和标准普尔的信用评级相关性为 0.992；这说明不同评级提供商对公司的 ESG 表现水平的评价差别很大。

### 一、环境议题

不同 ESG 评级体系切入环境问题的角度不同，主要分为：横向具体实质性议题维度（如气候变化、水资源等），以及纵向包括如何应对各项议题在内的环境管理体系（如环境治理、环境信息披露等)。

1. 气候变化议题

从环境维度出发,几乎所有评级机构都强调并评估企业应对气候变化的举措。科学研究展示,近十年,随着气候变化的影响不断加剧,包括暴风、洪水、干旱、森林火灾在内的自然灾害发生的频率显著上升。气候变化对商业正常运行的影响无所不在。极端灾害会导致全球供应链中断,大幅增加企业生产和运营成本。

根据 CDP 在 2019 年的报告,在未来五年,全球最大的 215 家企业受气候变化风险的影响可能会高达 10 亿美元。气候变化对于企业财务表现具有重大影响,因此也可以理解所有的 ESG 评级体系中几乎都会涉及气候变化这一议题。

不同评级机构对于气候变化议题所评估的维度略有不同(见表 4.11):

- 以 MSCI 中的评级体系为例,其更关注企业对于气候变化所带来的影响,如企业的碳排放量、产品的碳足迹,以及是否会加剧气候变化的脆弱性;
- 以 DJSI 为例,其对气候变化议题切入的角度更为全面,不仅涵盖企业应对气候变化的相应战略和情景分析,同时也要求企业就对全球气候变化带来的影响进行信息披露,包括其温室气体的排放以及产品生命周期分析等都有相应的指标;
- 以社投盟为例,在其评级体系中主要关注气候变化对于企业的影响,以及企业应对气候变化的举措和效果。

表 4.11　不同评级机构关于环境指标的对比一

| 环境指标对比 | | MSCI | DJSI | CDP | FTSE Russell | 商道融绿 | 社投盟 |
| --- | --- | --- | --- | --- | --- | --- | --- |
| 环境 | 气候变化 | 碳排放量<br>产品的碳足迹<br>是否会加剧气候变化的脆弱性 | 目标和表现<br>温室气体排放<br>能源 | 气候变化战略<br>气候情景分析<br>气候相关目标 | 气候变化 | 温室气体排放 | 应对气候变化的措施和效果 |

2. 其他环境具体议题

当然,ESG 评级体系不仅仅关注气候变化议题。除此之外,国外 MSCI,FTSE Russell 以及 DJSI 会将企业自然资源和能源、生物多样性以及污染物等具体议题抽离出来进行单独评价(见表 4.12):

- MSCI 将环境维度具体拆解为气候变化、自然资源、污染物和环境机会;
- FTSE Russell 会从生物多样性、气候变化、污染物和资源、供应链和水安全的角度进行拆解;
- 在 DJSI 的评级体系中,分析企业的生态运营效率,会具体分析企业产生的温室气体排放、能源、水资源使用情况,以及废弃物管理等的环保绩效。

例如,在 DJSI 的企业可持续发展评估中,在能源议题下,就需要提供企业近三个财年的可再生和非可再生能源的使用量,以及企业总能源消耗量。

DJSI 认为:“用更少的材料生产更多的产品,对于受自然资源日益短缺影响的许多行业来讲至关重要。提高企业的环境绩效不仅可以降低成本,还可以在企业可持续发展方面提高竞争力,这也能帮助公司为未来的环境法规做好准备。”

表 4.12　不同评级机构关于环境指标的对比二

| 环境指标对比 | | MSCI | DJSI | CDP | FTSE Russell | 商道融绿 | 社投盟 |
|---|---|---|---|---|---|---|---|
| 环境 | 自然资源与能源 | 土地利用影响原材料的采购 | | （森林资源）当前状态、流程、执行、障碍和挑战 | 污染物和资源 | | |
| | 生物多样性 | 对生物多样性与土地利用的影响 | | | 生物多样性 | | |
| | 污染物和废弃物 | 有毒的排放物和废弃物、包装材料及其废弃物电子垃圾 | 废弃物、有害物质 | | 污染物和资源 | 水污染大气污染固废污染 | 三废（废水、废气、固废）减排 |
| | 水安全 | 对水资源的压力 | 耗水量 | 当前状态、商业影响、流程、目标 | 水安全 | 节能和节水政策、水污染 | |

相同的逻辑,同样也适用于水资源使用和污染物的管理上,提高企业的能源和自然资源的使用效率,将会保证企业在未来的可持续发展核心竞争力。因此,DJSI 也会要求企业在污染物议题下披露其年度污染物排放量,以及污染物的回收量;在水资源议题下,要求企业披露水资源的抽取量(如地表、地下水或市政用水)以及水资源排放量等相关数据。

上述三家国际 ESG 评级体系的共同点是对包括水资源在内的自然资源、能源使用以及污染物的关注。相较于国际 ESG 评级体系以具体环境议题作为切入点,中国的 ESG 评级体系更侧重环境治理层面,但这不代表中国 ESG 体系中环境部分不会涉及自然资源和能源、水资源或污染物处理的内容。中西方关于 ESG 评级体系中环境部分的区别仅在于切入问题的角度略有不同(见表 4.13)。

就商道融绿和社投盟的环境有关指标而言,其切入的角度非常类似,都是从企业环境管理维度出发,到企业环境信息披露以及污染物防控。虽然具体表述不同,但关注的重点都是一致的。

在指标体系中,环境管理角度侧重于企业环境治理层面的相关内容,如企业的环境管理体系建设、环境管理相关政策以及环境管理目标等。

除了从企业环境管理体系层面进行评级之外,国内 ESG 评级体系都会侧重评估企业在运营生产过程中的能源和资源消耗以及水资源等的消耗。正如 DJSI 指出的,企业对于能源使用效率的提高,也是帮助企业在自然资源日渐紧张的情况下降低成本、提高效益的战略方案。

最后,商道融绿以及社投盟都会分析企业在废水、废气以及固体废弃物(三废)管理和排放方面的表现。其不同之处在于,商道融绿侧重于企业在三废方面是否存在争议事件,而社投盟关注企业在三废方面的减排效果。

在整个 ESG 评级环境部分中,最为特殊的是 MSCI,它将企业环境机会作为一个独立主题进行衡量,其中具体内容涉及清洁技术、绿色建筑和可再生能源这三类环境机会。

对于这三类环境机会的评价与其他 ESG 风险的评价模式类似风险敞口和风险管理。风险敞口是基于企业的商业模式和地理位置进行赋分,而风险管理体现企业能够利用

表 4.13　不同评级机构关于环境指标的对比三

| 环境指标对比 | | MSCI | DJSI | CDP | FTSE Russell | 商道融绿 | 社投盟 |
|---|---|---|---|---|---|---|---|
| 环境 | 环境管理 | 为环境保护提供资金 | 管理激励 | 治理风险与机遇商业战略 | 供应链 | 环境管理体系环境管理目标员工环境意识节能和节水政策绿色采购政策 | 环保支出占营业收入比率环保违法违规事件及处罚绿色采购政策和措施综合能耗管理水资源管理物料消耗管理绿色办公 |
| | 环境披露 | | 内部碳定价直接温室气体排放(范围1)间接温室气体排放(范围2)温室气体排放(范围3) | | | 能源消耗节能耗水温室气体排放 | |
| | 环境负面事件 | | | | | 水污染大气污染固废污染 | |

这项环境发展机会的能力。以航空企业为例,绿色建筑的风险敞口会较小,无论其绿色建筑的管理能力如何,其在绿色建筑的发展机会议题上的得分会处于3—7分。

对于能源企业来说,可再生能源发展机会的风险敞口较大,所以该能源企业对于可再生能源发展机会的利用能力将会在很大程度上决定该项议题的得分。

根据图4.5,假设能源企业对于可再生能源的风险敞口评分为10分,那么如果该企业

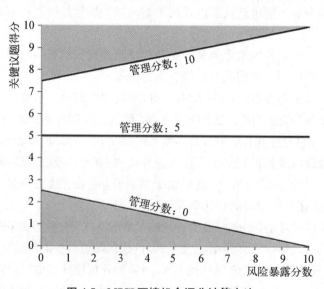

图 4.5　MSCI 环境机会评分计算方法

风险管理维度是 0 分的话，在该项议题之下的得分就只会为 0 分；如果在管理维度拿到满分 10 分的情况下，那么在该可再生能源的议题下的得分就会为满分 10 分。

## 二、社会议题

就国内外 ESG 评级体系中社会议题而言，各具体议题之间的相似度较大。各评级体系均从利益相关方的角度进行切入，包括员工、顾客、社区以及供应链在内的角色。

从员工角度出发，又可以将评估的内容具体细分为劳工实践、人力资本和人权三大类（见表 4.14）。

表 4.14　不同评级机构关于社会指标的对比一

| 社会指标对比 | | MSCI | DJSI | FTSE Russell | 商道融绿 | 社投盟 |
|---|---|---|---|---|---|---|
| 社会 | 劳工实践 | 劳动力管理健康和安全 | 多元化、同等报酬、自由结社 | 健康和安全劳工标准 | 劳动政策反强迫劳动反歧视 | 安全管理体系职业健康保障公平雇佣政策 |
| | 人力资本 | 人力资本开发 | 培训和发展投入员工成长项目人力资本投资回报率员工成长项目投资回报个人绩效评估的类型长期激励员工流失率员工忠诚趋势 | | 女性员工员工培训 | 员工权益保护与职业发展、员工股票期权激励计划 |
| | 人权 | 人权 | 人权承诺人权背景调查过程人权披露 | 人权 | | |

从表 4.14 中可以发现这三方面虽然有交叉，但具体侧重角度的方向其实略有不同：劳工实践会更多关注其员工政策是否符合标准，其管理手段是否保护员工健康以及安全等，更多是从底线思维出发，保护员工最基本的合法权益，并符合法律法规要求。

而从人力资本角度出发的 ESG 体系更关注员工的培养和发展，比较典型的评估内容包括是否有员工培训以及员工职业发展等内容。对于企业而言，目前大部分企业涉及员工维度的关注重点在劳工实践上：企业的劳动力管理是否保障员工健康与安全，劳动力管理是否符合标准以及有无基本的反强迫劳动和童工等的行为。这部分相关议题的动因主要来源于企业合规需求，是企业生产运营必须要达到的最低需求。但根据目前 ESG 发展的趋势，ESG 评级机构对于企业社会维度的信息披露要求也逐渐倾向于人力资本维度发展。西方 ESG 评级体系近年来尤其关注企业在多样性、平等和包容（Diversity, Equality, Inclusion, DEI）方面的相关政策。对于企业而言，如果希望成为在 ESG 中社会领域的领导者，可以在多样性、平等和包容方面开展更多实践和进行信息披露。

社会议题中的最后一个维度，是员工角度中的人权部分。

DJSI 评级体系中的人权部分和《联合国工商企业与人权指导原则》(*UN Guiding Principles on Business and Human Rights*)也是基本一致的。其问卷调查会希望企业披露其是否在人权方面作出公开承诺,并保证自己的人权政策符合《联合国工商企业与人权指导原则》。同时要求,企业在开展背景调查过程中,去评估在整个价值链体系是否会涉及人权风险,并且基于所识别出的人权风险,去采取相应的风险管控和补救措施,并就相关事件进行信息披露。

总的来讲,在国际 ESG 评级体系中,涉及人权的部分处于比较宏观层面的人权风险识别和管理,不会深入到具体的某项人权。

我们要注意的是,在中英文语境中,"人权"(human rights)常常有着不同的含义,在国内商道融绿和社投盟的评级体系中,并未直接提及人权相关内容。

但是,在具体分析 ESG 评级社会维度时,特别是涉及员工相关指标时,相当多与人权相关的具体议题仍旧被包含在国内商道融绿和社投盟的分析框架之中,如反强迫劳动、反歧视等都是在私营领域涉及人权议题中常见的话题。

国内外 ESG 评级体系中都会具体涉及人权议题,其区别在于是否像 DJSI 一样将其作为一个单独的主题,从整体的角度要求企业完成一系列事项或是作为具体议题包含在其分析框架中,如国内商道融绿和社投盟。

如果从具体人权议题出发,衡量企业是否在社会层面存在风险,国内商道融绿和社投盟的评价体系中的唯一缺陷在于对于人权议题涵盖的完整度。

在中国企业不断走出去,在海外创办企业的过程当中,可能会在童工问题、原住民权益保障以及企业工作环境等具体议题上招致争议。如何在评估体系中对涉及该部分的内容也进行动态评价,更好地监测企业在社会层面的风险,值得国内 ESG 评级体系进行进一步的探讨研究。

在社会维度中(见表 4.15),第二个重要的利益相关方为顾客,以及其使用的产品(DJSI 将产品议题放置在环境主题之下)。

表 4.15　不同评级机构关于社会指标的对比二

| 社会指标对比 | | MSCI | DJSI | FTSE Russell | 商道融绿 | 社投盟 |
|---|---|---|---|---|---|---|
| 社会 | 产品和客户责任 | 产品的安全和质量<br>化学品的安全性<br>金融产品的安全性<br>隐私与数据安全<br>健康与人口风险 | | 顾客责任 | 客户信息保密<br>公平贸易产品 | 客户满意度<br>质量管理体系 |

在产品和社会责任部分,MSCI 涵盖的具体议题较为全面,涉及产品的安全和质量,化学品的安全性,金融产品的安全性,隐私与数据安全,健康与人口风险。当然,正如前文提及的,对于 MSCI 的 37 项指标并不会全部进行评估,而是根据行业特性指定部分指标进行评价。

例如,在产品角度下,金融产品的安全性就是一个非常具有行业特色的具体指标。相较于 MSCI,商道融绿指标体系中对于客户和产品维度的指标仅为客户信息保密以及产品公平贸易与否,在社投盟的指标体系中,也是从宏观整体角度切入客户和产品,主要分析客户满意度以及产品的质量管理体系。

除了客户以及员工以外,企业与社区的关系,以及整个供应链的上下游合作商的管理,也都被纳入了ESG社会评价体系中(见表4.16)。

表4.16 不同评级机构关于社会指标的对比三

| 社会指标对比 | | MSCI | DJSI | FTSE Russell | 商道融绿 | 社投盟 |
|---|---|---|---|---|---|---|
| 社会 | 社区管理 | | | 社区 | 社区沟通 | 社区能力建设 |
| | 供应链管理 | 供应链劳动力标准 | 供应商行为准则<br>供应链管理意识<br>风险敞口<br>供应链风险管理<br>ESG整合<br>透明性和信息披露 | 供应链 | 供应链责任管理 | 供应链管理 |

例如,在刚果金,中国洛阳钼业就深陷与当地手工矿社区的冲突,对其正常的生产经营产生影响,股价受到相应影响[1]。随着越来越多中国企业在海外创办企业,这样的社区冲突案例越来越常见。同时,中国企业在面对国际投资者开展的ESG背景调查中,不可忽视社区维度存在的风险和机遇。

与此同时,在全球化的背景之下,许多企业将生产或者服务等业务进行外包。在这个过程中,企业的名誉风险以及所需承担的社会责任也会随着外包的过程受到影响。

哈佛大学2014年的一项研究发现,包括宜家和梅西百货在内的许多全球知名企业在印度采购当地生产的毛毯,在外包的毛毯生产过程中可能会涉及强迫劳动、童工以及人口贩卖等违法或违规行为。

该报告发布后,包括福布斯在内的许多知名媒体都进行了转载[2],对上述企业的声誉造成了不良影响。虽然,这些企业并没有直接生产上述毛毯,而是通过上游供应链进行采购,但这些负面消息仍对企业的公众形象和消费者的行为造成了影响。

投资者也逐渐认识到供应链风险的重要性,以及未进行良好供应链管理的潜在负面效应。基于此,我们发现,无论是国内还是国外的ESG评级体系均包含了与供应链相关的指标和议题。

例如,DJSI在供应商行为准则问题下,它会考察企业是否对供应商的产品以及生产过程有着相应的环境标准,是否有童工现象,员工的薪酬福利待遇以及供应商商业伦理表现(如反腐败/反垄断等)。

在国内的ESG评级体系中,突出了较有中国特色的一些指标:公益慈善及捐赠、社会争议事件以及社会机会(见表4.17)。

---

〔1〕https://chinaglobalimpact.org/2020/09/27/hidden-risks-in-cobalt-supply-chain-environmental-social-and-governance-issues-of-cmoc-in-drc/.

〔2〕https://www.forbes.com/sites/meghabahree/2014/02/05/your-beautiful-indian-rug-was-probably-made-by-child-labor/.

表 4.17　不同评级机构关于社会指标的对比四

| 社会指标对比 | | MSCI | DJSI | FTSE Russell | 商道融绿 | 社投盟 |
|---|---|---|---|---|---|---|
| 社会 | 公益慈善及捐赠 | | 慈善活动以及投入 | | 企业基金会捐赠和公益活动 | 公益投入 |
| | 社会争议事件 | 易引起争议的采购事件 | | | 员工/供应/客户/产品负面事件 | 安全事故 |
| | 社会机会 | 通信行业可获得性<br>金融行业可获得性<br>医疗保险可获得性<br>营养健康服务可获得性 | | | | |

公益慈善议题,主要出现于国内商道融绿和社投盟的指标体系,以及 DJSI 的慈善活动和投入模块中。

社会争议事件议题,主要出现在 MSCI 中易引起争议的采购事件,商道融绿中员工/供应/客户/产品负面事件,以及社投盟中的安全事故模块。

最后是 MSCI 特有的社会机会指标。在本维度,这包括通信行业可获得性、金融行业可获得性、医疗保险可获得性、营养健康服务可获得性。和环境机会的评分方式一致,其评分方式会关注风险敞口和风险管理两方面,具体的评分方式请见上文环境机会部分。

## 三、治理议题

本节关于治理议题的体系对比部分,与治理有关的指标包括董事会、风险和危机管理、商业伦理和道德、财务政策以及负面事件管理(见表 4.18)。

表 4.18　不同评级机构关于治理指标的对比

| 治理指标对比 | | MSCI | DJSI | FTSE Russell | 商道融绿 | 社投盟 |
|---|---|---|---|---|---|---|
| 治理 | 董事会 | 董事会<br>薪酬<br>所有权 | 董事会结构<br>非执行领导<br>多元化政策<br>性别多元<br>董事会效率<br>平均任期<br>董事会行业经验<br>总裁待遇<br>持股和股权结构 | 企业治理 | 信息披露<br>董事会独立性<br>高管薪酬<br>董事会多样性 | |
| | 风险和危机管理 | | 风险治理<br>敏感性分析和压力测试<br>新型风险<br>风险文化 | 风险管理 | | 内控管理体系<br>应急管理体系 |

（续表）

| 治理指标对比 | | MSCI | DJSI | FTSE Russell | 商道融绿 | 社投盟 |
|---|---|---|---|---|---|---|
| 治理 | 商业伦理和道德 | 商业伦理 反垄断实践 腐败和不稳定性 | 行为准则 商业准则覆盖面 反腐败和贿赂 反竞争活动 腐败和贿赂事件 | 反腐败 | 反腐败和贿赂 举报制度 | 价值观 经营理念 |
| | 财务政策 | 会计准则 税收透明度 | 税收策略 税收披露 实际税率 | 税务透明度 | 纳税透明度 | 财务信息披露 |
| | 负面事件管理 | | 违规事件披露 | | 公司治理负面事件 | 财务问题 |

公司治理体系将会确保企业按照股东的利益最大化为目标进行管理,这包含着公司内部组织架构的权力制衡机制,能够保证董事会承担适当的控制和监督职责。有研究表明,在五年时间内,管理良好与管理不善的公司之间的股本回报率差异可能会达到56%。因此,从投资者角度,认识企业与治理相关的一系列概念也非常重要。

首先是董事会,MSCI、DJSI 以及商道融绿都有相关的指标体系进行支撑。

对于 MSCI 而言,上述所提到的董事会、薪酬以及所有权的问题,是所有接受 MSCI 评级的企业都会接受评估的指标。

在 DJSI 体系中,该议题下有着非常详细的指标,来描述董事会、领导力以及所有权的问题。

与 MSCI 类似,商道融绿会对董事会独立性、高管薪酬以及董事会多样性进行考察。

而对于社投盟而言,整个指标体系中虽然在治理层面有着相关战略以及经营理念方面的涵盖,但是对董事会相关议题没有进行太多考察。

其次,在风险和危机议题上我们看到,并不是所有的 ESG 指标体系都对企业风险和危机进行分析。

在 DJSI、FTSE Russell 以及社投盟的体系涉及风险治理和管理的内容。

在 DJSI 中涉及风险的识别和治理,具体包括一系列风险管控的措施:敏感性分析和压力测试。在社投盟的指标体系中,会着重关注企业的内控和应急管理体系。但在商道融绿的评级体系中并没有着重单独关注企业风险控制的相关内容。

针对商业伦理和道德,几乎所有的评级体系都会评价企业的反腐败和贿赂政策及其效果。与腐败或贿赂有关的经济犯罪对企业的无形资产有损害,对企业的声誉、员工的士气以及企业的客户关系都有着负面影响。因此,在 DJSI 的调查问卷中,企业会被问及"企业层面反腐败和贿赂的政策是否为公开信息,并且包括了禁止任何形式的贿赂回扣,以及直接或间接的政治献金等"。

在财务政策方面,国内外 ESG 评级体系普遍包括企业税收和财务方面的相关指标。同时在财税相关政策的基础上还会增加一个企业信息公开和透明度的角度。

因此,企业不仅需要保证自己的相关政策合规,在此基础上还需要保证相关信息的公开透明和可获得性。

# 第四节　ESG 评级提升方法论

在上述章节中,具体介绍了国内外不同的评级体系以及在评级方法论上的差异。本节将会就企业如何提升相应的 ESG 评级提出具体建议。同时,为了帮助读者更好地理解相应的概念和方法,本书特意选取了三生制药作为案例贯穿本节 ESG 评级提升方法论的全过程。

三生制药是一家以创新药为主的中国领先的生物制药公司,在研发、生产和销售方面拥有成熟的体系和丰富的经验。核心治疗领域涵盖肿瘤、免疫、肾科、代谢和皮肤科。三生制药以向广大患者提供创新型、可负担的、符合全球质量标准的药品为职责,立志成为立足于中国全球领先的生物制药企业。

MSCI 连续三年上调三生制药 ESG 评级结果,从 2016 年的 B 评级,到 2017 年和 2018 年的 BB 评级,以及 2019 年的 BBB 评级,到 2020 年实现 A 评级。三生制药实现了 ESG 评级结果质的跨越,该等级结果超过 78% 的全球生物科技行业。更高的 ESG 评级反映了公司 ESG 管理制度和措施更加完善,ESG 风险较低,是三生制药稳健经营、规范治理的体现。

## 一、识别

正如上述章节所展示的,国内外 ESG 评级体系纷繁复杂,并且每一个 ESG 评级体系都有自己的相应方法论。企业内部相应负责 ESG 的可持续发展团队可能无法兼顾日渐增多的评级体系以及其相应的信息问询。因此,如何识别最能展示企业可持续发展战略优势的相关评级体系,着重回应相应评级材料,是企业在面临 ESG 管理时最先需要思考的问题。

因此,企业在识别 ESG 评级体系时需要重点关注以下方面的问题:企业上市地点、海外投资者关注、企业战略偏好等。首先,企业上市的地点以及对应的资本市场有着不同的 ESG 评级机构偏好。以北美市场为例,投资者就比较倾向于 Sustainalytics[1] 以及 ISS[2] 的评级结果,而在中国,MSCI 以及富时罗素等评级机构受关注较多。同时,从投资者关系角度而言,不同的机构投资者可能会对 ESG 评级机构有不同的偏好和侧重。为了直接回应投资者的关切,上市公司也可以着重关注相关投资者选择的 ESG 评级进行 ESG 管理。

对于三生制药而言,虽然其是在中国香港上市,香港恒生也有对应的可持续发展指

---

〔1〕　Sustainalytics 是一家总部位于荷兰阿姆斯特丹的 ESG 评级机构。2020 年,晨星基金完成了对 Sustainalytics 的收购。了解更多相关信息,可参见 https://www.sustainalytics.com/。

〔2〕　Institutional Shareholder Services Inc.(ISS)是一家代理咨询公司。ISS 是当今全球领先的公司治理和负责任的投资解决方案、市场情报和基金服务以及机构投资者和公司的活动和社论内容的全球提供者。

数,但早期恒生可持续发展指数只有入选和非入选两种结果,没有等级以及区分,对于企业而言无法实现 ESG 绩效的管理和跟踪。那么,三生制药也结合自身对于海外投资者的回应和其顾问公司的建议将 MSCI 作为其主要关注的 ESG 评级体系。

## 二、诊断

在完成第一步识别之后,企业需要了解并归纳不同指标体系所关注的议题以及相应考察的内容。企业对在每项议题下所开展的相关活动以及信息披露程度都要进行掌握,明确各项 ESG 议题表现的差距。

三生制药作为一家制药类企业,在 MSCI 实质性议题评估下需要重点关注的议题包括:医疗健康的可获得性、公司治理、产品质量与安全、腐败及不稳定性、人力资本发展、有害排放物与废弃物。当然,这只是在医疗行业细分下三生制药作为制药类企业所需要关注的相关指标。而医疗保健和用品行业的企业所需要关注的关键议题就会略有不同,如公司治理、腐败及不稳定性、人力资本发展、产品质量与安全、碳排放。

根据 MSCI 最新的评价,三生制药不存在落后的 ESG 关键议题。但在公司治理、公司行为、产品安全与质量与有害物的排放和废弃物层面,三生制药处于行业平均水平。值得注意的是,三生制药在人力资本发展和医疗健康的可获得性上处于该行业的 ESG 关键议题领导者地位[1]。

当然,该结果正如前文所提到的,是经过 ESG 管理和提升之后的结果。对于其他企业而言,或许其 ESG 相关议题的治理能力和披露程度还未达到三生制药目前的水平,可能还存在着一些落后的 ESG 关键议题,那么,在 ESG 评级提升的第二步,企业就需要诊断出目前在哪些议题上还低于行业平均水平,哪些议题还有进步和成长的空间。

## 三、提升

在诊断了企业在各项关键议题下所处的行业水平之后,就可以开展有针对性的 ESG 管理提升。对三生制药而言,其不仅发布了环境、社会及管治报告,同时还在其投资者关系中公开了其环境、社会与管治(ESG)规范。该规范参考了联合国全球契约原则、联合国《人权宣言》等框架和原则,并且也针对 CDP 和 MSCI 的评级要求进行了对标编制。在该规范中,涉及非常多的关键议题,包括反贪污与反贿赂、商业秘密与知识产权、产品质量和安全等。

三生制药在其产品质量与安全部分处于行业平均水平,能够看到它从政策和实践方面得到回应(如图 4.6)。在政策层面,三生制药表达了将"以高品质的中国生物药惠及全球患者"作为最高目标的要求。在实践层面,也注重按照建立产品质量控制体系、质量管理审计,以及产品质量与安全培训作为具体的实践活动来直接回应相关评级机构在产品质量与安全关键议题下的要求。

在处于行业领导者位置的人力资本发展议题下,三生制药也是从政策和实践两个层面来回应评级机构的信息披露要求。从政策层面定义了强迫用工、童工以及平等用工等概念;在实践层面,其涉及自由择业、禁用童工、多元化等具体实践策略。

---

[1] 该结果由 MSCI 在 2020 年 8 月更新。

### 3.2　产品质量与安全

**政策**

本集团将"以高品质的中国生物药惠及全球患者"作为最高目标,坚守质量控制,打造卓越产品。

**我们如何付诸实践**

**建立产品质量控制体系**

本集团全部制药类附属公司均按照中华人民共和国药品生产质量管理规范(即 Good Manufacturing Practice, GMP)建立贯穿原材料来源、生产、产品放行、运输及上市后的药物警戒等环节的质量管理体系。

**质量管理审计**

本集团各生产基地对质量管理体系开展定期内部审计,内部审计包括季度质量管理评审、年度自检、以及不定期内部质量审计等,对可能出现的质量、安全问题进行预防性检测,以保障质量体系的有效运行,促进质量体系的持续改进。

**产品质量与安全培训**

本集团对所有员工(包括兼职和合同工)开展质量培训。例如,针对药品生产质量相关人员开展操作规程培训,针对营销体系全体新员工开展产品不良反应培训,并要求各生产基地按要求有序地执行。

图 4.6　三生制药 ESG 规范

[本章小结]

　　本章着重介绍 ESG 投资兴起背景下,ESG 评级机构作为对上市公司非财务信息披露的评级机构的历史和当前的整合趋势。同时,ESG 评级机构在整个 ESG 领域中起着非常重要的联结纽带作用,将不同的可持续发展框架和指南串联起来,并以标准化的结果进行展示。当然,不同评级机构在方法论以及指标选取上都有着不同的考虑,因此同一公司的 ESG 评级结果可能有所不同。最后,面对复杂的 ESG 评级体系,探讨企业应如何选择和回应以及提升 ESG 评级。

[思考与练习]

　　1. 面对当前 ESG 评级机构存在的一些问题和挑战,未来的 ESG 评级发展趋势会是怎样?

　　2. 如果你是一家中国国企可持续发展部门的负责人,你会选择哪家评级机构进行回应?

3. ESG 指标的本土化一直是讨论的热点,你认为哪些指标能够更好地反映中国企业的可持续发展能力?

[参考文献]

**英文文献**

1. CDP. https://www.cdp.net/en/articles/media/worlds-biggest-companies-face-1-trillion-in-climate-change-risks.

2. Dow Jones Sustainability Indices. https://www.robecosam.com/en/media/press-releases/2019/dow-jones-sustainability-indices-review-results-2019.html.

3. Escrig-Olmedo, E., Fernández-Izquierdo, M., Ferrero-Ferrero, I., Rivera-Lirio, J., & Muñoz-Torres, M., Rating the Raters: Evaluating how ESG Rating Agencies Integrate Sustainability Principles. *Sustain Ability*, 2019.

4. New York Times. https://www.nytimes.com/2018/09/28/technology/facebook-hack-data-breach.htm.

5. Sustainability. https://www.sustainability.com/globalassets/sustainability.com/thinking/pdfs/sa-ratetheraters_ratings-revisited_march18.pdf.

6. UNPRI. https://www.unpri.org/using-sasb-to-implement-pri-monitoring-and-disclosure-resources-for-private-equity/4904.article.

# 第五章　ESG 外部监管政策现状与趋势

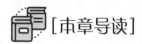 [本章导读]

　　国家法律法规和政策的变化发展会对投融资活动各参与主体产生直接影响。在政府监管政策风险管理驱动下,市场主体在投融资活动和营运活动中首先需要满足政府机构的合规要求。

　　公司希望通过良好的 ESG 表现,包括符合基本的监管要求,在合规的基础上降低自身的风险,减少对社会和环境的负面影响,提高社会价值,以稳中求进的姿态,吸引资本进入,提升其国际竞争力。机构投资者也在外部金融监管政策的引导下,将资本注入符合 ESG 价值理念的投资项目中。相关证券自律组织还发布了具有 ESG 理念的治理要求、投资指引、信息披露指南等,指导上市公司、发债企业及投资机构实施符合 ESG 原则的金融活动。

　　本章将分析 ESG 外部监管的主要目的和手段,介绍美国、欧盟和英国、中国的政府机构、行业自律组织对上市公司、投资机构的 ESG 表现及信息披露的外部监管现状与未来发展趋势。

## 第一节　ESG 外部监管机构与监管目的

### 一、ESG 外部监管的定义

　　1. 监管的定义

　　监管存在监管主体、监管范围、监管方式等多个维度,本章所指的监管,兼具监督和约束管理的意义,包含了英文"supervision and regulation"的意义。

　　根据 2020 年全国科学技术名词审定委员会公布的经济学名词解释,外部监管是指由外在的经济监督管理组织和机构对金融业及其活动的监督管理。广义的 ESG 的外部监管包含了政府层面的监管和行业自律式的监管,主要是通过立法部门、行政部门和国际组织、行业协会机构,根据有关规则对公司主体的 ESG 治理进行监督和约束的活动。

　　2. ESG 外部监管与公司内部控制

　　ESG 外部监管促进公司不断完善公司治理结构和风险管理内控体系。ESG 外部监管部门通过发布法规政策、规则要求等,明确合规的基本要求,上市公司需要通过内部控制度体系落实法规要求。在公司ESG实践中,健全的公司治理结构是内部控制有效运行的保证,完善的内部控制有利于提高公司治理的效率[1]。2006年《上海证券交易所上市公司内部控制指引》定义的内部控制是指上市公司(以下简称公司)为了保证公司战略目标的实现,而对公司战略制定和经营活动中存在的风险予以管理的相关制度安排。它是由公司董事会、管理层及全体员工共同参与的一项活动。公司内控制度应至少在公司层面、公司下属部门及附属公司层面、公司各业务环节层面作出安排。

## 二、ESG外部监管的主体、对象和监管方式

### 1. ESG外部监管的主体与对象

监管主体是监管概念的关键构成要素,其决定着监管的性质、范围、方式等[2]。不同时期和语境下,监管的主体也不尽相同。全球化背景下,国际监管的概念开始出现。广义监管的主体范围逐步由立法机关、行政机关和司法机关等政府部门,进一步扩大到国际组织、社会非政府组织和私人。

本章在探讨ESG外部监管时,主要指政府立法部门、行政部门对公司及银行、保险公司、基金公司等金融投资主体实施的监管,一般以法律法规或规则的形式提出要求,对适用主体具有正式约束力。

除了行政监管机构,对上市公司而言,ESG的外部监管主体主要是一国的证监会和证券交易所。目前ESG监管的对象范围不仅局限于上市公司,还会扩展至发债企业和机构投资者。投资机构相关行业自律监管机构也是实施监管的主体之一,如中国证券业协会、中国证券投资基金业协会、中国银行业协会、中国保险行业协会等,其发布的规则章程等,也具有正式的约束力。

国际上存在如欧盟(EU)这样的超国家组织,监管的主体包括了欧盟议会、理事会、咨询机构以及成员国的议会和执行机构等。在中国,国务院国有资产监督管理委员会、财政部、生态环境部(原环境保护部)、中国银行保险监督管理委员会、国家发展和改革委员会、国家市场监督管理总局等部委及其下级主管部门,都从不同方面,对上市公司及发债企业的ESG治理水平,特别是信息披露提出要求。

商业或非商业的第三方监督,如以推动信息公开、信用评级为宗旨的非政府组织、券商、审计机构、合规调查的律师事务所、股东及个人消费者等,广义上也可以纳入监管范围,但这些主体的监管更偏向于软性的外部监督。第三方可以间接推动和影响立法、政策及行业标准制定,并对公司治理和内部控制产生影响,但对投资主体没有正式的约束效力。

根据机构投资人和散户投资人市场占比的不同,ESG政策发展的驱动力来源也不完全一致。欧美机构投资人的市场占比较高,NGO(非政府组织)的话语权较高,也成为ESG产品需求的重要驱动力,而亚洲投资市场散户占比高,NGO势力相对较弱,政府监管政策成为巨大推手,主导市场发展[3]。

[1] 刘杨,陈利军.公司治理与内部控制相互关系研究[J].财会通讯,2011(12).
[2] 马英娟.监管的概念:国际视野与中国话语[J].浙江学刊,2018(4).
[3] 邱慈观.可持续金融[M].上海交通大学出版社,2019.

### 2. ESG 外部监管的主要方式

政府的 ESG 外部监管主要采取政策规制和资金激励互补的形式。政府一方面通过制定法律法规对投资机构的投资行为和公司的经营行为进行约束,另一方面通过提供财政或税收形式的资金支持,鼓励推动 ESG 政策的实施。

在立法层面,各国的立法机构从环境保护、职业健康与安全、公司治理及信息披露方面,通过立法的形式设立监管机构或部门,出台与 ESG 相关的投资、公司治理、信息披露指南或规则,对相关主体的 ESG 管理义务和职责提出合规性要求,并指导公司(特别是上市公司)和投资机构做好 ESG 管理及信息披露。

在政府行政管理层面,主要通过法律法规对机构投资者设置准入许可、审核、备案等事前监管手段,并提出信息披露的要求,通过提升资本市场的透明度,来实施持续的监管。对上市公司主体和其他中小企业,除了在法律法规中明确 ESG 合规政策、信息披露要求等法定责任,在税收、财政、货币、补贴等方面提供优惠政策,也是实施行政监管的方式。例如通过设置投资产业目录、明确相关投资项目的财政补贴、税收优惠,让符合绿色可持续发展的项目享受简化审批程序等形式,推动和促进 ESG 因素纳入投融资活动及在公司治理中的落地实践等。

在行业自律监管层面,各行业性自律组织受政府监管机构指导,通过制定行业自律规则的方式,开展会员自律管理,约束机构投资者的不正当竞争行为,并根据政府有关部门授权,组织制定行业标准。

在解决全球经济一体化所带来的超出一国监管能力范围的问题时,如气候变化、贸易管制等,政府间委员会和缔约方会议形式的国际机制,在协调政策、发展法律、实施法律监督、对各国施加共同体的压力以及为解决利益冲突方面,提供了更加灵活的手段[1]。

欧美及中国资本市场监管方均以 ESG 信息披露为抓手,推动上市公司提升 ESG 管治水平。尽管欧美和中国推进 ESG 信息披露的路径不尽相同,但 ESG 信息披露强制化、标准化、定量化是大势所趋[2]。

## 三、ESG 外部监管的主要目的

### 1. 提升资本市场透明度,降低投资者信息不对称的风险

资本市场往往基于信息发现形成价格,具有一定的主观性。1970 年美国金融学家尤金·法玛(Eugene Fama)将理性预期理论应用到股票和其他证券定价中,提出"有效市场假说",其对有效市场的定义是:如果在一个证券市场中,价格完全反映了所有可以获得的信息,那么就称这样的市场为有效市场[3]。该理论认为在有效市场的假设下,市场对未来价格的预期是合乎理性的,股价能够充分反映所有信息,因此不合理的价格将被很快消除。但在资本市场中,企业与投资者之间普遍存在信息不对称,因此资本市场并不是一

〔1〕 帕特莎·波尼.国际法与环境[M].那力等译.高等教育出版社,2007.

〔2〕 许晓玲,何芳,陈娜等.ESG 信息披露政策趋势及中国上市能源企业的对策与建议[J].世界石油工业,2020(3).

〔3〕 弗雷德里克·米什金.货币金融学[M].郑艳文,荆国勇译.中国人民大学出版社,2016.

个完全有效的市场。

信息披露正是降低信息不对称程度、让投资者获得足够的信息并做出投资决策的重要途径,信息披露的效果直接影响金融行业的运行效率,因此也被视为保证资本市场规范运行的基本要求和基石。推动上市公司披露ESG信息,首要目的是降低因忽略环境、社会等要素而带来的投资风险。信息披露是金融行业实现自律管理的关键环节。

与传统的财务信息不同,ESG信息因涉及环境及社区等要素,除投资者以外的公众也享有相应的知情权,因此会受到更多媒体等社会公众的关注,监管在保障投资者利益的同时也提高了公众实现知情权的机会,让更多的社会主体参与多元治理的体系[1]。ESG信息披露正逐步朝规范化、标准化、制度化的方向发展,要求提高ESG信息的公开度、透明度。

2. 避免市场失灵,维护投资人利益

对ESG信息披露进行监管的目标主要有两个:一是规范金融主体的行为,包括投资者和上市公司,提高信息披露的质量和透明度,保证现有金融市场的有效性;二是对不遵守规则的市场主体进行惩戒,为投资者提供救济与补偿的手段,包括对违法行为人追究刑事、行政和民事责任,以充分保护投资者的利益。

由于专业财务知识的限制,分散的投资者在解读上市公司相关信息时并不能完全理解信息所反映的实际情况。基于精力和财力的限制,个人投资者也很难去对发行人所提供信息的完整性和真实性进行调查核实,这就为上市公司发行人进行信息隐瞒或编造提供了空间。如果信息披露存在虚假或者误导性信息,会严重干扰投资者的投资判断,因此,保证信息披露的质量对保护投资者利益来说至关重要。

机构投资者是证券市场的主要组成部分,机构投资者拥有个人投资者不具备的专业人才队伍和广泛的信息渠道,通常还享有许多政策优势,如不加以监管,机构投资者在追求投资收益最大化的过程中,有可能采取内幕交易或信息操纵等不正当手段。

避免出现市场机制失灵是引入监管的原因之一,但由于市场机制的失灵及市场损害行为的变化多端,使法律制定和司法制裁有较大可能出现滞后和不完备的情况。在出现权力寻租或政策滞后的情况下,政府监管也会出现失灵,需要其他监管形式来提高对不正当行为进行阻止和惩罚的效率。除直接通过法案和规则对投资市场进行监管外,还有一些国家主要由行业自律组织等通过制定章程实现自我管理,如欧盟及英国。我国目前已逐步建立上市公司信息披露的制度,并通过行业协会规则等进行自律监管。目前各国都以投资者利益保护作为投资立法的根本目标和基本原则,并通过政府部门、行业协会等形式进行他律或自律形式的监管。

3. 建立风险可控的金融市场秩序,提升金融效率,助力金融对外开放

金融是现代经济的核心,金融市场是整个市场经济体系的动脉。金融的核心是风险控制。广义的金融基础设施涉及金融稳定运行的各个方面,包括金融市场硬件设施、金融法律法规、会计制度、信息披露原则、社会信用环境等制度安排[2]。

---

[1] 关于ESG的社会主体参与,可参考本书第七章。

[2] 何德旭.加快完善金融基础设施体系[N].经济日报,2019年10月29日,第12版.

整体上，目前 ESG 外部监管在持续制定完善立法体系和制度建设的同时，各国的监管思路从严格限制准入的事前审批式的行政监管，逐步转移到放宽准入限制、借助市场力量和行业自律机制，进行严格的持续性事中监管、事后监管上来。投资主体在获得足够的信息后，可以较为全面地对上市公司的 ESG 风险进行相对客观准确的评估。ESG 外部监管在维护投资人利益的同时，帮助投资主体尽可能全面地考量风险要素，以建立风险可控的金融市场秩序。

信息披露的真实性、相关性、有效性将影响投资者对信息的使用信心以及最终金融资源向可持续发展领域的配置效果。有效的外部监管能促进高质量的信息披露，降低投资分析成本，提升金融效率。

目前联合国负责任投资原则中的原则一要求机构投资者将 ESG 问题纳入投资分析和决策过程，原则三要求机构投资者对 ESG 问题进行适当的信息披露。我国在 ESG 监管方面，通过行政处罚信息公开、重大事件信息披露、环境信用评价、多部门失信联合惩戒等制度，增加对负面信息的披露程度。国际上也出现了以提供 ESG 相关指标信息并基于此作出评估的一系列 ESG 评级机构和评价标准[1]，ESG 评级结果将作为投资者识别和控制风险、做出投资决策的参考。为了助力金融对外开放，引进更多外资金融机构进入中国市场，提升金融业抗风险能力，也需要有效的 ESG 外部监管助力。

## 第二节　美国 ESG 监管政策要求与发展趋势

近年来美国的 ESG 投资呈现出日渐增强的特点，气候变化和反腐败成为投资者最关注的领域。美国的金融监管以信息披露为核心原则，通过建立一个比较完善的法律体系来监督、检查和控制投资者的行为，强调了机构投资者在法律约束下的自律管理和自由经营。美国 ESG 法律文件的规约主体逐渐由上市公司扩大到养老基金和资产管理者，再进一步延伸到证券交易委员会等监管机构。通过制定 ESG 政策管理法规，对公司治理、证券市场监管、信息披露等方面提出严格规范的法律体系管控要求。

### 一、美国环境治理、环境信息披露与气候变化法规

美国早期的环境管制以"命令和控制"为特点，行政当局通过发布和执行刚性的环境法规和标准，以抑制企业生产经营等活动给环境带来的负面影响。20 世纪 80 年代，美国开始在环境管制体系中引入以市场为基础的经济激励手段，主要是排污费、补贴和排污许可权交易等。随着全球可持续发展浪潮的推进，美国就环境治理出台了新的法规文件，包括美国《国家环境政策法案》(*National Environmental Policy Act of 1969*)、《清洁空气法案》(*Clear Air Act*)、《水污染法》(*Federal Water Pollution Control Act*，又称 *Clear Water Act*)、《有毒物质法》(*Toxic Substances Control Act*)等相关法律法规[2]，建立了

---

〔1〕　ESG 评级相关详细内容可以参考本书第四章。

〔2〕　王曦.美国环境法概论[M].武汉大学出版社,1992.

较为完善的污染治理法律体系。

为了应对日趋严重的环境污染危机和响应公民的环境保护运动,美国国会于 1980 年 12 月通过《综合环境反应补偿与责任法》(*Comprehensive Environmental Response, Compensation, and Liability Act*)。1986 年 10 月,美国通过了对该法的修正案——《超级基金修订和再授权法案》(*Superfund Amendments & Reauthorization Act of 1986, SARA*),在该法的第三章中扩展了环境法中知情权的内容。1996 年美国再次通过了《超级基金法》的修订案,1997 年通过了鼓励私有资本清理和振兴棕色地带的《纳税人减税法》,2002 年通过了《小企业责任减免与棕色地带复兴法》设立环境保险;2009 年《恢复和再投资法》出台,美国环保署向超级基金拨款 6 亿美元用于治理污染。

1984 年美国联合碳化物公司(Union Carbide)在印度发生特别重大的有毒物质泄露事件,被称为印度博帕尔灾难(India Bhopal Gas Leak Case)。事故发生后,联合碳化物公司均未及时对民众、医疗机构主动提供相关物质的具体信息和应急处理方法,导致产生了重大伤亡和严重恐慌[1]。美国国会在社会的强烈要求下于 1986 年通过了《应急计划与社区知情法》(*Emergency Planning and Community Right-to-Know Act, EPCRA*),其中第 313 章规定建立《有毒物质释放清单》(TRI)制度,由美国环境保护署建立和维护相应的数据库,收集、整理、分析企业上报的有毒化学物质排放的相关信息并向社会公布[2],以便公众发挥监督作用。该清单成为美国各利益主体衡量企业环境绩效的标准。

美国政府对经济主体环境信息披露的管制政策来源于两个方面:一方面,美国环保机构要求被管制主体报告其所排放的废弃物及有毒物质的实物量信息,如二氧化硫排放量、有毒化学物质释放量等;另一方面,美国证券交易委员(SEC)及美国会计职业组织,要求上市公司在财务报告中反映与环境事项相关的财务信息,如环境负债、环境成本及环境风险等。排放的废弃物及有毒物质的实物量信息和财务信息披露要求相互补充,构成了较为完整的环境信息披露政策体系[3]。

目前,SEC 对环境事项的财务影响的披露要求主要体现在《S-K 规章》(*Regulation S-K*)中,以解释公告和信件的形式要求上市公司披露遵守环境法律为公司业务带来的影响、未决法律程序以及环境风险和或有关事项。2020 年 8 月 26 日,SEC 通过法规修正案使 S-K 规章项下的商业披露(101 项)、法律程序(103 项)和风险因素(105 项)现代化[4],第 101、103 和 105 项现代化的目的是为了改进披露。修正案要求加大对气候变化和人力资本的关注,通过将所有重要的政府法规作为一个主题(而不仅仅是环境法),重新关注监管合规性披露的要求,以适应全球经济变化的需求,这是对上市公司的商业信息披露规则进行了 30 多年来的首次现代化。

---

〔1〕 李晓亮,吴嗣骏,葛察忠.美国 EPCRA 法案对我国推动企业环境信息公开的启示[J].中国环境管理,2016(6).

〔2〕 Emergency Planning and Community Right-to-Know Act Section 313, The Toxic Release Inventory(TRI), 1988.

〔3〕 田翠香,李蒙蒙.美国环境信息披露管制政策及借鉴[J].北方工业大学学报,2015(4).

〔4〕 SEC: Modernization of Regulation S-K Items 101, 103, and 105, [Release Nos. 33-10825; 34-89670; File No. S7-11-19], www.sec.gov/rules/final/2020/33-10825.pdf(Jan.12, 2021).

气候变化现已逐渐成为全球共识的问题。随着不同领导人开始认真对待气候变化,以及民众和非政府组织的推动,美国应对全球气候问题的态度也有所变化。2009 年美国出台了《2009 年美国清洁能源与安全法案》(*American Clean Energy and Security Act of 2009*),提出了美国温室气体"自愿减排"计划。

美国证券交易委员(SEC)、财务会计准则委员会(FASB)及注册会计师协会(AICPA),要求企业在财务报告中披露与环境事项相关的财务信息,如环境负债、环境成本及环境风险等。美国证券交易委员(SEC)在 2010 年发布了《委员会关于气候变化相关信息披露的指导意见》(*Commission Guidance Regarding Disclosure Related to Climate Change*)[1],要求公司就环境议题从财务角度进行量化披露,公布遵守环境法的费用、与环保有关的重大资本支出等,开启了美国上市公司对气候变化等环境信息披露的新时代。

## 二、美国负责任投资相关立法实践

美国现行的养老金体系由政府强制执行的社会保障计划、政府雇主或者企业雇主出资、带有福利性质的养老金计划和个人自行管理的个人退休账户(IRA)三大支柱组成。美国国会出台《国内税收法》(*Internal Revenue Code*,IRC)的 401(K)[2]计划就是第二支柱中企业雇主养老金的重要组成部分。一般而言,企业雇主养老金计划和以个人退休账户为主要代表的第三支柱统称为私人养老金体系。美国在 2006 年颁布《养老金保护法》(*Pension Protection Act*,PPA),准许公司引导 401(K)计划及其他 DC 型(缴费确定型模式,Defined Contribution)计划的资产投资专业化管理的默认基金。美国以 401(K)为代表的私人养老基金秉持长期价值投资理念,已成为美国资本市场稳定的基石[3]。

投资收益关系到雇主缴费率的高低和制度的财务可持续性,美国州和地方政府公职人员养老金计划自建立开始,其保值增值一直是各州政府关注的焦点。与受托人、资产管理者息息相关的受托者责任(Fiduciary Duty)也在美国 ESG 立法的考虑范围之内。

近 30 年来,美国连续有多部法案意图明确:受托者追求回报的代理责任与 ESG 考量不相冲突,鼓励受托者关注 ESG 风险和机会。1974 年《雇员退休收入保障法》(*The Employee Retirement Income Security Act*,ERISA)与《国内税收法》(IRC),共同构成了政府对企业年金实施监管的法律基础框架。在此框架下美国劳工部是美国企业年金首要监管机构,下属的雇员待遇保障局是企业年金的专门监督机构。在 ERISA 退休计划的框架下,美国联邦最高法院在相关判例中一致认为受托人应考虑参保人和受益人的此类利益必须被理解为是指"财务"而不是"非财务"利益。

ERISA 第 404 条要求计划受托人谨慎行事,并使计划投资多样化,以尽量减少大额损失的风险。美国劳工部不定期被要求考虑将这些原则应用于因其可能带来的非金钱利

---

〔1〕　Commission Guidance Regarding Disclosure Related to Climate Change, EFFECTIVE DATE: February 8, 2010, www.sec.gov/rules/interp/2010/33-9106.pdf(Jan.12, 2021).

〔2〕　SEC 401. Qualified Pension, Profit-Sharing, And Stock Bonus Plans, http://irc.bloombergtax.com/public/uscode/doc/irc/section_401(Jan.15, 2021).

〔3〕　田向阳,张磊.美国 401(K)计划的前世今生以及对我们的启示.网址:www.csrc.gov.cn/pub/newsite/ztzl/yjbg/201406/t20140610_255810.html.最后访问日期:2021 年 1 月 10 日。

益而选择的养老金计划投资,例如与环境、社会和公司治理因素有关的投资。各种术语被用来描述这种相关的投资行为,如社会责任投资、可持续和负责任投资、环境、社会和公司治理(ESG)投资和经济目标投资。

1994 年,美国劳工部针对此类投资问题的第一份综合指南载于《解释性公告 94-1》(*Interpretive Bulletin 94-1*, IB 94-1)。IB 94-1 的序言解释说,当竞争性投资同样符合计划的经济利益时,计划受托人可以使用非金钱因素作为投资决策的决定因素[1]。该部发布的《解释性公告 94-2》(*Interpretive Bulletin 94-2*, IB 94-2)也认可,当其他投资因素势均力敌时,受托人可以选择社会影响力更强的项目,私人养老金在其回报不受影响的情况下,可用于投资社会影响力项目。

2008 年 10 月,美国劳工部分别用《解释性公告 2008-01》(*Interpretive Bulletin 2008-1*, IB 2008-01)取代 IB 94-1,用《解释性公告 2008-02》(*Interpretive Bulletin 2008-2*, IB 2008-02)[2]取代 IB 94-2。IB 2008-02 规定负责的受托人应仅考虑与经济价值相关的因素,不得将参保人和受益人在退休收入中的利益置于无关目标之下。任何将计划资产用于"与提高计划投资的经济价值无关"的进一步政治或社会事业的行为违反了 ERISA 的独家目的和审慎要求。这一变化后来被美国劳工部认为不适当地阻止了受托人在适当情况下考虑 ETI 和环境、社会和治理因素,IB 2008-02 规定也被解读为阻止受托人承认长期财务效益,阻碍了影响力投资在美国的发展[3]。

2015 年美国劳工部员工福利安全管理局颁发了《解释公告 IB 2015-01》(*Interpretive Bulletin 2015-01*, IB 2015-01)[4]取代 IB 2008-01。2016 年美国劳工部员工福利安全管理局出台《解释公告 IB 2016-01》(*Interpretive Bulletin 2016-01*, IB 2016-01)[5],IB 2016-01 决定撤销 IB 2008-2,并用解释性公告 2016-1 取代。这两个公告针对的是受托者和资产管理者,强调了 ESG 考量的受托者责任,要求其在投资政策声明中披露 ESG 信息。

IB 2015-01 承认 ESG 因素可能与投资的经济和财务价值有直接关系,当投资者考虑

---

〔1〕 Financial Factors in Selecting Plan Investments, www.federalregister.gov/documents/2020/11/13/2020-24515/financial-factors-in-selecting-plan-investments(Jan.12, 2021).

〔2〕 IB 2008-02, Interpretive Bulletin Relating to Exercise of Shareholder Rights, Publication Date: 10/17/2008, Agencies: Employee Benefits Security Administration, www.federalregister.gov/documents/2008/10/17/E8-24552/interpretive-bulletin-relating-to-exercise-of-shareholder-rights(Jan.21, 2021).

〔3〕 Interpretive Bulletin Relating to the Exercise of Shareholder Rights and Written Statements of Investment Policy, Including Proxy Voting Policies or Guidelines, Publication Date: 12/29/2016, Agencies: Employee Benefits Security Administration, www.federalregister.gov/documents/2016/12/29/2016-31515/interpretive-bulletin-relating-to-the-exercise-of-shareholder-rights-and-written-statements-of(Jan.21, 2021).

〔4〕 Interpretive Bulletin Relating to the Fiduciary Standard Under ERISA in Considering Economically Targeted Investments, A Rule by the Employee Benefits Security Administration on 10/26/2015, Interpretive Bulletin 2015-01, www.federalregister.gov/documents/2015/10/26/2015-27146/interpretive-bulletin-relating-to-the-fiduciary-standard-under-erisa-in-considering-economically (Jan. 21, 2021).

〔5〕 81 FR 95879(Dec. 29, 2016), www.federalregister.gov/citation/81-FR-95879(Jan.21, 2021).

这些因素时,ESG 不仅仅是阻碍因素,更是受托人分析竞争性投资选择的经济和金融优势的适当组成部分。IB 2015-01 鼓励投资决策中的 ESG 整合,首次明确规定完整 ESG 考量的规定[1]。IB 2016-01 重申并确认在投票代理中,负责任的受托人必须考虑那些可能影响计划投资价值的因素,而不是将参与者和受益人在其退休收入中的利益置于无关目标之下。

对 ESG 因素及其影响力的认识又随着 ESG 投资市场的发展继续变化。2018 年美国劳工部发布《实操辅助公告 No. 2018-01》(*Field Assistance Bulletin 2018-01*,FAB 2018-01)[2]。FAB 2018-01 认为,ESG 因素实际上涉及商业风险或机会,在评估替代投资时,这些风险或机会本身被恰当地视为经济因素,与其他相关经济因素相比,赋予这些因素的权重也应与所涉及的风险和回报的相对水平相适应。但受托人不得过于轻易地将 ESG 因素视为与特定投资选择相关的经济因素来做出决定,如果一项投资促进了 ESG 因素,或者可以说它促进了积极的总体市场趋势或行业增长,该投资正是投资者的谨慎选择结果。ERISA 受托人必须始终将客户的经济利益放在首位来提供退休福利的计划。受托人对投资经济性的评估应侧重于对投资回报和风险有重大影响的财务因素,这些因素基于与计划明确的资金和投资目标相一致的适当投资期限。

2020 年 12 月 16 日,美国劳工部员工福利保障局发布《关于委托表决权和股东权利的受托责任的规定》(*Fiduciary Duties Regarding Proxy Voting and Shareholder Rights*)[3],该规定也撤销了 IB 2016-01,并将其从《联邦法规》中删除。因此,自该规则最终版发布之日起,IB 2016-01 可能不再被视为反映部门对 ERISA 信托责任条款在行使股东权利和书面投资政策声明(包括代理投票政策或指导方针)中的应用的解释。

FAB 2018-01 中"ESG 投资考虑"标题下的部分被 2020 年 11 月 13 日美国劳工部员工福利保障局关于《选择计划投资的财务因素》(*Financial Factors in Selecting Plan Investments*)[4]的最终规则所取代,FAB 2018-01 也不再被视为该部门的现行指南。

根据最终规则,计划受托人在做出投资决定和投资行动方案时,必须仅专注于计划的财务风险和回报,并在计划利益中将计划参与者和受益人的利益放在首位。美国劳工部认为,为美国工人提供安全的退休是 ERISA 计划的至高无上的"社会"目标,资产投资计划不会在 ERISA 框架下以提供安全且宝贵的退休金为代价去争取实现其他社会或环境目标。该部甚至担心,对 ESG 投资的日益重视可能促使 ERISA 计划受托人做出目的不

---

〔1〕 Edward A. Zelinsky. The Continuing Battle Over Economically Targeted Investments: An Analysis of DOL Interpretive Bulletin 2015-01, Cardozo Law Review De Novo (2016), Cardozo Legal Studies Research Paper No. 486, http://papers.ssrn.com/sol3/papers.cfm?abstract_id=2777638 (Jan. 21, 2021).

〔2〕 http://www.dol.gov/sites/dolgov/files/ebsa/employers-and-advisers/guidance/field-assistance-bulletins/2018-01.pdf(Jan.21, 2021).

〔3〕 www.federalregister.gov/documents/2020/12/16/2020-27465/fiduciary-duties-regarding-proxy-voting-and-shareholder-rights(Jan.21, 2021).

〔4〕 www.federalregister.gov/documents/2020/11/13/2020-24515/financial-factors-in-selecting-plan-investments(Jan.21, 2021).

同于ERISA的第404(a)(1)(A)条明确要求的投资决定,即向参与者和受益人提供利益以及为管理计划支付合理的费用,转而为追求其他非财务回报而放弃一些投资项目。因此,美国劳工部希望通过《选择计划投资的财务因素》最终规则,颁布选择和监督投资的信托标准原则,并规定围绕非金钱问题的信托职责范围。

最终规则承认,ESG因素和其他类似考虑因素可能是金钱因素和经济因素,但前提是它们存在被公认的投资理论认为合格的投资专业人员将其视为实质性经济因素的经济风险或机会。基本原则是,ERISA受托人对计划投资的评估必须仅基于对经济的考虑,这些因素会根据计划的供资政策和投资政策目标,在适当的投资范围内对投资的风险和回报产生重大影响。延伸的原则是,ERISA受托人绝不能牺牲投资收益,承担额外的投资风险或支付更高的费用以促进非金钱的利益或目标。

通过美国劳工部在ERISA框架下投资策略相关规定的变化可以看到,每一份解释性公告都一致指出,计划受托人的首要关注点必须是计划的财务回报以及向参与者和受益人提供承诺的利益。某些情况下,一种或多种环境、社会或治理因素会带来经济上的商业风险或机会。在这种情况下,公司高管、董事和合格的投资专家会根据公认的投资理论将其适当地视为重大的经济考虑。例如,公司对危险废物的不当处置可能会涉及业务风险和机会、诉讼风险和监管义务。功能失调的公司治理可能同样会带来金钱风险,合格的投资专业人员会根据具体情况适当考虑。ERISA受托人需把握这些ESG投资趋势,并将风险回报因素的合法使用与不适当的投资区分开来,后者会牺牲投资回报,增加成本或承担额外的投资风险,促进非金钱利益或目标。

### 三、美国金融监管体系与公司治理、投资者保护的政策与立法

#### 1. 美国联邦金融监管体系

美国联邦机构会监管银行机构、证券和期货交易所、经纪人、交易商、对冲基金和投资顾问。其中,监管银行的机构有联邦储备系统、货币监理署(OCC)、联邦存款保险公司(FDIC)、美国储蓄管理局(OTS)、美国信贷联合会管理局(NCUA)。在银行监管体系外,证券交易委员会(SEC)监管证券交易所和经纪人,商品期货交易委员会(CFTC)监管期货交易人[1]。美国国会在1934年成立证券交易委员会(U.S. Securities and Exchange Commission, SEC)以执行1933年的《证券法》(*Securities Act of 1933*)和1934年的《证券交易法案》(*Securities Exchange Act of 1934*)[2]。证券交易委员会的使命是保护投资人,维护公平、有秩序和有效率的市场,并促进集资[3]。

#### 2. 萨班斯·奥克斯利法案

在现代公司制下,财产的所有权与经营权出现了分离,因此产生了一种股东与企业实际经营者之间的委托代理关系,并产生委托关系中的信息不对称问题。公司管理层通过

---

〔1〕 大卫·科茨.金融监管与合规[M].邹亚生等译.中国金融出版社,2018.

〔2〕 1933年美国证券法编纂收录在15 U.S.C部分77a;1934年美国证券交易法案收录在15 U.S.C部分78a。

〔3〕 www.sec.gov/about/what-we-do.(Jan.21, 2021).

提交财务报告的形式,向股东反映企业的财务状况和经营业绩,为了保证财务报告能真实、公允地反映公司的财务状况和经营成果,投资者会要求公司建立一套内部治理结构,来约束公司管理层的行为。

独立、专业的第三方中介服务机构和专业人士对公司财务报告提供鉴证服务,以此加强报告信息的真实性和可靠性,现代公司财务报告制度和现代会计实务随之得到发展。如果财务报告的质量得不到保障,将会对投资者的利益造成严重损害。2002 年发生的安然[1]、世通[2]等一系列财务欺诈丑闻案,引发了一场针对会计、审计、公司治理、证券交易及其监管等问题的广泛讨论,使投资者对在美国上市的公司信息披露的真实性产生怀疑,并反思是否由美国资本市场存在的系统性缺陷所致。

美国国会参众两院加快了立法进程,于 2002 年 7 月 25 日出台了《萨班斯-奥克斯利法案》(*Sarbanes-Oxley Act*,简称《萨班斯法案》)[3],全称为《2002 年公众公司会计改革和投资者保护法案》(*Public Company Accounting Reform and Investor Protection Act of 2002*)。该法案是美国监管机构对上市公司、监管机构,以及中介机构的行为实施约束的法案,对美国 1933 年《证券法》、1934 年《证券交易法》进行了大幅修订,在公司治理、会计职业监管、证券市场监管等方面做出更加严格、规范的法律管控。所有在美国上市的外国企业必须执行《萨班斯法案》。2003 年,纽约证券交易所发布新的公司治理最终规则(*NYSE Section 303A Corporate Governance Rules*)[4],延展、细化了《萨班斯法案》中的重要内容。

### 3. 多德—弗兰克法案

2008 年美国次贷金融危机过后,美国金融监管规定随着金融市场及危机的发展逐步完善。2010 年 7 月 21 日生效的《多德-弗兰克华尔街改革和消费者保护法案》(*Dodd-Frank Wall Street Reform and Consumer Protection Act*,简称《多德—弗兰克法案》)[5]是自大萧条之后金融行业最彻底和全面的变革法案。该法案旨在有效控制系统性风险,保护纳税人和消费者利益,维护金融稳定,防止金融危机再次发生。《多德-弗兰克法案》扩大监管机构权限,实施系统性风险监管。依据法案成立了金融稳定监管委员会(Financial Stability Oversight Council,FSOC),授权 FSOC 共享监管信息,协调监管行动,综合监管非银金融机构、系统性金融市场基础设施,严格监管标准,解散危及国家金融稳定的公司。

---

〔1〕 关于美国安然公司(Enron)造假案更多信息,可参考 www.chinaacc.com/ zhuanti/ anran/ (Jan. 15, 2021).

〔2〕 关于美国世通造假事件更多背景,可参考 http:// baike. baidu. com/ item/ %E4%B8%96%E9%80%9A%E4%BA%8B%E4%BB%B6/ 6679827?fr=aladdin(Jan.20, 2021)。

〔3〕 Sarbanes-Oxley Act of 2002, www. govinfo. gov/ content/ pkg/ PLAW-107publ204/ html/ PLAW-107publ204.htm(Jan.22, 2021).

〔4〕 www. nyse. com/ publicdocs/ nyse/ listing/ NYSE_Corporate_Governance_Guide. pdf(Jan. 22, 2021).

〔5〕 Dodd-Frank Wall Street Reform and Consumer Protection Act, www. govinfo. gov/ content/ pkg/ PLAW-111publ203/ html/ PLAW-111publ203.htm(Jan.22, 2021).

## 四、美国 ESG 信息披露相关政策要求与发展趋势

信息披露是促进 ESG 发展、形成良好的 ESG 投资市场的必要条件。2020 年,证券交易委员会(SEC)也采取了与 ESG 相关的举措。例如,对注册投资顾问提供的信息披露的准确性和充分性进行审查[1],SEC 还就使用名称如 ESG 之类的基金的适当待遇以及这些术语是否可能误导投资者征求公众意见[2]。

SEC 下属的资产管理咨询委员会 ESG 小组委员会发布研究进展报告,要求与 ESG 相关的基金,其命名应符合《基金命名规则》[3],并在信息公开方面的要求给予提示。其中提到,ESG 的基金应提供充分的披露,以使潜在的投资者确认某些相关细节,例如基金策略中包含的 E、S 或 G 元素具体所指[4]。投资者应有义务进行合理的尽职调查,以确保基金的资产与其价值保持一致,而不管其名称如何。

SEC 资产管理咨询委员会 ESG 小组委员会就有关发行人披露 ESG 风险的潜在建议,认为 SEC 应要求采用公司发行人披露重大 ESG 风险的标准、利用标准制定者的框架要求披露重大的 ESG 风险、以与其他财务披露方式一致的方式披露重大 ESG 风险。小组委员会还认为,可选择的标准应符合以下要求:具有权威性和约束力,类似于公认会计准则(GAAP);适用于披露重大的 ESG 风险,并指导发行人确定 ESG 风险是否重大或将来可能会重大;标准应该是实质性的,受行业限制,并在相关指标上提供明确的指导;确保 ESG 披露全面解决所有重大 ESG 风险,有意义地传达发行人承担的每种重大 ESG 风险,并允许对整个行业的重大 ESG 风险进行统一比较,并在行业内进行特定比较。

在美国两大交易所中,纽交所尚未发布强制的 ESG 信息披露指南,但在其官网提供 GRI(Global Reporting Initiative)、TCFD(Task Force on Climate-Related Financial Disclosures)等国际报告框架,为上市公司公开相关信息提供参考[5]。2019 年,纳斯达克证券交易所发布了《ESG 报告指南 2.0》[6]。该指南将约束主体从此前的北欧和波罗的海公司扩展到所有在纳斯达克上市的公司和证券发行人,并主要从利益相关者、重要性考量、ESG 指标度量等方面提供 ESG 报告编制的详细指引,旨在帮助上市公司规范 ESG 信息披露,同时提高中小企业的 ESG 参与度。

在关于是否强制披露 ESG 报告问题上,纳斯达克证券交易所认为这完全是自愿的。由于 ESG 只是潜在投资者评估的信息的一部分,纳斯达克不要求其上市公司参与这一过程。

〔1〕 Office of Compliance Inspections and Examinations, U.S. Securities and Exchange Commission, 2020 Examination Priorities, www.sec.gov/about/offices/ocie/nationalexamination-program-priorities-2020.pdf.(Jan.8, 2021).

〔2〕 The Notice by the Securities and Exchange Commission on 03/06/2020, www.federalregister.gov/documents/2020/03/06/2020-04573/request-for-comments-on-fund-names(Jan.10, 2021).

〔3〕 17 CFR 270.35d-1 ("Rule 35d-1" or the "Names Rule") under the Investment Company Act of 1940.

〔4〕 www.sec.gov/file/update-esg-subcommittee-09162020.(Jan.10, 2021).

〔5〕 www.nyse.com/esg/resource-cente(Jan.10, 2021).

〔6〕 www.nasdaq.com/ESG-Guide(Jan.10, 2021).

## 第三节　欧盟 ESG 监管政策

### 一、欧盟主要的 ESG 监管机构体系

为了适应货币和金融的一体化趋势，欧盟委员会于 1999 年颁布《欧盟委员会金融服务行动计划》，并于 2001 年对监管规章进行优化，提出《拉姆法鲁西报告》[1]，将欧盟金融监管框架分为监管基本政策和原则立法机构、金融监管实施细则制定、合作协调机构、政策执行机构四个层级。2008 年全球金融危机爆发，对欧洲经济金融体系产生了重要影响，2009 年，欧盟通过《欧盟金融监管体系改革》，设立以欧盟系统风险委员会和欧洲金融监管系统为基础的欧盟层面的"双支柱"性监管架构。2010 年欧盟通过《泛欧金融监管改革法案》，正式设立欧盟银行监管委员会、欧盟证券监管委员会，以及欧盟保险与职业养老金监管局[2]。

目前欧盟的金融监管体系：第一层级由欧盟理事会、欧洲议会、欧盟委员会作为立法机构，主要职责是负责欧盟金融监管的原则性立法，具体由欧盟委员会提出立法建议；第二层级由各国监管机构、欧洲银行业委员会、欧洲保险与职业养老金委员会以及欧洲证券委员会组成，主要职责是研究和制定与第一层级指令有关的金融监管实施细则；第三层级由欧洲银行业监管者委员会、欧洲保险与职业养老金监管者委员会、欧洲证券监管者委员会组成，主要负责加强欧盟成员国金融监管当局之间的合作与协调，以确保在实施第一、第二层级立法过程中的统一性和一致性；第四层级即执行层，具体由各成员国金融监管当局组成，具体负责实施欧盟金融监管指令、条例，同时受欧盟委员会的监督管理。

欧洲经济和财政委员会（ECOFIN）是欧盟理事会（The Council of the European Union）内部经济与金融政策的主要决策机构[3]。2018 年 12 月，该委员会批准了关于欧洲银行业监管的一系列政策建议（EU Banking Package），包括要求上市银行披露环境、社会和公司治理（ESG）风险等。

欧洲证券和市场管理局（European Securities and Markets Authority, ESMA）则从交易透明度义务，绿色债券风险分析，ESG 投资，ESG 国家监管实践的趋同、分类等方面实施监管。

---

〔1〕 2001 年，由欧洲中央银行前行长亚历山大·拉姆法鲁西领导的委员会正式提出了欧盟金融监管体系改革方案，即所谓的《拉姆法鲁西报告》。《拉姆法鲁西报告》认为，欧盟当前的证券市场监管法律过于繁杂和缺乏灵活性，操作性很低，不足以达到高效规范市场的目标。同时，由于欧盟决策程序过于复杂，一项立法程序平均要耗费两年时间，这种情况根本无法适应当今国际金融市场变化和欧盟市场一体化发展的要求。《拉姆法鲁西报告》认为每个欧盟成员国都应当采纳单一的金融市场监管体系，这不仅会带来规模经济效益、合理和有效的监管效果、更大的透明度和更明确的责任，而且将极大地推动欧盟金融市场向更高程度的一体化迈进。由此可见，《拉姆法鲁西报告》的政策目标不仅是要改革欧盟现行的金融监管体系，而且最终要建立一个高效的、有竞争力的、统一的欧盟金融市场。

〔2〕 刘锡良，刘雷.金融监管结构研究[M].中国金融出版社，2020.

〔3〕 更多信息可参阅 www.consilium.europa.eu/en/council-eu/configurations/ecofin/，最后访问日期：2021 年 1 月 20 日。

## 二、欧盟主要的 ESG 监管政策

近年来,可持续发展成为欧盟各项政策制定的重要主题。欧盟法律要求包括贸易政策在内的所有相关政策促进可持续发展,推动了 ESG 投资在欧洲资本市场的成熟。

1. ESG 投资与信息披露政策法规

欧盟一直积极响应联合国可持续发展目标和负责任投资原则,在经历金融和主权危机之后,可持续金融为欧盟金融体系从短期稳定向长期影响转变提供了独特的机会。

欧盟的第一个环境行动计划于 1972 年通过。连续的计划已经产生了 50 多个有关环境保护的指令、条例和决定,涉及空气质量、废物管理、水保护、化学控制、综合污染防治和自然栖息地保护等。特别是在《2030 年可持续发展议程》和《巴黎协定》的推动下,欧盟就 2030 年的气候和能源目标达成一致,包括 2030 年温室气体排放量比 1990 年减少 40%;可再生能源在最终能源消耗中的比重至少占到 32%;能源效率至少提高 32.5%,并计划在 2050 年前达到温室气体净零排放。

欧盟于 2014 年 10 月颁布的《非财务报告指令》(*Directive 2014/95/EU*,*Non-financial Reporting Directive*, NFRD)(以下简称"指令")是首次系统地将 ESG 三要素列入法规条例的法律文件。指令规定大型企业(员工人数超过 500 人)对外非财务信息披露内容要覆盖 ESG 议题,但对 ESG 三项议题的强制程度有所不同: 指令对环境议题(E)明确了需强制披露的内容,而对社会(S)和公司治理(G)议题仅提供了参考性披露范围[1]。

为响应联合国提出的可持续发展目标(SDGs)中的气候行动目标,欧盟在 2016 年 12 月新修订的《职业退休服务机构的活动及监管》(简称 IORP Ⅱ)[2]中提出: "在对 IORP 活动的风险进行评估时应考虑到正在出现的或新的与气候变化、资源和环境有关的风险",该项修订增强了欧洲监管机构和投资者对气候与环境议题的关注。

2017 年欧盟对《股东权指令》(*Shareholder Rights Directive Ⅱ*)进行了新修订,明确将 ESG 议题纳入具体条例中,并实现了 ESG 三项议题的全覆盖。新指令要求上市公司股东通过充分施行股东权利影响被投资公司在 ESG 方面的可持续发展;还要求资产管理公司应对外披露参与被投资公司的 ESG 议题与事项的具体方式、政策、结果与影响。

2018 年 1 月 3 日欧盟正式实施欧盟金融工具市场指令(*Markets in Financial Instruments Directive Ⅱ*, MiFID Ⅱ)[3]。MiFID 颁布于 2007 年,是欧盟地区规范金融投资公司行为的法律框架文件,适用的范围包括所有欧盟成员国的金融性质公司。MiFID Ⅱ指令的推出旨在对全球投资者提供更大的保护,并为所有资产类别(从股票到固定收益,交易所

〔1〕 Disclosure of non-financial and diversity information by large companies and groups, http://eur-lex.europa.eu/legal-content/EN/LSU/?uri=CELEX: 32014L0095(Feb.20, 2021).

〔2〕 Directive of the European Parliament and of the Council on the activities and supervision of institutions for occupational retirement provision (IORPs) (recast), www.pensionseurope.eu/iorp-ii-directive(Feb.20, 2021).

〔3〕 Directive 2014/65/EU of The European Parliament and of The Council of 15 May 2014 on markets in financial instruments and amending Directive 2002/92/EC and Directive 2011/61/EU(recast), http://eur-lex.europa.eu/legal-content/EN/TXT/?uri=CELEX: 32014L0065(Feb.20, 2021).

交易基金和外汇)注入更多透明度。

2019 年 11 月,欧盟通过颁布《可持续金融披露条例》(*Sustainable Finance Disclosure Regulation*,SFDR),要求金融服务业机构披露截至 2019 年年底的可持续相关动态。新条例于 2021 年 3 月 10 日起实施。该条例特别要求"具有环境和社会特征的金融产品"需要在信息披露中说明在多大程度上与可持续发展议题相一致,以及如何满足其可持续性特征。该条例拟推进解决可持续发展相关信息披露的不一致性,将非财务信息的披露主体扩大到金融市场参与者和与 ESG 相关的金融产品,希望通过规范金融市场主体行为,减少在委托代理关系中对可持续性风险整合和对 ESG 议题影响考虑中的信息不对称,并特别纳入了对可持续发展议题一致性的说明规定。与《非财务报告指令》相比,该条例强调了资管机构评估上市公司非财务绩效的过程,包括数据来源、筛选标准和衡量指标等。

2. 可持续金融政策法规

2018 年年初,欧盟可持续金融高级专家组(HLEG)[1]针对欧盟可持续金融发展提出若干建议,并发布《欧盟可持续金融发展框架》,认为可持续金融的关键是将环境、社会和治理(ESG)因素纳入投资决策,并提高金融对可持续包容性增长以及减缓气候变化的贡献[2]。

2018 年 3 月 8 日,欧盟委员会发布了《可持续发展融资行动计划》(*Action Plan: Financing Sustainable Growth*)[3],详细说明了欧盟委员会将采取的十项行动计划以及实施时间表,并在 2018 年 5 月成立欧盟委员会技术专家组(TEG),协助行动计划的推进。在此基础上,2019 年 4 月,欧洲证券和市场管理局(ESMA)发布《ESMA 整合建议的最终报告》(*ESMA's Technical Advice to the European Commission on Integrating Sustainability Risks and Factors in MiFID Ⅱ Final Report*)[4]。

2019 年 6 月,欧盟委员会技术专家组连续发布《欧盟可持续金融分类方案》(*EU Taxonomy*)、《欧盟绿色债券标准》(*EU Green Bond Standard*)以及《自愿性低碳基准》(*Voluntary Low-carbon Benchmarks*)三份报告,为欧盟建立完善统一的可持续金融标准体系打下了坚实基础。

2019 年 12 月,欧盟就统一的欧盟可持续金融分类方案(EU Taxonomy)达成协议[5]。该监管条例主要针对两大类主体:针对市场机构将其金融产品或公司债券贴标为环境可持续进行销售而采取措施或设定规定的欧盟成员国或整个欧盟;提供金融产品作为环境可持续投资或具有类似特征的投资的金融市场参与者。该分类方案主要对有助

〔1〕 High-Level Expert Group on Sustainable Finance(HLEG), http:// ec. europa.eu/ info/ publications/ sustainable-finance-high-level-expert-group_en(Feb.20, 2021).

〔2〕 李学武.欧盟可持续金融发展框架[J].中国金融,2019(7).

〔3〕 Action Plan: Financing Sustainable Growth, http:// eur-lex. europa. eu/ legal-content/ EN/ ALL/ ?uri=COM: 2018: 097: FIN(Feb.20, 2021).

〔4〕 Final Report-Technical Advice to the European Commission on Integrating Sustainability Risks and Factors in MiFID Ⅱ, www.esma. europa.eu/ file/ 51276/ download?token=ttbiJETb(Feb.20, 2021).

〔5〕 Regulation on The Establishment of A Framework to Facilitate Sustainable Investment (Taxonomy Regulation), http:// consilium.europa.eu/ doc/ document/ ST-14970-2019-ADD-1/ en/ pdf (Feb.20, 2021).

于实现气候变化减缓和适应两个目标的经济活动明确了具体定义以及制定了可持续经济活动目录。

### 三、欧盟 ESG 法规政策发展趋势

在 2019 年征集和整合了资本市场对 ESG 投资的意见和建议后,ESMA 在 2020 年 2 月发布《可持续金融策略》(*Strategy on Sustainable Finance*)[1],呼吁欧盟法律应建立对 ESG 认知的共识以促进 ESG 议题监管的趋同。

2020 年 3 月,欧盟委员会的可持续金融技术专家组发布了《可持续金融分类方案》(*EU Taxonomy: Final Report of the Technical Expert Group on Sustainable Finance*)的最终报告,向欧盟委员会提出与分类方案(*EU Taxonomy*)的总体设计与具体实施相关的建议。

在全球绿色发展和可持续发展进程中,欧盟一直处于引领者的地位。2019 年 12 月 11 日,欧盟委员会正式发布了《欧洲绿色协议》[2](*European Green Deal*,以下简称《协议》)。《协议》描绘的欧洲绿色发展框架主要包括三大领域:一是促进欧盟经济向可持续发展转型;二是欧盟作为全球领导者推动全球绿色发展;三是出台一项《欧洲气候公约》以推动公众对绿色转型发展的参与和承诺。《协议》提出要追求绿色投融资,并确保公正合理的转型,将继续制定可持续发展的标准,利用其经济地位设定符合欧盟环境和气候目标的全球标准。

2020 年 3 月 4 日,欧盟委员会向欧洲议会及理事会提交《欧洲气候法》提案(全称为《关于建立实现气候中和的框架及修改〈欧盟 2018/1999 条例〉的条例》)[3],将 2050 年达成"气候中和"规定为具有法律约束力的目标。2018 年《关于能源联盟与气候行动的欧盟 2018/1999 条例》(以下简称《2018/1999 条例》)的出台,是欧盟迎来从分散立法走向专门立法的首个转折,该条例主要针对成员国气候行动的制定及报告评估机制做了框架性的法律规定。《欧洲气候法》在《2018/1999 条例》的基础上进一步推出欧盟首个气候中和立法,完成了欧盟气候立法专门化的转型[4]。

2021 年 4 月 21 日,欧盟委员会通过了《欧盟可持续金融分类授权法案》(*EU Taxonomy Climate Delegated Act*)[5],该法案于 2021 年 5 月底实施,通过引入技术鉴定标准来界

〔1〕 Strategy on Sustainable Finance, www.esma.europa.eu/sites/default/files/library/esma22-105-1052_sustainable_finance_strategy.pdf(Feb.20, 2021).

〔2〕 European Green Deal, http://ec.europa.eu/info/strategy/priorities-2019-2024/european-green-deal_en(Feb.20, 2021).

〔3〕 Proposal for a Regulation of The European Parliament and of The Council establishing the framework for achieving climate neutrality and amending Regulation (EU) 2018/1999 (European Climate Law), http://eur-lex.europa.eu/legal-content/EN/TXT/?qid=1588581905912&uri=CELEX: 52020PC0080 (Feb.20, 2021).

〔4〕 兰莹,秦天宝.《欧洲气候法》:以"气候中和"引领全球行动[J].环境保护,2020(9).

〔5〕 EU Taxonomy Climate Delegated Act, https://ec.europa.eu/info/publications/210421-sustainable-finance-communication_en(Apr.22, 2021).

定符合欧盟气候变化适应及减缓两大目标的经济活动,以引导资金流向整个欧盟的可持续活动。促使投资者将投资转向更可持续的技术和企业的这些措施,将有助于到 2050 年实现欧洲碳中和。

## 第四节 中国内地和香港地区 ESG 监管政策与发展趋势

### 一、中国香港主要的 ESG 监管机构与法规政策

在中国香港特区政府的引导和香港联交所的强力推动下,香港建立了引领全球、较为严格的 ESG 信息披露制度。

1. 香港金融监管机构及其 ESG 政策

香港证券及期货事务监察委员会(香港证监会)自 1989 年 5 月正式成立,是香港证券及期货市场独立的法定监管机构。香港证监会的主要职责与 ESG 相关的包括:制定及执行市场法规;调查违规个案及市场失当行为;监督适用于公众公司的收购合并规例;监察香港联合交易所有限公司规管上市事宜的表现;协助投资者了解市场运作、投资风险及本身的权利和责任。香港证监会也是香港的四家金融监管机构之一(参见表 5.1)。这四家监管机构紧密合作,确保市场参与者秉持正当操守,并抑制金融犯罪及失当行为。

表 5.1 香港金融监管机构及职责

| 界 别 | 监 管 机 构 | 主 要 职 责 |
|---|---|---|
| 银行业 | 香港金融管理局 | 监管金融机构、进行货币政策的操作及管理外汇基金 |
| 保险业 | 保险业监管局 | 监管及监督保险业 |
| 强制性公积金计划 | 强制性公积金计划管理局 | 监管及监督公积金计划 |
| 证券及期货 | 证监会 | 监管证券及期货市场 |

2003 年 3 月,中国香港特区政府成立了可持续发展委员会,参与制定可持续发展策略等工作;2003 年 5 月,中国香港特区政府发表香港首个《可持续发展策略》报告,中国香港立法会通过决议促请企业履行社会责任。自 2003 年 4 月 1 日起生效的《证券及期货条例》是监管香港证券及期货市场的主要法规。条例及附属法例赋予香港证监会调查、纠正及纪律处分的权力。

2013 年,中国香港特区政府设立金融发展局,旨在进一步加强香港金融业的国际竞争力,建立一个开放平台促进政策讨论和公私营部门合作。香港金融发展局于 2018 年 11 月发布《香港的"环境、社会及管治"(ESG)策略》,明确 ESG 整合在风险识别、减低及管理方面均至关重要,并认为 ESG 投资生态系统中,主要参与者是包括金融投资者、获投资公司、政策制定者。每一方均发挥重要及独特的作用。在这种生态系统中,许多服务提供

者(包括卖方研究员/经纪人、ESG 指数提供者及 ESG 分析员)对确保 ESG 标准及提供所需支援而言均相当重要(见图 5.1)。

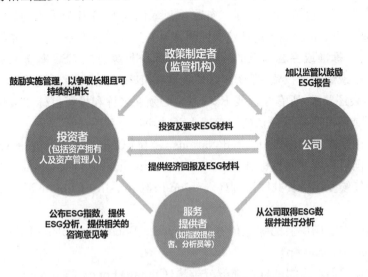

**图 5.1　ESG 投资生态系统中主要参与者间的关系**

在《香港的"环境、社会及管治"(ESG)策略》中,中国香港金融发展局特别提出了六点关于香港 ESG 生态体系发展的策略建议:(1) 政府牵头鼓励公共基金支持 ESG 整合;(2) 中国香港金融管理局对其外聘的投资经理施加 ESG 规定;(3) 强制性公积金计划管理局在其受托人审批及监察程序中纳入 ESG 因素考量,并鼓励受托人参考国际 ESG 标准;(4) 香港证监会把《负责任的拥有权原则》至少提升至"不遵循就解释"的水平,以强调 ESG 的重要性;(5) 香港证监会和其他监管机构就 ESG 主题投资产品提供更多指引;(6) 香港联合交易所加强申请上市者及上市公司有关 ESG 的披露。香港金融发展局希望通过香港特区政府及各监管部门的广泛合作达成促进香港金融行业 ESG 整合的目标,进一步推动香港金融产业的多元化发展。

2018 年 9 月 21 日,非营利组织香港绿色金融协会[1]正式成立,该协会的成立标志着香港绿色金融市场的潜力。同日,香港证监会发布了《绿色金融策略框架》[2],这是香港可持续金融实践的标志性行动。香港证监会提出了覆盖整个市场金融产品的五点策略,促进绿色金融产品的开发与交易,奠定了香港绿色金融发展的基础。《绿色金融策略框架》指出,香港证监会在绿色金融中的首要工作是加强上市公司环境信息披露的一致性和可比性,尤其是与气候相关的风险和机遇。香港证监会以与"气候相关财务信息披露工作组"(TCFD)的建议接轨为目标、内地 2020 年强制性环境信息披露政策为参考,推动香港环境信息披露标准化、国际化。

--------

〔1〕 香港绿色金融协会,网址:www.hkgreenfinance.org/?lang＝zh-hans,最后访问日期:2020 年 12 月 26 日。

〔2〕《绿色金融策略框架》,网址:www.sfc.hk/web/files/ER/PDF/SFCs％20Strategic％20Framework％20for％20Green％20Finance％20-％20Final％20Report％20(21％20Sept％202018...pdf,最后访问日期:2020 年 12 月 26 日。

2019 年 4 月 11 日,香港证监会就绿色和环境、社会及公司治理(ESG)基金的信息披露,向受认可的单位信托和共同基金管理公司发出指引。在指引中,香港证监会对绿色或 ESG 基金的投资策略信息披露提出了要求。如果一只绿色或 ESG 基金采用的是筛选策略或主题投资策略,那么它必须要向香港证监会证明其至少 70% 的资产是投资于符合相关筛选(无论正面还是反面)标准或主题标准的证券。而如果一只绿色或 ESG 基金采用的是其他策略,如 ESG 整合或影响力投资,那么它必须就这些策略向香港证监会进行具体披露[1]。

香港证监会还要求,所有绿色或 ESG 基金必须在名称和投资目标或策略中披露采用的是以下哪种或哪几种全球公认的绿色或 ESG 标准:

(1) 联合国全球契约原则(United Nations Global Compact Principles);

(2) 联合国可持续发展目标(United Nations Sustainable Development Goals);

(3) 减缓气候变化融资共同原则(Common Principles for Climate Mitigation Finance Tracking);

(4) 国际资本市场协会的绿色债券原则(Green Bond Principles of the International Capital Market Association)

(5) 气候债券倡议组织的气候债券分类法(Climate Bonds Taxonomy of the Climate Bonds Initiative)。

2019 年 5 月,香港金融管理局公布促进绿色金融发展的三项策略框架[2],这些措施包括建设绿色及可持续银行[3]、负责任投资[4]和绿色金融中心[5],期望缓减气候变化

---

〔1〕 SFC:Circular to management companies of SFC-authorized unit trusts and mutual funds — Green or ESG funds, http://apps.sfc.hk/edistributionWeb/gateway/EN/news-and-announcements/news/doc?refNo=19PR28; and apps.sfc.hk/edistributionWeb/api/circular/openFile?lang=EN&refNo=19EC18(Dec.26, 2021).

〔2〕 参见香港金融管理局(FSDS),网址:www.hkma.gov.hk/gb_chi/news-and-media/press-releases/2019/05/20190507-4/,最后访问日期:2020 年 12 月 26 日。

〔3〕 绿色及可持续银行(Green and Sustainable Banking)第 I 阶段:与业界建立一个共同框架,评估银行目前的绿色基准(Greenness Baseline)。香港金管局亦会与国际组织合作,为香港银行提供技术支援,掌握进行绿色体检的原则和方法;第 II 阶段:就绿色及可持续银行的监管期望或要求咨询业界及其他参与者,以订立一套提升香港银行业的绿色和可持续发展的具体目标;第 III 阶段:确立目标后,落实、审视及评估银行在这方面的进度。

〔4〕 负责任投资(Responsible Investment):作为外汇基金的投资管理人,香港金管局会采取以下原则:当绿色和 ESG(环境、社会及管治)投资与其他投资项目的长线收益(经风险调整后)相近时,会优先考虑 ESG 投资。具体而言,为支持负责任投资,香港金管局:i. 已将 ESG 元素纳入投资债券信贷风险分析的一环;ii. 已要求管理香港股票组合的外聘投资经理,须遵守证券及期货事务监察委员会于 2016 年颁布的《负责任的拥有权原则》;iii. 与国际金融公司合作的"联合贷款组合管理计划"已进行两期,每期 10 亿美元的投资,该计划主要以新兴市场可持续项目为投资对象;iv. 将会通过直接投资或投资绿色债券基金等方式,进一步扩大外汇基金的绿色债券组合;v. 将要求外聘投资经理以被动或主动投资方式参与以 ESG 为主题的公募股权投资;vi. 为房地产组合投资时,物业的绿色认证将是重点考虑之一;vii. 研究设立披露框架,在顾及市场敏感性的同时,适当地提供外汇基金的绿色金融或 ESG 投资的讯息。

〔5〕 绿色金融中心(Centre for Green Finance):在香港金管局基建融资促进办公室(IFFO)下成立绿色金融中心,为香港银行及金融业绿色发展提供技术支援及经验分享平台。

风险并达至可持续金融的目标。

2020 年 5 月 5 日,香港金融管理局与证券及期货事务监察委员会联合发起绿色和可持续金融跨机构督导小组,旨在加快香港绿色和可持续金融的发展[1]。

香港联交所一直在建立市场信心、促进良好的管治及披露文化方面担当重要角色。2020 年 12 月 1 日,香港联交所宣布正式成立的可持续及绿色交易所(STAGE)[2],为亚洲首个多元资产类别可持续金融产品平台,支持全球不断增长的可持续金融发展需求。发行人可在 STAGE 平台向投资者提供更多有关其可持续投资产品的信息,促进相关信息流通及提高信息透明度。加入 STAGE 的发行人须对有关产品作更多的自愿披露,如所得款项用途报告、发行后的年度报告等,方便投资者更便捷地掌握区域内有关可持续投资的可靠信息[3]。

2. 香港 ESG 相关法规概览

在环境法规政策方面,自 20 世纪 80 年代以来,中国香港特区政府就各项环境议题颁布了数十项环境法律条例,涵盖水污染管制、空气污染管制、废物处置、噪声管制、保护臭氧层、环境影响评估、产品环保责任等多方面。2013—2017 年,针对特区当前面临的诸多本地环境与资源问题,香港环境局联合多部门先后颁布了有关空气质量、资源循环、节能及生物多样性等方面的文件[4]。2017 年 1 月,香港环境局对《巴黎协定》作出积极响应,发布了《香港气候行动蓝图 2030＋》,提出了减少碳排放和应对气候变化的新措施,其中阐述了香港 2030 年减少碳排放的目标,以及有关各方为达到该目标而共同制订的计划。

在社会维度,中国香港特区政府长期以来重视在商业活动中对人权与劳工权益的保护。20 世纪 50 年代以来,中国香港特区政府陆续出台多项关于劳动雇佣、性别与种族歧视、职业安全、最低工资的法律条例。这些都构成了 ESG 中与人相关的社会议题的制度设计。

在公司管治方面,1932 年的《公司条例》为香港境内注册的所有公司设定了运行的法律框架。1989 年,香港联交所出台了新版《证券上市规则》,对上市公司需要承担的经济责任提出了详细要求,但环境、社会和公司管治的内容并不成体系。2014 年 3 月新修订《公司条例》(第 622 章)生效后,公司管治情况正式成为香港上市公司必须披露的部分[5]。条例规定所有香港注册公司(除获豁免者外),在其年度董事报告的业务检讨部分,需包括有关 ESG 事宜的高层讨论。

---

〔1〕 绿色和可持续金融跨机构督导小组的发起机构主要为香港金融管理局以及证券及期货事务监察委员会,成员机构包含环境局(ENB)、财经事务及库务局(FSTB)、香港交易及结算所有限公司(HKEx)、保险业监管局(IA)、强制性公积金计划管理局(MPFA)。

〔2〕 网址:www.hkex.com.hk/Join-Our-Market/Sustainable-Finance/HKEX-STAGE?sc_lang＝zh-HK.最后访问日期:2020 年 12 月 26 日。

〔3〕 新华财经新闻.港交所成立可持续及绿色交易所 STAGE.网址:www.chinanews.com/cj/2020/12-02/9352607.shtml.最后访问日期:2020 年 12 月 26 日。

〔4〕 如《香港清新空气蓝图》《香港资源循环蓝图 2013—2022》《香港都市节能蓝图 2015—2025＋》《生物多样性策略及行动计划(2016—2021)》等系列文件。

〔5〕 《公司条例》全文(第 622 章).网址:www.cr.gov.hk/sc/legislation/companies-ordinance/cap622/companies-ordinance.htm.最后访问日期:2020 年 12 月 26 日。

2014 年,香港联交所发布修订后的《企业管治守则》和《企业管治报告》(《主板上市规则》附录 14),对上市公司的企业治理及披露做出了更多规定。修订明确董事会有持续监督发行人的风险管理及内部监控系统的职责,发行人需按《企业管治守则》进行检视,并在《企业管治报告》中进行披露。这两条重要的附录文件极大补充了原有制度体系,引导香港上市公司更好履行 ESG 责任。

在 ESG 信息披露指引方面,早在 2011 年,中国香港就在欧美国家 ESG 实践影响下,对上市公司的 ESG 信息披露进行了探索,并于 2012 年面对上市公司首次发布了《环境、社会及管治报告指引》(以下简称《ESG 指引》),倡导上市公司进行 ESG 信息披露,以促进香港资本市场对 ESG 理念的广泛认同,鼓励上市企业进行 ESG 信息披露。该指引被列入港交所《上市规则》,并将 ESG 作为企业"建议披露"(即自愿披露)项目。

2015 年 7 月 17 日,港交所颁布了《ESG 指引》首次修订版,修订指引第 28〔(2)(d)〕段采纳了新《公司条例》中环境、社会及管治的规定。该文件作为附录 27 和附录 20 纳入港交所上市规则中的《主板上市规则》及《GEM 上市规则》,成为这个主法律文件的重要补充,主要披露范畴为环境及社会,并在两大范畴下划分出 11 个层面的具体内容。

2019 年 12 月 18 日,港交所发布《ESG 指引》的最新修订版,自 2020 年 7 月 1 日起实施。新版指引在原有《ESG 指引》基础上强化了上市公司基于董事会层面的 ESG 战略管理要求,就董事会 ESG 管治、ESG 汇报原则和范围提出强制性披露建议,并增加了 ESG 关键绩效指标的内容,提升了信息披露时效性,提出了指标的量化考虑要求,鼓励发行人自愿寻求独立审验以提升披露信息质量,以期全面提升香港上市公司 ESG 报告的合规标准,并出于环保考虑倡导发布电子报告。

香港绿色金融市场的发展也得到了中央政策的大力支持。2019 年 2 月,中共中央与国务院印发实施《粤港澳大湾区发展规划纲要》,提出"支持香港打造大湾区绿色金融中心,建设国际认可的绿色债券认证机构"的方针。2020 年 5 月,中国人民银行、银保监会、证监会、外汇局联合发布《关于金融支持粤港澳大湾区建设的意见》,重点提到从体制机制、平台建设、标准认定、金融创新等方面积极推动粤港澳绿色金融合作、支持湾区绿色发展。

近年来,中国香港特区政府不断加大对 ESG 政策法规的推进力度,有关企业在环境、社会等方面的制度从长期缺位到现在逐渐丰富,包括中国香港特区政府、证监会、金管局、品质保证局在内的多个政府部门均积极地参与 ESG 相关政策法规的制定过程中,为香港可持续金融发展搭设了制度框架。在中国香港特区政府的大力支持下,香港金融发展局和绿色金融协会成立,这两个在金融领域颇具影响的咨询机构有力地促进了香港 ESG 相关政策法规体系的完善与发展。

从目前的发展趋势看,香港对 ESG 三要素同步推进,并侧重董事会责任和气候变化。随着中国香港特区政府 2050 年碳中和目标和计划的提出,香港监管机构、投资者等将更关注与公司有关的气候及社会议题的披露,可以预见,香港联交所也将迅速采取相应行动。

## 二、中国大陆主要的 ESG 监管机构与法规政策

### 1. ESG 相关监管机构与负责任投资政策发展

我国 ESG 监管体系主要是以政府引导为主,各大监管部门、行业协会以及行业主体

加强沟通合作,并具有持续性。其中监管部门主要涉及环保、工商、金融及税收等部门。相较于国外而言,中国在负责任投资领域起步虽晚,却受到监管机构的高度重视,制订并出台了相应的法律法规、政策和措施以支持负责任投资这一理念和相关实践。

2015 年,《生态文明体制改革总体方案》(以下简称《总体方案》)提出构建以改善环境质量为导向,监管统一、执法严明、多方参与的环境治理体系。2015 年 4 月 22 日,在中国人民银行支持下,中国金融学会绿色金融专业委员会(简称绿金委)成立。2015 年,中国金融学会绿色金融专业委员会发布《绿色债券支持项目目录(2015 年版)》,2015 年,国家发展改革委出台《绿色债券发行指引》,为加快建设生态文明、引导金融机构服务绿色发展发挥了重要指导作用,在界定绿色债券支持项目范围以及规范国内绿色债券市场发展方面产生重要影响。

2016 年 7 月,二十国集团(G20)框架下正式讨论绿色金融议题,并在 G20 领导人杭州峰会首次发布《绿色金融综合报告》,明确提出要扩大全球绿色金融投资。在中国倡议下,G20 设立了绿色金融研究小组,由中国人民银行和英格兰银行共同主持。在研究小组的推动下,绿色金融成为主流议题。

2016 年 8 月,中国人民银行、财政部、国家发展改革委、环境保护部、银监会、证监会、保监会印发了《关于构建绿色金融体系的指导意见》(银发〔2016〕228 号,以下简称《指导意见》),着力推动构建覆盖银行、证券、保险、碳金融等各个领域的绿色金融体系,我国成为全球首个提出系统性绿色金融政策框架的国家。随后几年,国家出台相关政策都围绕构建绿色金融体系有序推进。

在绿色债券政策方面,沪深两地在 2016 年相继出台了关于开展绿色公司债券试点的相关要求。2017 年 3 月,中国证监会发布《中国证监会关于支持绿色债券发展的指导意见》。同年,国际资本市场协会(International Capital Market Association, ICMA)出台的《绿色债券原则》(*Green Bond Principles*, GBP)和气候债券倡议组织(Climate Bonds Initiative, CBI)出台的《气候债券标准》(*Climate Bonds Standard*, CBS)也都做了修订。2019 年 3 月 6 日,国家发展改革委颁布了《绿色产业指导目录(2019 年版)》,明确了绿色投资行业的范围问题,要求各地方、各部门要以指导目录为基础,根据各自领域、区域发展重点,出台投资、价格、金融、税收等方面政策措施,着力壮大节能环保、清洁生产、清洁能源等绿色产业。ESG 相关评价体系成为评价相关标的项目的重要参考依据。

随着国内绿色债券市场不断发展的需求,绿色债券市场标准有必要协调统一,2020 年 7 月 8 日,中国人民银行、国家发展和改革委员会、中国证券监督管理委员会三部委在 2015 年版目录基础上修订《绿色债券支持项目目录(2020 版)》。2021 年 4 月 21 日,《绿色债券支持项目目录(2021 年版)》(银发〔2021〕96 号)正式发布,自 2021 年 7 月 1 日起实施。新版绿色债券支持项目目录进一步界定了绿色债券支持项目范围,统一国内绿色债券支持项目和领域,可以更好地支持绿色产业发展,并逐步实现与国际通行标准和规范的接轨。

在绿色基金方面,绿色基金发展需要政府政策支持,并建立健全绿色投资评价的标准和信息披露制度。2015 年 11 月,《中共中央关于制定国民经济和社会发展第十三个五年规划的建议》,明确提出了"发展绿色金融,设立绿色发展基金"的规划。2016 年以来,中

国证券投资基金业协会(简称中基协)全力推动 ESG 责任投资,多次举办各种活动以倡导 ESG 理念与实践,并于 2018 年正式发布了《中国上市公司 ESG 评价体系研究报告》和《绿色投资指引(试行)》,初步建立了符合中国国情和市场特质的上市公司 ESG 评价体系核心指标体系,致力于培养长期价值取向的投资行业规范,进一步推动了 ESG 在中国的发展。2019 年,中基协发布《关于提交自评估报告的通知》,作为《绿色投资指引(试行)》具体实施文件。2021 年,生态环境部起草《碳排放权交易管理暂行条例(草案修改稿)》,拟设立国家碳排放基金,以促进低碳产业发展。总体来看,绿色基金相关法律还未制定,从政策的顶层设计到落地执行还需制定实施细则,激励政策、投融资需求与绿色基金产品设计等配套细则还需进一步完善。

在我国地方政府绿色金融政策与实践方面,地方政府推动绿色转型的自主性逐步增强。当前各个省(市、自治区)都在省一级制定了鼓励绿色债券发行和绿色信贷的政策,而不少地级市也出台了相应的配套政策。尽管不同省份的政策采取了不同形式,如对绿色债券发行人实行货币补贴、降低绿色主体的借贷壁垒到鼓励绿色金融产品创新,但总的来看,地区性的实践帮助政府积累了许多经验。上海证券交易所专门成立了绿色金融与可持续发展推进领导小组,全方位推动绿色金融的创新与发展。

2018 年,深圳市人民政府发布了《关于构建绿色金融体系的实施意见》,提出 18 条绿色金融支持政策。2020 年 10 月,深圳市通过《深圳经济特区绿色金融条例》,这是全国首部绿色金融法规。该条例从金融机构的管理、投资、信息披露等方面明确了金融机构和绿色企业的主体责任。该条例要求各类金融机构应当建立内部绿色金融管理制度,包括银行绿色信贷管理制度、保险绿色投资管理制度、机构投资者绿色投资管理制度等,并强制要求在深圳特区内注册的金融行业上市公司、绿色金融债券发行人和已经享受绿色金融优惠政策的金融机构履行环境信息披露的责任,明确规定环境信息披露的内容、形式、时间和方式等要求。

2. 环境保护、环境信息披露与环境信用制度相关政策法规与监管现状

在生态环境保护方面,我国早在 1979 年就制定了首部《环境保护法》,经过 40 多年发展,现在已形成了以《环境保护法》为基本法,大气污染、水污染、固体废弃物、噪声污染、土壤污染防治、野生动植物保护、森林、草原、渔业和矿产资源保护为单行法的法律体系,并建立起了环境影响评价、排污许可、环境信息公开等环境基本管理制度。2014 年修订的《环境保护法》加大了对污染环境行为的处罚力度,重污染企业被关停,企业的环境保护意识普遍提升,生态环境质量也得到整体改善。

在环境信息公开和披露方面,国家《环境保护法》《企业信息公示暂行条例》《政府信息公开条例》《排污许可管理条例》《环境信息公开办法(试行)》《企业事业单位环境信息公开办法》《国家重点监控企业自行监测及信息公开办法(试行)》和《国家重点监控企业污染源监督性监测及信息公开办法(试行)》等法律、法规、规章和规范性文件,要求生态环境保护部门应当遵循公正、公平、便民、客观的原则,及时、准确地公开政府环境信息。企业应当按照自愿公开与强制性公开相结合的原则,及时、准确地公开企业环境信息。纳入重点排污单位名录的单位,必须按要求公开相应环境信息。生态环境主管部门在全国排污许可证管理信息平台上记录执法检查时间、内容、结果以及处罚决定的同时,将处罚决定纳入

国家有关信用信息系统向社会公布。

在企业环境信用方面,2015年环境保护部联合发展改革委发布了《关于加强企业环境信用体系建设的指导意见》,环境行政处罚信息、责令改正违法行为信息、造成污染物排放的设施、设备被查封、扣押的信息、被责令采取限制生产、停产整治等措施的信息、拒不执行已生效的环境行政处罚决定或者责令改正违法行为决定的信息、对严重环境违法的企业、该企业直接负责的主管人员和其他直接责任人员依法被处以行政拘留的信息均视为不良类信用信息,将被记入企业环境信用记录,并将企业环境信息的调用和信用状况的审核环节嵌入环保行政许可、建设项目环境管理、环境监察执法、环保专项资金管理、环保科技项目立项和环保评先创优等工作流程中,有效应用企业环境信用信息。对环境信用状况良好的企业,在同等条件下予以优先支持。

企业环境信用被应用到绿色信贷、绿色投融资方面。2007年7月,国家环保总局、中国银行业监督管理委员会和中国人民银行联合发布了《关于落实环保政策法规防范信贷风险的意见》,其中规定各级环境保护部门应按照环保总局和人民银行制定的统一标准,提供可以纳入企业与个人信用信息数据库的企业环境违法、环保审批和认证、环保先进奖励等信息数据。

2012年1月,银监会制定了《绿色信贷指引》,要求银行业金融机构应当有效识别、计量、监测、控制信贷业务活动中的环境和社会风险,建立环境和社会风险管理体系,完善相关信贷政策制度和流程管理。

2017年6月30日,中国人民银行牵头印发的《落实〈关于构建绿色金融体系的指导意见〉的分工方案》(银办函〔2017〕294号)明确提出,我国要分步骤建立强制性上市公司披露环境信息的制度。根据该方案的规划,我国于2020年年底开始实施上市公司环境信息强制披露制度,所有境内上市公司都被强制性披露环境信息。根据相关法律规定,上市公司、控股股东、实际控制人及其他高管等未依法履行信息披露义务的,将可能承担民事责任、行政责任,甚至刑事责任。

2020年1月3日,中国银保监会发布《关于推动银行业和保险业高质量发展的指导意见》,意见提出,银行业金融机构要建立健全环境与社会风险管理体系,将环境、社会、治理要求纳入授信全流程,强化环境、社会、治理信息披露和与利益相关者的交流互动。2020年3月,中共中央办公厅、国务院办公厅印发《关于构建现代环境治理体系的指导意见》,将上市公司环保信息强制性披露机制纳入企业信用的范畴,并且将披露主体从上市公司延伸至上市公司和发债企业。

2020年以来,气候变化导致的绿天鹅事件受到全球关注,我国明确提出了2030碳达峰、2060实现碳中和的目标。在政策制定方面逐步明确对温室气体排放相关信息的监管。2020年10月,由生态环境部牵头,与国家发展和改革委员会、中国人民银行、中国银行保险监督管理委员会、中国证券监督管理委员会共同出台《关于促进应对气候变化投融资的指导意见》,要求加快构建气候投融资政策体系,强化环境经济政策引导、金融政策支持,并逐步完善气候投融资标准体系,特别是完善气候信息披露标准,包括加快制定气候投融资项目、主体和资金的信息披露标准,推动建立企业公开承诺、信息依法公示、社会广泛监督的气候信息披露制度。明确气候投融资相关政策边界,推动气候投融资统计指标

研究,鼓励建立气候投融资统计监测平台,集中管理和使用相关信息。

2020 年 12 月,生态环境部出台《碳排放权交易管理办法(试行)》,规定重点排放单位编制的年度温室气体排放报告应当定期公开,接受社会监督。虽然国家层面还没有真正建立起温室气体排放信息披露制度,但在省市层面,如陕西、四川、江西、吉林和浙江等省市已正式印发了关于企业温室气体排放信息披露的管理文件。在披露内容上,各省均要求企业公布温室气体年排放数据,减排措施及减排成效,在此基础上,四川省和江西省还规定公布低碳技术运用、碳资产开发、碳交易等信息,吉林省特别提出主要披露 $CO_2$、$CH_4$ 排放信息。

2021 年 2 月国务院发布《关于加快建立健全绿色低碳循环发展经济体系的指导意见》,为实现 2030 年前碳达峰做出系统性安排。2021 年 3 月,生态环境部在其官网上公布了《碳排放权交易管理暂行条例(草案修改稿)》,该草案修改稿细化了针对主管部门和不同机构的信息披露要求,以保证市场公开透明。

3. ESG 政策研究与发展

2017 年 12 月,证监会正式颁布《公开发行证券的公司信息披露内容与格式准则第 2 号——年度报告的内容与格式(2017 年修订)》(以下简称准则第 2 号),准则第 2 号第五节第 44 条对"重点排污单位相关上市公司"的环境信息披露作出了明确规定,重点排污单位之外的公司可以参照要求披露其他环境信息,若不披露的,应当充分说明原因。

2018 年 9 月,证监会修订的《上市公司治理准则》(证监会公告〔2018〕29 号)中特别增加了环境保护与社会责任的内容,其中第 95 条明确:上市公司应当依照法律法规和有关部门的要求,披露环境信息以及履行扶贫等社会责任相关情况。该准则突出了上市公司在环境保护、社会责任方面的引导作用,确立了 ESG 信息披露基本框架。

2019 年 12 月,证监会修订了《非上市公众公司监督管理办法》和《非上市公众公司信息披露管理办法》,明确挂牌公司信息披露基本要求,董事、监事、高级管理人员履行职责的记录和保管制度纳入挂牌公司应披露的范围。

2020 年 12 月 25 日,中国人民银行、国家发展改革委、中国证监会联合制定的《公司信用类债券信息披露管理办法》正式发布,自 2021 年 5 月 1 日起施行,该办法强化市场参与主体信息披露责任,对公司信用类债券信息披露的要件、内容、时点、频率等作了统一要求。为进一步提高信息披露质量,该办法还对债券募集说明书和定期报告的主要内容、结构框架、格式体例等提出了细化要求。

2021 年 2 月 5 日,证监会对已实施 15 年的《上市公司与投资者关系工作指引》进行了修订,发布《上市公司投资者关系管理指引(征求意见稿)》,关于"进一步增加和丰富投资者关系管理的内容及方式",修订说明特别强调:落实新发展理念的要求,根据新修定的《上市公司治理准则》(证监会公告〔2018〕29 号)要求,在沟通内容中增加公司的环境保护、社会责任和公司治理(ESG)信息。这是证监会首次在投资者关系管理指引中纳入 ESG 信息。

除了监管机构,证券交易市场在环境信息披露的推进进程中也起到了积极作用。

2017 年 9 月,上海证券交易所正式加入联合国可持续证券交易所倡议,进一步深化绿色金融领域国际合作,完善上交所绿色金融工作体系。上交所 2017 年修订了《上市公司信息披露工作评价办法》,根据上市公司信息披露工作评价结果对上市公司实施分类监管,并将上市公司评价结果作为对上市公司再融资、并购重组等市场准入事项审批的参考意见。2018年,上海证券交易所发布《关于加强上市公司社会责任承担工作暨发布〈上海证券交易所上市公司环境信息披露指引〉的通知》。

2018年,上海证券交易所发布《上海证券交易所服务绿色发展 推进绿色金融愿景与行动计划(2018—2020年)》,从推动股票市场支持绿色发展、积极发展绿色债券、大力推进绿色投资、深化绿色金融国际合作和加强绿色金融研究和宣传这五个方面,采取14项具体举措推进绿色金融发展。

2020年,深交所陆续发布《深圳证券交易所上市公司规范运作指引》(2020年修订)《深圳证券交易所上市公司业务办理指南第2号——定期报告披露相关事宜》(2020年)。2020年9月,深交所修订《深圳证券交易所上市公司信息披露工作考核办法》,首次提出上市公司ESG主动披露,并对上市公司履行社会责任的披露情况进行考核。

这一系列文件中规定上市公司须以定期报告、临时公告等形式对涉及重大环境污染问题的产生原因、对公司业绩的影响、环境污染的影响情况、公司拟采取的整改措施等进行披露。另外,上市公司在生态环境、可持续发展,以及环保方面采取的具体措施也应定期予以披露。

## [本章小结]

本章梳理了美国、欧盟和中国的ESG监管体系与政策现状及发展趋势。总体来看,欧美国家在ESG投资政策、信息披露及可持续金融等方面的监管机构和政策体系发展更早,相应的投资实践及市场发展程度相对较高,存在市场推动政策发展的情况。我国在ESG投资政策的制定方面发展相对滞后,早期的ESG信息披露仍以政府政策推动为主,随着ESG投资策略的推行及ESG基金等产品的规模发展,政策监管的体系将逐步完善,政策发展的完善将进一步推动ESG投资的发展。

## [思考与练习]

1. ESG监管的主体、对象和监管方式有哪些?

2. 美国政策法规对ESG投资监管有哪些要求?

3. 欧盟ESG法规政策包含哪些方面?

4. 我国法规政策对上市ESG报告与评价体系的要求有哪些?

## [参考文献]

1. 安国俊,张宣传,柴麒敏等.国内外绿色基金发展研究[M].中国金融出版社,2018.

2. 弗雷德里克·米什金.货币金融学[M].郑艳文,荆国勇译.中国人民大学出版社,2016.

3. 大卫·科茨.金融监管与合规[M].邹亚生等译.中国金融出版社,2018.

4. 兰莹,秦天宝.《欧洲气候法》:以"气候中和"引领全球行动[J].环境保护,2020(9).

5. 刘桂莲.美国州和地方政府公共部门养老基金投资监管经验与启示[J].兰州学刊,2018(11).

6. 刘锡良,刘雷.金融监管结构研究[M].中国金融出版社,2020.

7. 王曦.美国环境法概论[M].武汉大学出版社,1992.

# 第六章　ESG 相关报告体系

随着 ESG(环境、社会、治理)信息受到政府、监管机构、投资者等利益相关方的重视,越来越多的企业注重自身 ESG 信息的主动沟通,形成良好的互动,积极回应利益相关方的诉求和期望。除了常态化沟通机制以外,编制并发布 ESG 报告,也是重要的沟通途径。

规范的报告编制流程是确保公司 ESG 信息披露与沟通质量的重要方式。本章介绍国内外重要的 ESG 报告编制体系、企业 ESG 报告编制的流程及其过程中的工作重点,帮助企业了解 ESG 报告编制工作的方法,更好地编写公司 ESG 报告。

## 第一节　ESG 报告体系的介绍及选择

随着政府、监管机构、投资者等利益相关方对企业的 ESG 信息越来越重视,对企业的 ESG 信息披露也提出更高要求,越来越多的企业发布 ESG 报告。同时,通过主动披露企业社会责任,企业能够提高信息透明度,与利益相关方形成良好互动,营造良好的内外部运营环境。

企业在报告编写过程中可参考的报告体系大致可以分为三类:

- 以 GRI《可持续发展报告标准》、SASB 准则为代表的国际报告标准;
- 国内外主要交易所 ESG 信息披露要求的报告体系,如纳斯达克证券交易所的《环境、社会及管治报告指南》、香港联交所发布的《环境、社会及管治报告指引》;
- 其他可以参考的报告体系,如以 MSCI 明晟 ESG 评级、FTSE Russell 富时罗素 ESG 评级为代表的 ESG 评级体系等。

### 一、国际报告标准

1. GRI《可持续发展报告标准》

《可持续发展报告标准》由全球报告倡议组织(Global Reporting Initiative,简称 GRI)编制并发布。该组织由美国的非政府组织——对环境负责经济体联盟(CERES)和联合国环境规划署(UNEP)共同发起成立。从 1999 年发布标准草稿至今,已经经历了 6 个版本的变迁。

GRI《可持续发展报告标准》(2016)共分为 4 个系列:GRI 100 通用标准以及 3 个专项议题标准:GRI 200 经济议题标准、GRI 300 环境议题标准、GRI 400 社会议题标准(见图 6.1)。

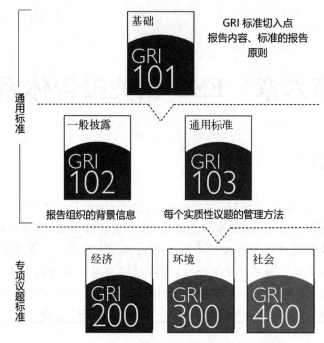

**图 6.1　GRI《可持续发展报告标准》的组成**

在 GRI 100 通用标准中的"GRI 101：基础"是整套 GRI 标准的切入点，其界定了报告的内容原则和报告的质量原则。"GRI 102：一般披露"则对报告企业的背景信息披露内容作出指导，主要包括 6 个方面：组织架构、战略、道德与诚信、管治、利益相关方参与以及报告实践。"GRI 103：通用标准"描述了如何管理实质性议题。通过对每个实质性议题运用管理方法进行识别，识别议题的实质性及其影响范围，并指导公司如何描述管理影响。

GRI 专项议题标准则分别对企业在经济、环境和社会三个维度披露的内容进行指导，共包含 33 个议题。

**表 6.1　GRI 经济、环境、社会议题列表**

| GRI 专项议题标准 | 主题/议题内容 | | |
|---|---|---|---|
| GRI 200：经济 | ● 经济效益<br>● 采购实践 | ● 市场表现<br>● 反腐败 | ● 间接经济影响<br>● 不正当竞争行为 |
| GRI 300：环境 | ● 物料<br>● 生物多样性<br>● 环境合规 | ● 能源<br>● 排放<br>● 供应商环境评估 | ● 水资源<br>● 污水与废弃物 |
| GRI 400：社会 | ● 雇佣<br>● 培训与发展<br>● 反歧视<br>● 安保实践<br>● 当地社区<br>● 客户健康与安全<br>● 社会经济合规 | ● 劳资关系<br>● 多样化与平等机会<br>● 童工<br>● 原住民权利<br>● 供应商社会<br>● 市场与标签 | ● 职业健康与安全<br>● 结社自由与集体谈判<br>● 强迫或强制劳动<br>● 人权评估<br>● 公共政策<br>● 客户隐私 |

资料来源：全球报告倡议组织.《可持续发展报告标准》.2016.

GRI《可持续发展报告标准》成为企业编写可持续发展报告最为重要参考的标准框架之一。对于希望提升国际影响力的企业,对标GRI标准可以很好地在国际化通用的语境中对公司ESG各方面的管理和行动进行披露,便于全球的阅读者使用。

2. SASB《可持续会计准则》

可持续发展会计准则委员会基金会(Sustainability Accounting Standards Board Foundation, SASB)致力于促进投资者与企业交流对财务表现有实质性影响且有助于决策的相关信息,其于2018年发布了全球首套可持续发展会计准则,即SASB准则。

在传统行业分类系统的基础上,SASB推出了一种新的行业分类方式:根据企业的业务类型、资源强度、可持续影响力和可持续创新潜力等对企业进行分类。

可持续工业分类系统(Sustainable Industry Classification System,SICS)由此诞生。SICS将企业分为以下77个行业,涵盖11个部门。

**表6.2　SICS可持续工业分类系统行业分类结果**

| 部　门 | 具　体　行　业 |
|---|---|
| 消费品 | <ul><li>服装、配件和鞋类</li><li>家电制造</li><li>建筑产品和家具</li><li>电子商务</li><li>家庭和个人产品</li><li>多线和专用线零售商和分销商</li><li>玩具和体育用品</li></ul> |
| 食品和饮料 | <ul><li>农产品</li><li>酒精饮料</li><li>食品零售商和分销商</li><li>肉类、家禽和乳制品</li><li>不含酒精的饮料</li><li>加工食品</li><li>餐馆</li><li>烟草</li></ul> |
| 资源转化 | <ul><li>航空航天和国防</li><li>化工产品</li><li>容器和包装</li><li>电子电气设备</li><li>工业机械和货物</li></ul> |
| 萃取物和矿物加工品 | <ul><li>煤炭业务</li><li>建筑材料</li><li>钢铁生产商</li><li>金属和采矿业</li><li>石油和天然气:勘探和生产</li><li>石油和天然气:中游</li><li>石油和天然气:精炼和营销</li><li>石油和天然气:服务</li></ul> |

（续表）

| 部　门 | 具　体　行　业 |
|---|---|
| 卫生保健 | <ul><li>生物技术与制药</li><li>药品零售商</li><li>保健服务</li><li>保健品经销商</li><li>管理式医疗</li><li>医疗设备和用品</li></ul> |
| 服务 | <ul><li>广告与营销</li><li>赌场和博彩业</li><li>教育</li><li>酒店和住宿</li><li>休闲设施</li><li>媒体与娱乐</li><li>专业及商业服务</li></ul> |
| 财务 | <ul><li>资产管理和托管活动</li><li>商业银行</li><li>消费金融</li><li>保险业</li><li>投资银行及经纪业务</li><li>按揭融资</li><li>证券和商品交易所</li></ul> |
| 基础设施 | <ul><li>电力公司和发电机</li><li>工程和建筑服务</li><li>燃气公用事业和分销商</li><li>房屋建筑商</li><li>房地产</li><li>房地产服务</li><li>废物管理</li><li>水务和服务</li></ul> |
| 技术和通信 | <ul><li>电子制造服务及原创设计制造</li><li>硬件设施</li><li>互联网媒体与服务</li><li>半导体产品</li><li>软件和 IT 服务</li><li>电信服务</li></ul> |
| 可再生资源和替代能源 | <ul><li>生物燃料</li><li>林业管理</li><li>燃料电池和工业电池</li><li>纸浆和纸制品</li><li>太阳能技术和项目开发商</li><li>风力技术和项目开发商</li></ul> |

（续表）

| 部　门 | 具　体　行　业 |
|---|---|
| 交通运输 | <ul><li>空运与物流</li><li>航空公司</li><li>汽车配件</li><li>汽车</li><li>汽车出租和租赁</li><li>邮轮公司</li><li>海运</li><li>铁路运输</li><li>道路运输</li></ul> |

资料来源：可持续发展会计标准委员会。

　　针对 77 个行业，SASB 编制了各行业的披露准则。在制定准则时，SASB 在环境、社会资本、人力资本、商业模式与创新、领导力与治理等五个可持续主题的 26 个议题中选取与该行业最相关的议题。77 个行业中每个行业准则包含 6 个议题和 13 个指标，企业可自行决定 SASB 准则中对企业财务表现至关重要的议题以及对应的指标，并对其进行披露。

表 6.3　SASB 可持续发展会计准则议题

| 议　题 | 指　标 |
|---|---|
| 环境 | <ul><li>温室气体排放</li><li>空气质量</li><li>能源管理</li><li>水资源和废水管理</li><li>废弃物和有害物质管理</li><li>生态影响</li></ul> |
| 社会资本 | <ul><li>人权和社区关系</li><li>客户隐私</li><li>数据安全</li><li>可获得性和可承受力</li><li>产品质量与安全</li><li>客户福利</li><li>销售实践和产品标签</li></ul> |
| 人力资本 | <ul><li>劳工实践</li><li>员工健康与安全</li><li>员工参与、多元化和包容性</li></ul> |
| 商业模式与创新 | <ul><li>产品设计和生命周期管理</li><li>商业模式韧性</li><li>供应链管理</li><li>材料采购与效率</li><li>气候变化的物理影响</li></ul> |

（续表）

| 议　　题 | 指　　标 |
|---|---|
| 领导力与治理 | <ul><li>商业道德</li><li>竞争行为</li><li>法律和监管环境的管理</li><li>重大事件风险管理</li><li>系统性风险管理</li></ul> |

SASB 准则在实质性议题定义的过程中更多地考虑对财务决策的影响,其主要受众为投资者。SASB 可持续发展会计准则可与其他可持续报告框架结合使用,其标准与气候相关财务信息披露工作组(TCFD)的建议保持一致,同时也为 GRI 可持续报告标准提供了有益的补充。

## 二、证券交易所 ESG 信息披露体系

国内外证券交易所对上市公司的 ESG 绩效日益关注,截至 2020 年已有接近 60 家证券交易所发布或承诺制定 ESG 披露要求。上市公司或谋求上市的公司在 ESG 信息披露的过程中,可以参考各大证券交易所发布的《社会责任报告指引》,满足证券交易所对信息披露的要求。

### 1. 国际主要交易所 ESG 信息披露要求

全球范围内,越来越多证券交易所的领导人开始公开承诺,将推动证券发行人提升 ESG 绩效,与可持续发展相关的举措数量在过去十年也出现了显著增长。2015 年 9 月,可持续证券交易所(SSE)发布了《ESG 信息披露指导手册模板》(*Model Guidance*),而当时全球只有少数的证券交易所编制 ESG 信息披露指引,这导致了资本市场上企业信息披露不全,投资者无法准确、及时地掌握企业的 ESG 管理绩效问题。

**关于可持续交易所倡议(SSEI)**

可持续交易所倡议(SSEI)发起于 2009 年,由联合国贸易和发展会议(UNCTAD)、联合国全球契约(UN Global Compact)、联合国环境署金融倡议组织(UNEP FI)及联合国责任投资原则(UN PRI)共同负责。倡议的宗旨在于增强交易所同业间的交流和相互学习,增进交易所与各类市场主体之间的交流合作,推广交易所在支持可持续发展方面的最佳实践。

在过去的数年里,编制 ESG 信息披露指引的交易所数量在不断上升,表 6.4 中对国际主要证券交易所 ESG 信息披露要求进行了梳理。

表 6.4　国际主要证券交易所 ESG 信息披露要求

| 交易所 | 时 间 | ESG 信息披露要求 |
|---|---|---|
| 伦敦证券交易所 | 2006 年 | 《公司法》规定上市公司年度报告中需要披露温室气体排放量、人权和多样性报告,于 2013 年 10 月 1 日生效。 |
| | 2017 年 | 发布《ESG 报告指南》,鼓励上市公司发布 ESG 报告。 |
| 纳斯达克证券交易所 | 2017 年 | 发布《ESG 报告指南》,专注于北欧及波罗的海市场,为上市公司提供 ESG 信息追踪和报告的指引。 |
| | 2019 年 | 发布《ESG 报告指南 2.0》,并在 2017 年报告指南基础上融入气候相关财务信息披露工作组(Task Force on Climate-related Financial Disclosures,简称 TCFD)的气候变化相关信息披露框架、全球报告倡议组织《可持续发展报告标准》(GRI Standards)、联合国可持续发展目标(SDGs)等内容。 |
| 法兰克福证券交易所 | 2013 年 | 发布《沟通可持续发展——对发行人的七条建议》,鼓励上市公司发布 ESG 报告。 |
| | 2017 年 | 强制要求大型上市公司提供关于商业行为对社会和环境的影响的标准化、可衡量的信息。 |
| 约翰内斯堡证券交易所 | 2013 年 | 发布《King Ⅲ公司治理准则》,要求所有上市公司在"不遵守就解释"(apply or explain)的基础上发布综合报告,全面阐述财务、社会及环境因素。 |
| | 2016 年 | 发布《King Ⅳ公司治理准则》,强调综合思维、综合报告和价值创造的重要性。 |
| 新加坡证券交易所 | 2011 年 | 发布《上市公司可持续发展报告指导》。 |
| | 2016 年 | 宣布把可持续信息披露从自愿性质改为"不遵守就解释",上市公司从 2018 年开始每年至少需发布一次可持续发展报告。 |
| 巴西证券交易所 | 2011 年 | 发布《可持续发展商业》并提供指引,自 2012 年起在上市公司的评估表中列出企业是否定期发布可持续发展报告,并实行"不遵守就解释"的原则。 |
| | 2016 年 | 修订并更新《新价值——企业可持续发展》,要求将环境、社会等问题作为公司长期表现的考量标准并提供指引。 |
| 马来西亚证券交易所 | 2006 年 | 引进公司社会责任框架,并于 2007 年年底要求上市企业必须披露其支持可持续商业的做法,并实行"不遵守就解释"的原则。 |
| | 2015 年 | 发布《可持续发展修正案》,规定发行人在"不遵守就解释"的基础上,在年报中作出环境、社会及管治披露,并提供《可持续发展报告指南》作为指引。 |
| 菲律宾证券交易所 | 2019 年 | 菲律宾证券交易所要求所有上市公司自 2019 年起采用"不披露就解释"的方式报告自身的 ESG 绩效,并于 2020 年发布可持续发展报告。 |
| 东京证券交易所 | 2003 年 | 日本政府开始持续更新《环境会计指南》,明确规定了环境信息披露的范围、方式、内容等,并且对上市公司在其披露的信息违反企业行为规范的"遵守事项"的情况下,要求上市公司对报告书进行改善以确保信息披露的真实性准确性。 |
| | 2015 年 | 东京交易所修订《日本公司治理准则》,鼓励上市公司进行 ESG 信息披露。 |

（续表）

| 交易所 | 时　间 | ESG 信息披露要求 |
|---|---|---|
| 纽约证券交易所 | 2009 年 | 联邦证券法要求在美国交易所上市的公司必须向证券交易委员会（SEC）呈交载有多项环境事宜数据的年度报告（10-K 表格），例如环境监控的开支及有待裁决的环境诉讼。 |
| | 2010 年 | 美国证监会就气候变化披露刊发诠释指引，要求公司在 10-K 表格中披露与气候变化有关的业务风险信息。 |
| | 2011 年 | 《多德—弗兰克华尔街改革和消费者保护法》第 1502 条在美国生效。 |

**专栏 6-1**

## 纳斯达克证券交易所 ESG 披露体系

纳斯达克证券交易所在 2019 年发布了《ESG 报告指南 2.0》，针对所有在纳斯达克上市的企业和证券发行人提供 ESG 报告编制的详细指引。在此版本的报告指引中融入了 TCFD 的气候变化相关信息披露框架、全球报告倡议组织《可持续发展报告标准》、联合国可持续发展目标等内容。

报告分为 3 个主题，共 30 个议题。

| 环　　境 | | 社　　会 | | 管　　治 | |
|---|---|---|---|---|---|
| E1 | 直接和间接温室气体排放 | S1 | CEO 报酬比率 | G1 | 董事会多样性 |
| E2 | 碳排放密度 | S2 | 男女员工报酬比率 | G2 | 董事会独立性 |
| E3 | 直接和间接能源使用 | S3 | 员工流动率 | G3 | 薪酬激励 |
| E4 | 能源使用密度 | S4 | 性别多样性 | G4 | 集体协商 |
| E5 | 能源构成 | S5 | 临时员工比率 | G5 | 供应商行为准则 |
| E6 | 水资源 | S6 | 反歧视政策 | G6 | 道德与反贪污 |
| E7 | 环境管理 | S7 | 工伤率 | G7 | 数据和隐私保护 |
| E8 | 董事会——应对气候变化 | S8 | 健康与安全 | G8 | ESG 报告 |
| E9 | 高级管理层——应对气候变化 | S9 | 童工和强制劳工政策 | G9 | 信息披露 |
| E10 | 降低气候变化风险 | S10 | 人权 | G10 | 第三方鉴证 |

资料来源：纳斯达克交易所。

**2. 中国主要交易所 ESG 信息披露要求**

深圳证券交易所早在 2006 年便发布了《上市公司社会责任指引》，建议上市公司定期评估公司社会责任的履行情况，以自愿原则披露公司社会责任报告。2020 年 9 月又发布了新修订的《深圳证券交易所上市公司信息披露工作考核办法》，将 ESG 信息披露纳入考核中。

上海证券交易所在 2008 年发布了《上海证券交易所上市公司环境信息指引》，对上市公司环境信息披露提出了具体要求。2012年发布《公司履行社会责任的报告》编制指引。2020年上交所制定并发布《上海证券交易所科创板上市公司自律监管规则适用指引第2号——自愿信息披露》，其中明确指出："科创公司自愿披露的信息除战略信息、财务信息、预测信息、研发信息、业务信息、行业信息外，还包含社会责任信息，建议科创板上市公司披露公司承担的对消费者、员工、社会、环境等方面的责任情况，例如重大突发公共事件中公司发挥的作用等。"

与中国内地的ESG信息披露要求相比，中国香港联交所对ESG信息披露有更高的强制性。2020年7月1日之后的财政年度适用《关于检讨〈环境、社会及管治报告指引〉及相关〈上市规则〉条文的咨询总结》新规。香港联交所对所有的环境及社会范畴的关键指标均实行"不遵守就解释"的要求。与此同时，联交所在该文件中首次提出"强制披露"的要求，涵盖管治架构、汇报原则、汇报范围等内容。

表6.5　香港联交所《环境、社会及管治报告指引》新规的披露体系

| 要　求 | 核　心 | 范　畴 |
|---|---|---|
| 强制披露规定 | 管治架构 | 由董事会发出的声明，其中包含以下内容：<br>● 董事会对环境、社会及管治事宜的监管；<br>● 董事会的环境、社会及管治管理方针及策略，包括评估、优次排列及管理重要的环境、社会及管治相关事宜（包括对发行人业务的风险）的过程；<br>● 董事会如何按环境、社会及管治相关目标检讨进度，并解释他们如何与发行人业务有关联。 |
| 不遵守就解释 | 环境 | 排放物<br>资源使用<br>环境及天然资源 |
| | 社会 | 雇佣<br>健康与安全<br>发展与培训<br>劳工准则<br>供应商管理<br>产品责任<br>反贪污<br>社区投资 |

资料来源：香港联交所.关于检讨〈环境、社会及管治报告指引〉及相关〈上市规则〉条文的咨询总结.2019.

表6.6　上海证券交易所、深圳证券交易所、香港证券交易所ESG要求

| 上海证券交易所 | 深圳证券交易所 | 香港证券交易所 |
|---|---|---|
| 政策名称：<br>《上海证券交易所科创板上市公司自律监管规则适用指引第2号》（2020年修订）<br>《关于进一步完善上市公司扶贫工作信息披露的通知》（2016） | 政策名称：<br>《上市公司信息披露工作考核办法》（2020年修订）<br>《主板信息披露业务备忘录第1号》（2019年修订）<br>《关于做好上市公司扶贫工作信息披露的通知》（2016） | 政策名称：<br>《咨询总结检讨〈环境、社会及管治报告指引〉相关〈上市规则〉条文》（2019）<br>《香港交易所指引信》（2020年7月） |

（续表）

| 上海证券交易所 | 深圳证券交易所 | 香港证券交易所 |
|---|---|---|
| 要点：<br>强制性："上证公司治理板块"样本公司、发行境外上市外资股的公司及金融类公司必须发布社会责任报告；其他上市公司自愿披露。 | 要点：<br>强制性：纳入"深证 100 指数"的上市公司需发布社会责任报告；鼓励其他公司披露。 | 要点：<br>强制性：不遵守就解释、强制披露<br>披露时间：财年结束后 5 个月内<br>披露方式：年报中的一章、独立报告、网页版；建议 ESG 报告无纸化。<br>汇报责任：董事 |

### 三、其他可参考的报告标准

ESG 报告的信息披露是 ESG 评级最重要信息来源之一。本书第四章中介绍国内外较有影响力的评级体系，包括 MSCI 明晟 ESG 评级、FTSE Russell 富时罗素 ESG 评级、商道融绿 ESG 评级和社投盟 ESG 评级，均使用主动抓取公开信息的方式采集公司 ESG 信息。对于希望参与 ESG 评级的上市公司，应主动参考评级机构的议题体系及指标，在提升公司 ESG 报告质量的同时提升公司 ESG 绩效、应对评级。

ESG 评级及指数所涉及的主题和标准在本书第四章已有详细的介绍，在此不再赘述。

# 第二节  ESG 报告的编制

规范的 ESG 报告编制流程是确保上市公司《环境、社会与公司治理报告》质量的重要方式。

通常情况下，ESG 报告的编制过程可分为研究阶段、编制阶段和发布阶段。

### 一、研究阶段

ESG 报告研究阶段的重要工作包括明确报告编制依据、确定报告范围。

1. 明确报告编制依据

明确报告编制依据是报告编写的基础。公司选择 ESG 报告所参考的标准不宜过多，2—3 个为宜。对于上市公司，应首先按照所在交易所的政策编制 ESG 报告，同时还可参考国际通用标准及行业标准进行编制。

同时，公司应注意报告所采用标准的符合程度，以 GRI《可持续发展报告标准》为例，公司应在报告中说明："报告符合 GRI 标准核心/全面方案"，或"报告引用了 GRI 标准中的部分标准（同时说明具体的标准名称及发布年份）"。

2. 确定报告范围

报告范围指报告内容涵盖了公司哪些业务以及哪些运营主体。

我们建议，公司 ESG 报告所涵盖的业务范围与运营主体应与公司财务报告范围保持一致。若报告的内容范围无法与财务报告范围保持一致，建议：

● 关于报告披露的业务范围，建议公司按照董事会确定的主要环境、社会及管治风险来界定；

- 关于报告所涵盖的运营主体，公司除披露自身运营的 ESG 相关信息外，建议纳入销售额或净利润占比超过 10% 的子公司。

## 二、编制阶段

ESG 报告编制阶段的工作流程包括组建报告编制小组、搭建报告框架、信息采集和内容编写。

### 1. 组建报告编制小组

我们建议公司成立由高级领导层牵头，主要职能部门及业务部门具体实施的报告编制小组，统筹开展公司 ESG 报告的编制及发布工作。对于有分公司、子公司的企业，报告编制小组成员建议包含下属组织的代表。

此外，报告编制小组还可聘请第三方专业机构编写报告或为报告编写提供指导。委托外部技术机构承担编写工作时，报告编制小组成员应包含第三方专业机构指定的代表。

### 2. 搭建报告框架

报告框架不仅反映了报告的逻辑，也决定了报告中会涵盖哪些企业社会责任议题，因此，在搭建报告框架时，建议开展实质性议题识别，确保所有的实质性议题均可反映在报告中。有关实质性议题分析和识别的方法详见本书第四章。

在报告框架搭建过程中，公司可根据公司自身特征、社会责任理念、利益相关方关注重点，或根据"三重底线"理论（社会、经济、环境）设定 ESG 报告大纲，较为常见的报告框架包括：

- 各章节以回应股东、客户、员工和社区等利益相关方为主线的报告框架；
- 基于"三重底线"理论，将报告分为社会、经济、环境篇章的报告框架；
- 以公司识别的实质性议题作为报告主要章节的报告框架。

### 3. 信息采集

为保证完整、系统地采集 ESG 信息，公司可采用多种形式进行多轮信息采集。信息采集形式一般有现场/电话访谈、资料清单采集、问卷调查等；采集的内容包括文字信息、图片、视频、音频、数据等。公司在采集数据时，应注意采用统一的数据统计口径及计算方法，以保证不同年份之间的数据可比性，如有调整，应在报告内进行说明。

在信息采集实施阶段，ESG 报告编制小组可先与内部相关部门进行初步沟通访谈，了解报告期内的主要工作内容及重点，然后根据访谈结果制定资料清单发至相关部门进行填写；在相关部门填写、反馈完毕后对提供的资料再进行梳理。

公司还可建立内部的 ESG 信息收集系统，实现 ESG 绩效的常态化收集，提高数据收集效率及数据质量，定期排查企业环境与社会潜在风险，协助企业管理决策。

### 4. 编写报告内容

上市公司在报告编写时优先遵循上市公司要求的编写原则，如香港联交所《环境、社会及管治报告指引》提出的"一致、平衡、重要性和量化"原则，同时还可参考 GRI《可持续发展报告标准》提出的准确性、清晰性等原则进行编制。

在具体编写时，为全面反映公司对实质性议题的管理及成效，建议每个议题的编写内容包括以下几个部分：理念；管理方法；报告期内行动；成果（定性绩效）；成果（定量绩效）；案例；利益相关方证言。

## 三、发布阶段

报告发布阶段的主要工作包括报告审验、报告设计以及报告发布。

### 1. 报告审验

报告审验，又称为报告验证或者报告鉴证，是由第三方认证机构对环境、社会及管治（ESG）报告进行独立审核和信息验证，以确认 ESG 报告中所披露信息的真实性、准确性和可靠性，并发布审验声明的活动。

ESG 报告审验通常包括以下步骤：

- 审验方案制定：报告机构与审验机构就审验准则、审验范围、审验水平等级、所需时间长度及审验团队成员等内容达成一致。
- 差距分析：差距分析更适合初次撰写 ESG 报告的机构，可以在任何时候进行，以确保撰写过程不偏离相关要求。
- 审验计划与准备：审验机构与报告机构共同确定验证过程所涉及的关键人员及验证场所，策划后续的会议及现场审验活动。
- 审验执行：审验团队通过人员面谈、现场审核、文件评审和必要时的组织外部交流会等方式，就报告中的各种信息及其来源与报告组织及其利益相关方进行核实和确认。对于信息失误之处及报告不符合相关披露要求之处，审验团队会开具整改要求清单。

### 2. 报告设计

在完成报告内容编制后，公司可以对报告排版进行设计，以更好地呈现报告内容，达到良好的可阅读性与传播效果。在报告设计的过程中，公司可以注意以下三点：

- 报告排版设计应符合公司色彩使用规范，风格应与公司的企业特征、企业文化、报告主题相协调，与财务报告或上一年度的 ESG 报告等风格尽量统一。
- 封面应传达出企业的文化、行业特征、社会责任理念等；在内容编辑上，需要兼顾功能性文字和功能性图片与图表的设计搭配以及整体版式的设计；在图表设计方面，应注意可读性，相同类型的图表应注意表现手法的一致性[1]。
- 排版设计所用的字体、图片、创意等需要取得相应的版权，若使用无版权的字体、图片等公司将会有较大的合规与声誉风险。

### 3. 报告发布

报告编制完成后，公司可根据交易所相关要求通过公司网站、交易所网站等发布 ESG 报告，其中联交所要求上市公司在联交所和公司网站上发布报告 ESG 报告；上交所鼓励上市公司在上交所网站上披露公司的年度社会责任报告。

在选择 ESG 报告发布时间上有两项要求：

- 对于联交所上市公司 ESG 报告可作为年报的一部分，与年报同时发布；若为独立的

---

[1] 姚晓东.如何设计出合格的企业社会责任报告[J].中国名牌,2012(2).

ESG 报告,则应尽可能接近刊发年报的时间,最迟不超过年报发布后的三个月内。

- 建议上交所上市公司在披露公司年度报告的同时披露公司的年度社会责任报告。

# 第三节　报告的内容及产出

## 一、ESG 报告、CSR 报告和可持续发展报告

随着越来越多的投资者将 ESG 元素纳入评估及投资策略,促使更多企业开始有意披露 ESG 相关信息。载有 ESG 信息的报告名称不一而足,例如企业社会责任报告、可持续发展报告、企业公民报告、企业责任报告。尽管这些报告名称不同,但都是为了对企业经营过程中实质性的非财务信息进行披露,没有本质差别,目前业界也没有统一标准。

表 6.7　ESG 报告与 CSR 报告的异同

|  | 环境、社会与公司治理报告<br>(ESG) | 企业社会责任报告<br>(CS) | 企业可持续发展报告<br>(SD) |
|---|---|---|---|
| 定义 | 投资者和研究机构进行投资分析和决策时需要考虑的非财务因素,包括环境、社会、管治三大方面 | 回应多元利益相关方关注的实质性议题,经济、环境、社会和治理绩效的主要平台 | 从资源的可持续发展、社会的可持续发展等角度,来衡量企业创造的社会价值 |
| 使用者 | 投资者、研究机构和监管机构 | 客户、员工、媒体、供应商、投资者、研究机构等多元利益相关方 | 跨国公司、地区和行业等 |
| 内容侧重 | 企业经营过程中的非财务风险和绩效,管理方针和信息披露 | 多元利益相关方参与实质性议题的筛选 | 企业的重要环境与社会影响力与可量化的贡献度 |
| 相关标准 | 香港联交所《环境、社会与管治报告指引》 | 全球报告倡议组织《可持续发展报告标准》、ISO26000《组织社会责任指南》 | 联合国《全球可持续发展目标》(SDGs) |

## 二、ESG 报告的内容

《环境、社会与公司治理报告》是一类规范性非财务信息报告,报告的内容应当作用于以下目标的实现:

- 满足证券交易所建议或要求上市公司进行年度 ESG 信息披露的要求,所披露的信息能供投资者分析公司的 ESG 风险和绩效。
- 体现上市公司整体管理的闭环,体现环境、员工、客户、社区关系和公司治理等方面的经营结果。
- 作为标准化、可复用的沟通工具,上市公司可用此与投资者、政府、客户、媒体等利益相关方交流,帮助公司积累社会资产、构建社会品牌。

因此,作为企业 ESG 报告编制的直接产出物——完整的 ESG 报告,应当具备以下章

节：公司业务与组织结构、ESG 管理章节、反映报告期间企业 ESG 开展情况的章节（即公司治理、环境责任、员工责任、客户责任、社会贡献等）、ESG 关键定量绩效表、报告编制说明以及其他 ESG 报告相关信息（如报告标准索引、第三方鉴证意见等），如图 6.2 所示。

图 6.2　ESG 报告示例图

### 1. 公司业务与组织结构

在公司业务和组织结构中可以披露（包括但不仅限于）：组织名称、组织结构、组织所提供的活动、品牌、产品和服务、总部位置、经营位置、所有权与法律形式、服务的市场、组织规模等。

### 2. ESG 管理

ESG 管理章节中一般包含的内容包括 ESG 战略规划与目标、ESG 管理理念和管理模型、对实质性议题分析与回应。企业社会责任管理战略规划、目标制定将在本书第八章中进行详细阐述；利益相关方沟通、实质性议题分析等内容将在本书第九章中进行详细阐述。

---

 **案例 6-1　赛得利可持续发展目标和进展**

赛得利在其 2019 年可持续发展报告《持续践行、引领变革》中详细披露了其 ESG 可持续发展的目标和进展。赛得利在产品管理与价值观、负责任采购、能源效率与清洁生产、环境影响、职业健康与安全、透明度、利益相关方合作、回馈社会方面均制定了 2020 年目标。以其清洁生产 2020 年目标和进展为例。

| 2020 年目标 | | 进　　展 |
| --- | --- | --- |
| 到 2020 年，单位产品用水量将比 2016 年减少 20% | 未达成 | 2019 年，每吨再生纤维素纤维耗水量为 37.8 立方米，比 2016 年每单位再生纤维素纤维产品耗水量 38.3 立方米减少 1%。我们将加大节约用水的力度，为实现 2030 年的宏伟目标而努力 |

（续表）

| 2020 年目标 | | 进　　展 |
|---|---|---|
| 通过技术升级和优化管理来提高废水和废气的收集、处理能力,确保符合法律法规 | 稳步进行中 | 2019 年未发生环保不合规事件。我们的废水和废气排放数据远低于法规的限制 |
| 到 2020 年,每个工厂化学需氧量(COD)排放将控制在 50 毫克/升以内 | 稳步进行中 | 赛江西、赛九江和赛江苏各自的 COD 浓度均远低于 50 毫克/升。赛福建的 COD 浓度为 54.6 毫克/升(符合当地排放标准),并在进一步改善中 |
| 所有再生纤维素纤维厂,锅炉排放的二氧化硫($SO_2$)将控制在 35 毫克/立方米以内 | 稳步进行中 | 赛江西、赛九江和赛江苏的电厂锅炉排放的二氧化硫($SO_2$)均远低于 35 毫克/立方米。赛福建电厂锅炉排放的二氧化硫浓度为 44.7 毫克/立方米(达到当地排放标准),并在进一步改善中 |

此外,赛得利于 2020 年 11 月发布了 2030 年可持续发展愿景,以指导公司未来十年的战略发展。该愿景围绕四大支柱展开,以应对纤维素纤维行业面临的环境和社会挑战:气候和生态系统保护、闭环生产、创新和循环以及包容性成长。

这个愿景有明确时限、路线图和可测量目标,包括:

- 到 2050 年实现碳零排放;
- 到 2025 年实现所有工厂 98% 的全硫回收率;
- 到 2023 年利用纺织废料生产可回收成分占比达 50% 的纤维素纤维产品,2023 年这一比例达到 100%;
- 支持 30 多万当地家庭和小农户发展可持续的生计。

资料来源:赛得利 2019 年可持续发展报告——《持续践行、引领变革》、赛得利愿景 2030。

 **案例 6-2　积水住宅的社会责任模型**

**企业理念、CSR 方针:**

积水住宅集团制定了"以人为本"的企业理念。"以人为本"是指"我们祈望他人幸福,坚

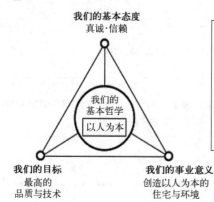

定予人快乐为己快乐的奉献精神,真诚踏实地做好每项工作",于 1989 年制定,经全体员工一致通过。此外,我们将重要的利益相关者顾客、员工和股东视作祈望幸福的对象,将实现顾客满意(CS)、员工满意(ES)和股东满意(SS)作为基于积水住宅集团企业理念的 CSR 方针。

　资料来源:积水住宅.*CSR Report 2016*.

### 3. 公司治理、环境责任、员工责任、客户责任、社会贡献等

公司治理、环境责任、员工责任、客户责任、社会贡献等为报告的主要内容。在这部分章节中,公司对报告参考体系中的主题、议题和关键绩效以及对公司重要的实质性议题进行回应和披露。高质量的 ESG 信息披露是一个集公司 ESG 现状研究、体系建立以及对外传播于一体的过程。在这些章节中可以集中展示公司在 ESG 层面的卓越实践和项目案例。

 **案例 6-3　华虹宏力的产品全生命周期环境管理**

面对全球气候变化带来的风险以及社会日益旺盛的节能减排需求,降低电子电器产品的高能耗成为当前业界关注的焦点之一。在专业集成电路制造服务领域,华虹宏力公司致力于实施覆盖从原材料采购、产品生产、产品运输、终端产品使用到废弃环节的全生命周期环境管理,不断优化其晶圆制造技术、降低产品体积,提高产品在终端运用的能效,在为客户创造功耗、效能以及芯片尺寸优化的竞争优势的同时,降低科技进步对环境所造成的冲击,助力构造低碳环保社会。

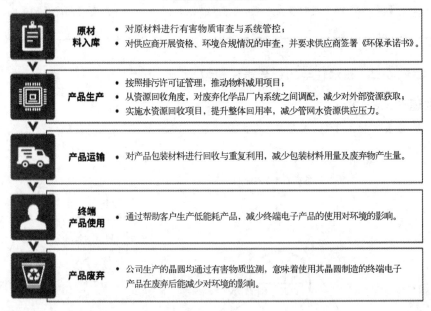

资料来源:《华虹宏力 2019 年度企业社会责任报告》。

**案例 6-4　金光集团 APP(中国)倡导和推动可持续消费**

　　作为互认工作的大力推动者,金光集团 APP(中国)多年来积极开展森林认证,持续改善森林经营 CFCC/PEFC FM 审核幼林现场和产销监管链的可持续管理,旗下众多企业通过了 CFCC/PEFC 认证。与此同时,我们在业内积极推动森林认证贴标工作,为消费者选择可持续纸品提供可靠的信息参考,让森林认证被更广泛的人群认识和了解,与利益相关方携手促进可持续消费。

**可持续消费的推动者**

　　可持续发展理念已经逐渐深入到人们生产、生活的方方面面。作为供应链的下游,消费者对于可持续消费的支持和要求将有力推动企业改善在供应链环节中的整体表现。在联合国可持续发展目标以及多项国内政策中,可持续消费已被列为重要的可持续发展议题之一。

　　金光集团 APP(中国)自 2015 年起,通过为客户定制的方式,推动在生活用纸、复印纸等系列产品上加载 CFCC/PEFC 标识的工作。2018 年,在国家林业和草原局科技发展中心的指导下,我们进一步推动该项工作的实施。APP(中国)旗下高端生活用纸品牌"唯洁雅"和知名品牌"清风"成为国内同类产品中首批成功加载联合认证标识的品牌。

　　我们希望由此推动更多消费者关注产品对环境和社会的影响,帮助消费者更好地辨识源自可持续经营森林的林产品,从而影响消费者的购买决策,推动森林可持续经营。

　　未来,我们将持续开展 CFCC/PEFC 贴标工作,使其逐步实现常态化。我们同时呼吁更多的企业关注可持续产品标识,共同推动产业链的良性循环发展,为森林保护事业作出更多贡献。

　① **开展森林认证**

　　APP(中国)积极开展森林认证,在认证工作的审核与评估中持续完善管理,为更好地推动森林经营与责任生产打下坚实的基础。截至 2018 年底,APP(中国)自营林通过 CFCC/PEFC FM 认证的总面积达 254,660.01 公顷,占自营林总面积的 90.93%,其中供应纸浆厂的自营林 CFCC/PEFC 认证率为 100%;旗下共有 16 家浆纸厂及贸易公司获得 PEFC CoC 认证,确保采购的原料源自可持续经营的森林。

自营林通过 CFCC/PEFC FM 认证的总面积
**254,660.01** 公顷

自营林 CFCC/PEFC 认证率
**90.93** %

旗下获得 PEFC CoC 认证的企业 **16** 家

注:获得认证的具体信息请参见《可持续发展管理》章节。

CFCC/PEFC FM 审核幼林现场

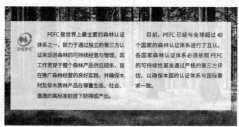

PEFC 是世界上最主要的森林认证体系之一,致力于通过独立的第三方认证来促进森林的可持续经营与管理。其工作贯穿于整个森林产品供应链系,旨在推广森林经营的良好实践,并确保木材及非木质林产品在尊重生态、社会、道德的高标准前提下获得或产出。

目前,PEFC 已经与全球超过 40 个国家的森林认证体系进行了互认,各国家森林认证体系必须依照 PEFC 的可持续性基准通过严格的第三方评估,以确保本国的认证体系与国际要求一致。

　　资料来源:金光集团.《APP2018 不忘初心"纸"在未来》.

### 案例 6-5    中国台湾中鼎的永续供应链管理

中鼎期许提升供应链的永续性与韧性,降低供应链风险,因此设置了四大步骤的供应链管理框架以完善管理机制,持续督促自身,并带动供应商一同往永续的方向迈进,提升供应商的绩效与能力,建立负责任且具韧性的供应链。

#### 供应链行为准则

中鼎始终致力于企业永续发展,我们也同样期待供应商能与我们有相同的价值观。因此特别参考国际上相关倡议要求,包括联合国全球盟约、世界人权宣言及联合国商业人权规范中有关人权、劳工准则、环境及反贪污等相关规范精神,制定中鼎工程厂商行为准则,要求厂商(含新供应商)共同遵守,更鼓励我们的厂商以同样的标准要求其合作厂商,期待通过产业链上下游互相影响的力量,带动整体产业链的永续性。

#### 供应商永续评选

中鼎除针对厂商有行为准则要求外,更通过实际的采购作为,希望带给供应商正面的影响。以关键设备器材供应商为例,中鼎在资格评核时采用器材供应商资格评鉴标准记录表进行访厂评核,斟酌的因子除了品质安环要求、价格、交期、出产国、产地、出口欧港外,还包括公司诚信经营状况、是否有 ISO 14001/ISO 45001 验证等永续因子,这些永续性考量因子占总评分的 10%。

#### 供应商访厂及稽查准备

为落实供应商永续性风险的管理,中鼎已经完成厂商永续性稽查办法,进行永续性稽核人员的稽核教育培训,并发送厂商自我评估表进行调查;针对前一年调查结果列为高风险供应商,于次一年度进行访厂稽核,稽核面分为管理制度、道德规范、环境、劳工与人权、健康与安全五大方面,以完整的永续性规范检视供应商风险,并对于其高风险项目,协助其了解该项目的重要性,提供缺失改善的建议,如为劳工及人权的缺失,请厂商提出具体措施及做法,减缓厂商人权风险,并持续追踪厂商改善过程。

#### 永续性风险调查与评估

为主动掌控供应商的永续风险,中鼎针对所有的供应商,在初期进行供应商登记时,会主动审核厂商的风险状态,包含营业执照、纳税证明、公司简介、工程业绩、品质及安环认证等资料,依据其运营所在地的地理位置与采购类别,针对特定地区(如印度等)优先进行访厂,进行初步的主动风险评估,以了解潜在风险状况,并依据中鼎制定的供应链永续性评估流程,通过问卷发放,由厂商自我评估,初步了解厂商的永续性风险。针对高风险厂商,中鼎进一步进行访厂稽查,透过现场问询及访视高风险部分,提出建议并协助改善。

资料来源:《中鼎可持续发展报告 2019》。

供应商稽核五大面向

## 案例 6-6　默克中国的员工多元化与包容性

### 中国多元化平台

在中国,我们于 2019 年设立了多元化平台,旨在打造性别平等、相互理解与包容的企业文化。该平台由默克中国总裁安高博先生(Mr. Allan Gabor)领导,旗下有三大工作小组:女性领导力(Women in Leadership)、亚太人才(Talents in APAC),以及年轻新世代(Generation Now)。

### 女性领导力

女性领导力旨在缩小职场性别差异,为女性提供职业发展支持,主要包括如下四个方面的行动:

**"她创新"**
- 以多元化推动创新
- 鼓励女性创业者

**"她平衡"**
- 弹性工作时间
- 工作与生活平衡 2.0

**"她传授"**
- 人才发展
- 知识共享
- 留任
- 建立人脉

**"他为她"**
- 男性领导为女性提供指导与帮助
- 构建更加平衡的领导团队
- 提升职场性别差异认知

### 亚太人才

亚太人才旨在鼓励员工参与短期派遣任务,帮助他们更深入地了解默克中国多样化的商业模式,分享个人对在不同部门、行业、国家执行短期派遣的意义的理解,并通过参加相关培训活动等提高员工对无意识偏见的认知。

---

**"亚太人才"亮点活动:跨区域导师项目**

作为亚太地区人才培养的重点项目之一,跨境辅导计划于 2020 年 4 月启动。导师和学员来自不同的业务部门,包括医药健康、生命科学、高性能材料以及职能部门。共有 68 对导师与学员参加了培训,其中 80% 来自不同的国家或行业,推动了亚太地区员工之间的相互理解和联系。

### 年轻新世代

年轻新世代的目标是将多元化与包容性塑造成面向年轻一代(即 1985—1990 年出生的人)的品牌,帮助他们认识自我,促进职业发展,加速跨代合作,为未来的成功奠定基础。

未来,"年轻新世代"将重点开展以下活动:

| 俱乐部 | 炉边谈话 | 反向导师制 | 志愿活动 |
|---|---|---|---|
| • 成立默克青年社团<br><br>• 提高员工公众演讲、交流与领导力技能(成立默克中国演讲俱乐部)<br><br>• 构建相互帮助的企业文化 | • 邀请内外部嘉宾分享经验<br><br>• 举办论坛和沙龙 | • 导师与学员配对<br><br>• 每月/季度开展反向导师活动<br><br>• 导师和学员分享心得 | • 与企业事务部团队合作开展志愿活动 |

### 年轻新世代的亮点活动

年轻新世代于 2019 年 12 月 12 日联合头马(Toastmasters)演讲俱乐部开展首次工作坊,共有 70 名员工参与。头马是一个非营利性的教育组织,通过一个全球性的俱乐部网络来帮助改善沟通和领导能力。活动通过借鉴成熟的国际演讲会会议结构和学习途径,帮助我们的员工练习演讲技巧和提高领导能力。此外,活动还邀请外部演讲主持人参与,以此扩大员工的社交网络。

资料来源:《默克中国可持续发展报告 2019—2020》。

---

## 案例 6-7　海通证券的社会公益

### 爱心回馈社会

2019 年是全面贯彻党的十九大精神,打赢脱贫攻坚战极为关键的一年,海通证券结对的贫困县已进入脱贫摘帽的冲刺阶段。公司通过"一司一县"结对帮扶、"百企帮百村"结对帮扶、上海城乡党组织结对帮扶等,全面开展帮扶合作,建立长效帮扶机制,加快群众脱贫致富步伐。

公司建立了一套领导重视、协同支持、共同参与、发挥合力的工作机制,由公司党委书记、董事长任扶贫工作领导小组组长,下设工作小组和推进机构,形成管理部门与业务部门联动、总部与分支机构联动、经济支持与人才保障联动的扶贫"三联动"体系,充分发挥地方联动优势,整合资源资金、人才资源,推进贫困地区脱贫攻坚行动。

2019 年,结合公司三年发展战略规划,公司出台《海通证券推进重点扶贫工作方案》,制定了至 2020 年前公司的精准扶贫计划,从金融扶贫、产业帮扶、公益帮扶、智力帮扶、消费帮扶等五方面开展工作。

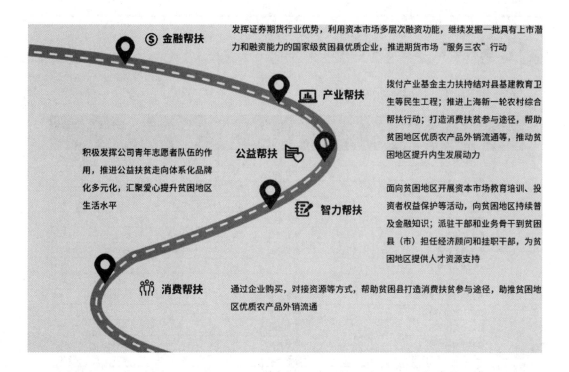

**金融帮扶** 发挥证券期货行业优势，利用资本市场多层次融资功能，继续发掘一批具有上市潜力和融资能力的国家级贫困县优质企业，推进期货市场"服务三农"行动

**产业帮扶** 拨付产业基金主力扶持结对县基建教育卫生等民生工程；推进上海新一轮农村综合帮扶行动；打造消费扶贫参与途径，帮助贫困地区优质农产品外销流通等，推动贫困地区提升内生发展动力

**公益帮扶** 积极发挥公司青年志愿者队伍的作用，推进公益扶贫走向体系化品牌化多元化，汇聚爱心提升贫困地区生活水平

**智力帮扶** 面向贫困地区开展资本市场教育培训、投资者权益保护等活动，向贫困地区持续普及金融知识；派驻干部和业务骨干到贫困县（市）担任经济顾问和挂职干部，为贫困地区提供人才资源支持

**消费帮扶** 通过企业购买，对接资源等方式，帮助贫困县打造消费扶贫参与途径，助推贫困地区优质农产品外销流通

### 海南橡胶场外期权产业扶贫试点项目

经过多年"保险＋期货"项目经验积累，海通期货及其子公司海通资源在2019年上海期货交易所的场外期权产业扶贫项目中，联合产业龙头企业——海南天然橡胶集团（以下简称海胶集团），对海南当地白沙县与琼中县的胶农进行扶贫。

项目由海胶集团向海通资源购买场外期权，对手中现货进行套保，海通资源将风险进行对冲后按保护价格将赔付结算给海胶集团，集团通过收胶二次结算的方式将赔付款补偿到胶农手中。最终项目通过对2 200吨橡胶进行套保，产生了总计868 164元的赔付，保护了当地胶农的割胶收益。

资料来源：《2019海通证券企业社会责任报告》。

4. ESG关键定量绩效表

报告主体章节一般还会包含ESG关键定量绩效表，对报告体系所涉及的关键定量指标进行集中回应，一般包括经济绩效、环境绩效和社会绩效。关键定量绩效表中按类别和指标披露数据统计口径和绩效数据。

**案例 6-8　富士胶片 CSR 指标一览**

## 富士胶片CSR指标一览

| 类别 | 指标 | 统计对象 | 单位 | 绩效 | | |
|---|---|---|---|---|---|---|
| | | | | 2017 | 2018 | 2019 |
| 经济 | 产品合格率 | 生产企业 | % | >96.80 | >93.50 | >94.70 |
| | 合同履约率 | 生产企业 | % | 100 | 100 | 100 |
| | 科技或研发投入 | 生产企业 | 万元 | 8,202.13 | 11,809.84 | 10,882.03 |
| | 科技工作人员数量 | 生产企业 | 人 | 141 | 323 | 298 |
| | 新增知识产权（含专利、著作权） | 生产企业 | 个 | 15 | 9 | 14 |
| 社会 | 员工总人数 | 所有企业 | 人 | 2,868 | 2,953 | 2,421 |
| | 男性员工数量 | 所有企业 | 人 | 1,636 | 1,675 | 1,313 |
| | 女性员工数量 | 所有企业 | 人 | 1,232 | 1,278 | 1,108 |
| | 外籍员工数量 | 所有企业 | 人 | 45 | 46 | 42 |
| | 少数民族裔员工数量 | 所有企业 | 人 | 4 | 4 | 5 |
| | 残疾人雇佣人数 | 所有企业 | 人 | 2 | 2 | 2 |
| | 劳动合同签订率 | 所有企业 | % | 100 | 100 | 100 |
| | 社会保险覆盖率 | 所有企业 | % | 100 | 100 | 100 |
| | 参加工会的员工比例 | 所有企业 | % | 99.47 | 99.63 | 99.50 |
| | 每年人均带薪休假天数 | 所有企业 | 天 | 9.52 | 8.21 | 9.74 |
| | 本地高层管理者比例 | 所有企业 | % | 47.06 | 47.62 | 47.62 |
| | 女性管理者比例 | 所有企业 | % | 25.44 | 28.57 | 30 |
| | 年度新增职业病人数 | 生产企业 | 人 | 0 | 0 | 0 |
| | 企业累计职业病人数 | 生产企业 | 人 | 0 | 0 | 0 |
| | 体检及健康档案覆盖率 | 所有企业 | % | 86 | 88.06 | 87.61 |
| | 安全生产投入 | 所有企业 | 万元 | 963.36 | 1,198.26 | 1,353.02 |
| | 员工工伤率 | 所有企业 | % | 0.38 | 0.20 | 0.37 |
| | 员工培训覆盖率 | 所有企业 | % | 93.41 | 88.38 | 81.45 |
| | 年均员工培训时长 | 所有企业 | 小时 | 22.30 | 30.08 | 29.18 |
| | 员工培训总投入 | 所有企业 | 万元 | 252.51 | 159.09 | 161.57 |
| | 接受定期绩效考核及职业发展考评的员工比例 | 所有企业 | % | 100 | 100 | 100 |
| | 本土采购比例 | 所有企业 | % | 80 | 82.60 | 84.63 |
| | 员工志愿者活动时长 | 所有企业 | 小时 | 820 | 1,676 | 3,592 |
| | 反腐合规培训覆盖人次 | 所有企业 | 人次 | 2,812 | 2,705 | 2,330 |
| | 供应商培训覆盖人次 | 所有企业 | 人次 | 772 | 263 | 236 |
| | 经销商培训覆盖人次 | 所有企业 | 人次 | 7,299 | 3,898 | 4,630 |
| 环境 | 环保总投资 | 生产企业 | 万元 | 516.10 | 1,392.26 | 1,248.80 |
| | 生产及生活用水排放量 | 生产企业 | 千吨 | 669.37 | 709.04 | 646.17 |
| | 电力使用量 | 生产企业 | 千千瓦时 | 49,321.94 | 57,243.72 | 53,111.83 |
| | 化石燃料（油类）使用量 | 生产企业 | 千升 | 90.66 | 95.69 | 88.59 |
| | 化石燃料（气类）使用量 | 生产企业 | 千立方米 | 317.05 | 346.90 | 380.58 |
| | 直接温室气体排放量 | 生产企业 | 千吨 | 36.55 | 46.90 | 45.16 |
| | 废水排放量 | 生产企业 | 千吨 | 592.70 | 624.51 | 600.68 |
| | 循环及再利用水量 | 生产企业 | 千吨 | 228.62 | 241.50 | 242.41 |
| | 固体（含无害及有害）废弃物排放量 | 生产企业 | 千吨 | 5.60 | 5.28 | 5.70 |

资料来源：《2020 富士胶片中国可持续发展报告》。

5. 报告编制说明

报告编制说明应包含报告范围、报告发布周期、报告编制依据、数据说明以及报告发布与联系五个部分内容。

 **案例 6-9　中国平安报告编制说明**

中国平安在"报告范围"中说明了报告涵盖的业务板块和经营主体，以及报告发布周期；在"报告编制原则"中说明了报告参考的报告体系及原则；在"报告数据说明"中对数据涵盖的范围、单位进行了说明；在"报告保证方式"中对报告的第三方鉴证进行了说明；在"报告发布形式"中说明了报告发布的形式。

## 关于本报告

### ◎报告范围

报告的组织范围：本报告以中国平安保险（集团）股份有限公司为主体，涵盖平安旗下各专业公司机构。

报告的时间范围：2019 年 1 月 1 日至 2019 年 12 月 31 日。

报告的发布周期：本报告为年度报告。

### ◎报告编制原则

本报告根据香港联合交易所《环境、社会及管治报告指引》编制，同时参照全球报告倡议组织（GRI）《可持续发展报告标准》为信息披露的指导性原则。

### ◎报告数据说明

报告中的财务数据摘自中国平安《2019 年年报》，该财务报告经普华永道中天会计师事务所（特殊普通合伙）独立审计。其他数据来自公司内部系统或人工整理。本报告中所涉及货币种类及金额，如无特殊说明，均以人民币为计量单位。

### ◎报告保证方式

本报告披露的所有内容和数据已经中国平安保险（集团）股份有限公司董事会审议通过。同时，德勤华永会计师事务所（特殊普通合伙）按照《国际鉴证业务准则第 3000 号：历史财务信息审计或审核以外的鉴证业务》（"ISAE3000"）的要求对本报告进行了独立第三方鉴证。

### ◎报告发布形式

报告以印刷版和网络版两种形式发布。网络版可在本公司网站 www.pingan.cn 查阅。

**6. 其他 ESG 报告相关信息**

除了以上所述,ESG 报告往往还包含报告期间所获得的社会认可与荣誉、报告标准索引、董事会声明或高级管理层致辞、第三方鉴证意见、专业术语释义等内容。

 **[本章小结]**

作为企业与不同利益相关方沟通的重要方式,ESG 报告已经越来越受到企业的重视。报告编制体系的选择是企业在报告研究阶段最重要的工作之一。目前现有的国内外报告体系大致可以分为三类:国际通用标准和行业标准、国内外证券交易所 ESG 信息披露体系,以及 ESG 评级体系等其他参考标准。

企业在选择报告编写的依据时,应充分考虑到不同报告体系的优势与特点,结合自身情况选择合适的报告编写标准,例如:上市公司应首先按照所在交易所的政策编制 ESG 报告,同时还可参考国际通用标准及行业标准进行编制。

根据所选择报告体系、结合行业特性和自身实践,在企业报告中披露重要的 ESG 议题,以回应不同利益相关方的诉求和期望。一份完整的 ESG 报告应包含:公司业务与组织结构、ESG 管理、反映报告期间企业 ESG 开展情况的章节(即公司治理、环境责任、员工责任、客户责任、社会贡献等)、ESG 关键定量绩效表、报告编制说明以及其他 ESG 报告相关信息(如报告标准索引、第三方鉴证意见等)。

 **[思考与练习]**

1. 一家海外上市公司希望发布 ESG 报告,则该公司应如何选择合适的报告标准?

2. 公司编写 ESG 报告的编制过程一般有哪几个阶段? 每个阶段的重点工作分别是哪些?

3. ESG 报告的 ESG 管理章节一般包括哪些议题和内容?

 **[参考文献]**

**中文文献**

1. 全球报告倡议组织.可持续发展报告标准.2016.

2. 上海证券交易所.上海证券交易所上市公司环境信息指引.2008.

3. 上海证券交易所.上海证券交易所科创板上市公司自律监管规则适用指引第 2 号——自愿信息披露.2020.

4. 深圳证券交易所.上市公司社会责任指引.2006.

5. 香港联交所.关于检讨《环境、社会及管治报告指引》及相关《上市规则》条文的咨询总结.2019.

6. 姚晓东.如何设计出合格的企业社会责任报告[J].中国名牌,2012(2).

**英文文献**

1. FTSE Russell. FTSE ESG Index Series v2.4. https://research.ftserussell.com/

products/downloads/FTSE_ESG_Index_Series_Ground_Rules.pdf. 2021.

2. Sustainability Accounting Standards Board. SASB Conceptual Framework. https：//www.sasb.org/wp-content/uploads/2020/02/SASB_Conceptual-Framework_WATERMARK.pdf. 2017.

3. Sustainability Accounting Standards Board. SASB RULES OF PROCEDURE. https：//www.sasb.org/wp-content/uploads/2019/05/SASB-Rules-of-Procedure.pdf. 2017.

4. Sustainability Accounting Standards Board. SASB Standards Application Guidance. https：//www.wlrk.com/docs/SASB-Standards-Application-Guidance-2018-10.pdf ♯：～：text＝The％20SASB％20Standards％20Application％20Guidance％20applies％20to％20all，and％20is％20considered％20part％20of％20the％20standard％20itself. 2018.

5. Sustainability Accounting Standards Board. SASB Standards. https：//www.sasb.org/standards/download/. 2021.

# 第七章 研究机构、民间团体与公众 对 ESG 发展的推动

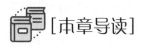[本章导读]

　　2016 年被称为绿色金融元年,政府对绿色金融的支持政策不断创新,ESG 及其包含的信息披露发展为支持绿色金融发展的重要制度。研究机构、民间团体和公众等第三方,推动 ESG 在我国发展,也逐渐积聚影响力。本章介绍国内各研究机构、公益组织和公众在推动 ESG 发展方面的进展及相关案例。

## 第一节　第三方主体对 ESG 发展的推动

　　社会组织和公众等第三方主体在 ESG 发展过程中发挥的作用可概括为三个方面:一是在 ESG 制度与政策体系中发挥作用,推动政府制定 ESG 相关法规政策,为政府提供决策建议或监督政府及企业落实 ESG 相关信息披露政策等;二是直接参与 ESG 基础能力建设,如开展智库研究、ESG 产品和工具创新、建设 ESG 基础数据库、研究 ESG 评价体系、通过产学研等形式培育 ESG 专业人才等;三是发挥宣传和倡导作用,通过举办活动、论坛、培训、发表研究报告、提供咨询服务等,向社会大众和机构投资者等普及和推行 ESG 价值观,动员投资人和公众支持 ESG 投资。

　　2014 年,中国人民银行研究局与联合国环境署可持续金融项目联合发起绿色金融工作小组。由 40 多位专家组成。2015 年 4 月 22 日,中国人民银行批准成立中国金融学会绿色金融专业委员会(以下简称绿金委)并召开绿色金融工作小组报告发布会。马骏代表绿色金融工作小组发布了首份《构建中国绿色金融体系》报告,提出了构建中国绿色金融体系的框架性设想和 14 条具体建议。这些建议涵盖了推动绿色投资的机构建设、政策支持、金融基础设施、法律基础设施四个方面的内容。其中大部分建议都被写入了 2015 年 9 月中共中央、国务院发布的《生态文明体制改革总体方案》。发展绿色债券市场、采取贴息和担保机制支持绿色信贷、设立绿色基金、建立强制要求上市公司披露环境信息的制度、在环境高风险领域建立强制性环境责任保险制度、推动"一带一路"投资绿色化等内容,在 2016 年 8 月由中国人民银行等七部委发布的《关于构建我国绿色金融体系的指导意见》中得到了充分体现。

　　2016 年《关于构建我国绿色金融体系的指导意见》发布以来,绿色金融体系在金融市场和各级地方政府层面都开启了全面落实的行动。绿色金融体系建设要求建立上市公司

和发债企业强制性环境信息披露制度,支持金融机构开展环境压力测试,建立碳金融市场,建立绿色评级制度等,每一项工作都离不开对 ESG 制度框架、政策工具、ESG 评价体系、信息披露环境和 ESG 基础数据库方面的建设和研究。众多的研究机构也开始关注并投入到绿色金融领域的学术理论与政策研究,绿色金融产业发展、产品和工具创新、能力建设与"一带一路"等国际合作。追求长期价值增长、兼顾经济和社会效益的 ESG 理念与我国"十四五"时期经济社会发展的指导思想和原则高度契合。

国际机构和国家也在努力推动绿色金融的主流化。金融稳定理事会(Financial Stability Board,FSB)设立了气候相关金融信息披露工作组(TCFD),致力于为金融机构和非金融机构制定一套自愿的披露建议。TCFD 于 2017 年 6 月发布《气候相关财务信息披露工作组建议报告》(以下简称 TCFD 框架),旨在通过形成低碳和具有较强气候适应性的经济体系,确保更加稳定、更有弹性的中长期市场。该报告为投资者、贷款人和保险公司等金融机构对与气候相关风险和机遇进行适当评估提出了框架和建议,以便揭示气候因素对金融机构收入、支出、资产、负债以及资本和投融资等方面实际和潜在的财务影响,并最终为全球经济进行更适当的风险定价和资本配置提供支持。

## 第二节 研究机构对 ESG 的推动

自 2016 年以来,中央财经大学绿色金融国际研究院、复旦大学绿色金融研究中心、海南省绿色金融研究院、清华大学国家金融研究院绿色金融发展研究中心、兰州大学绿色金融研究院等相继设立。2020 年 7 月,首都经济贸易大学成立中国 ESG 研究院。

### 一、中央财经大学绿色金融国际研究院

中央财经大学绿色金融国际研究院(以下简称中财大绿金院)设立于 2016 年 9 月,是国内首家以推动绿色金融发展为目标的开放型、国际化的研究院,中财大绿金院前身为成立于 2011 年 9 月的中央财经大学气候与能源金融研究中心,通过管理机制创新,交叉创新方向培育,绿色金融学科建设,富有责任感的绿色金融人才培养,以及与国内外战略机构合作,建成具有鲜明创新学科特色的专业智库。

1. 专业学术研究

在学术研究方面,中财大绿金院研究团队与财政部、住建部、人民银行、中国证券业协会绿色证券委员会等部门密切联动,为政府部门开展 ESG 研究提供助力,共同开展课题研究工作,并向相关部门递交政策建议,助力经济社会高质量发展。2020 年 9 月发布了国内首个本土化、系统性、普适性的"中国公募基金 ESG 评级体系",填补了国内市场公募基金 ESG 评级的空白。

2. ESG 数据库、评价指数及报告

中财大绿金院运用自主研发的"ESG 评估方法学"并结合建设的 ESG 数据库,联合中证指数、国证指数以及国内知名媒体机构先后发布了沪深 300 绿色领先股票指数、中财—国证深港通绿色优选指数、中证—中财沪深 100 ESG 领先指数、美好中国 ESG 100 指数、

中证中财苏农苏州绿色发展指数、中证中财苏农长三角 ESG 债券指数等多项指数,旨在为国内投资者践行 ESG 投资理念提供价值标尺和投资工具,丰富了国内 ESG 指数体系。

3. ESG 研究成果转化

在研究成果转化方面,中财大绿金院与多家金融机构合作,提供了 ESG 评估体系建设、环境信息披露、环境压力测试、ESG 信用研究、ESG 指数开发等咨询服务,为国内投资者践行 ESG 投资理念提供了丰富的价值标尺和投资工具。此外,研究团队还与资产管理公司合作,开展 ESG 指数及相关产品的研究开发,并实现具体金融产品的落地。与此同时,在 ESG 数据集成的基础上,研究团队开发了多种信息类产品,为 ESG 信息披露和 ESG 投资的双向循环提供更加完善的支持[1]。

4. 与国内外机构开展合作交流

2020 年,中财大绿金院联合新浪财经发布《中国 ESG 发展白皮书》,旨在推广和践行可持续发展,责任投资,与环境、社会和公司治理(ESG)价值理念,关注 ESG 投资在中国实践。2020 年 10 月,中财大绿金院在 2020 年会上与新华社中国经济信息社就企业 ESG 可持续发展能力评价等内容达成合作。中财大绿金院 ESG 团队也与国际合作伙伴积极开展合作交流,促进中国 ESG 实践经验的输出。2020 年举办的活动包括与浙江省金融学会、德国国际合作机构(GIZ)联合主办的 ESG 公益培训、与德意志交易所下属的全球一体化指数提供商 STOXX 构建战略合作关系,将联手开发中国 ESG 领先指数,开发中国 ESG 主题 ETF 相关金融产品,并与德意志交易所集团北京代表处主办 2020 中欧绿色金融论坛——ESG 专场,就中国和欧洲 ESG 市场进展,以及中欧 ESG 合作前景进行讨论和交流。

## 二、复旦大学绿色金融研究中心

复旦大学绿色金融研究中心成立于 2018 年 3 月,是立足于国家绿色发展战略,深耕绿色经济金融领域的研究型智库。复旦大学绿色金融研究中心依托复旦大学泛海国际金融学院,主要围绕绿色金融领域,以理论研究、人才培养和决策咨询为宗旨,同时开展绿色金融的宣传培训、实践探索和合作交流等工作。

1. 绿色金融宣传与推广

复旦大学绿色金融研究中心定期举办上海论坛绿色金融圆桌会议、高校绿色金融研究联盟院长论坛、长三角绿色金融高峰会议、复旦绿色金融学术报告、复旦绿色金融政策沙龙,以及复旦绿色金融实务课堂等各类活动,汇聚和发布绿色金融的各种观点和声音。通过举办全国性的大学生绿色金融学术竞赛活动,培育绿色金融的后备研究力量。

2. 绿色金融制度与 ESG 主题研究

复旦大学绿色金融研究中心已经在国家绿色金融发展制度、城市绿色金融竞争力、企业(银行)绿色透明度、绿色供应链金融、绿色保险、碳金融以及环境经济金融等方面完成多项研究,发表多篇高水平论文,形成各类研究报告十余份。其中,《中国上市银行绿色透明度研究》与《企业绿色透明度研究》主要围绕 ESG 研究主题开展。

---

[1]　相关信息来源于中央财经大学绿色金融国际研究院官网及微信公众号,网址:http://mp.
weixin.qq.com/s/zsVKBLEm_7PkKx4kntEWDA。

银行是金融机构的重要组成部分,理应遵循负责任投资的倡议,积极发展绿色金融业务,并主动对自身 ESG 信息,特别是环境信息进行披露,提高透明度。2019 年 12 月发布的《中国银保监会关于推动银行业和保险业高质量发展的指导意见》(银保监发〔2019〕52号)专章提出:"银行业金融机构要建立健全环境与社会风险管理体系,将环境、社会、治理要求纳入授信全流程,强化环境、社会、治理信息披露和与利益相关者的交流互动。"《中国上市银行绿色透明度研究》通过构建银行环境信息披露指数,对国内上市银行 2013 年以来在绿色金融发展过程中的制度政策、实际表现和最终绩效等方面的环境信息透明度进行多层次的评估,并比较不同市场、不同银行性质之间的差异,总结当下上市银行在环境信息披露表现中的现状和问题,提出有针对性的建议。

企业环境信息披露制度在国际上发展迅速。仅在 2014—2016 年,就有 64 个国家发布了超过 100 份带有强制性的企业环境信息披露制度文件。截至 2016 年,已有超过 80% 的世界主要经济体对企业公开其 ESG 信息提出了强制性要求。在我国,当前上市公司环境信息披露规则仍以企业是否属于环保部门公布的重点排污单位的公司或其重要子公司为界。除了属于重点排污单位的上市公司负有强制性披露义务外,其他上市公司则适用"不披露则解释"规则,即其他公司可参照对重点排污单位的要求披露环境信息,若不披露须充分说明原因。为了衡量上市公司在环境信息披露方面的表现,《企业绿色透明度研究》通过构造绿色透明度指数,形成一套能够适用于重污染行业上市公司环境信息披露程度的评估体系,为企业、政府和消费者提供一个可参考的指标,即"企业绿色透明度指数"。

3. 长三角 ESG 与零碳研究院

2021 年,复旦大学绿色金融研究中心联合商道纵横、金茂律师事务所共同成立长三角 ESG 与零碳研究院,致力于开展企业环境、社会与公司治理等绿色经济与绿色金融研究与咨询等工作;通过智库研究,举办论坛会议及各项沙龙活动,提供咨询服务,协助金融机构开发绿色金融产品,打造长三角绿色发展与绿色金融产学研协同合作交流平台,全面助力建设生态绿色长三角以及推进长三角一体化高质量发展。

## 三、首都经济贸易大学中国 ESG 研究院

2020 年 7 月,首都经济贸易大学成立中国 ESG 研究院,以构建中国 ESG 披露标准、评价指标体系和数据库,推广 ESG 理念,推动企业可持续发展为目标,并下设 ESG 理论研究中心、中国 ESG 披露标准研究中心、中国 ESG 评价研究中心、ESG 教学研究中心、ESG 案例研究中心等五个研究中心,开展 ESG 学术研究和人才培养,提供高端智库研究和咨询,为政产学研协同创新和持续发展、经济高质量发展提供有力支撑。2021 年 1 月 9 日,首都经济贸易大学中国 ESG 研究院举办中国 ESG 论坛,并发布 ESG 评价原则与评价指标体系[1]。

总体来看,国内 ESG 领域的学术研究院数量不多,并多依托于绿色金融研究院,在 ESG 领域设立专门研究团队的院校也不多。现阶段在比较研究国内外 ESG 政策与实践

---

〔1〕 钱龙海.发挥高校智库力量 推动完善 ESG 生态系统——在"中国 ESG 论坛 2021"上的致辞. http:// cbox. cctv. com/2021/01/11/ARTItM1KZtpLJMXRy4A6Q16j210111. shtml? spm = C12193. PgTbF9f3U52z. ERHqKosOJLoU.8.

的同时,有必要立足中国国情,对中国 ESG 发展过程中的问题提出政策建议,积极建立开放合作的国际学术平台,并将研究成果转化及绿色金融创新产品。

## 第三节　民间组织对 ESG 理念的关注与推动

近年来,民间团体的推动也让责任投资的进程不断加速,这在 ESG 发展中有着不可替代的作用,尤其是在推动信息披露主体提高 ESG 信息披露的真实性、准确性和平衡性等方面,可以作为独立第三方进行监督,也可以提供类似社会企业性质的公益性数据服务。本节以公众环境研究中心(IPE)和上海闵行区青悦环保信息技术服务中心为例,介绍 NGO 对 ESG 价值理念的关注与推动,包括在 ESG 信息披露、ESG 评级和投资实践等方面的推动。

### 一、上海闵行区青悦环保信息技术服务中心在 ESG 方面的工作

上海闵行区青悦环保信息技术服务中心(以下简称上海青悦),是一家在上海注册的以信息数据技术为主要工作手法的环保公益组织,也是国内最早进入 ESG 领域的环保公益组织之一。其在绿色金融及 ESG 方面的相关创新性工作,得到了北京市企业家环保基金会(阿拉善 SEE)、阿里巴巴公益基金会、中国扶贫基金会、福特汽车环保奖等公益基金会的持续支持。

1. ESG 信息披露推动

自 2018 年起,上海青悦就通过大数据技术＋AI 方式,在分析各类 ESG 数据披露法律政策等要求的基础上,对 IPO、公司债、上市公司年报、ESG 报告等披露工作进行推动,针对强制性信息披露与自愿性信息披露进行推动。

强制性信息披露的推动工作,主要是利用大数据与人工智能技术分析各类披露准则与实际披露之间的差异,比如 IPO、公司债、年报中有关环境行政处罚、重点排污单位等有明确规定的环境信息是否披露。如果发现未披露,青悦与各地环保组织合作与相关发行

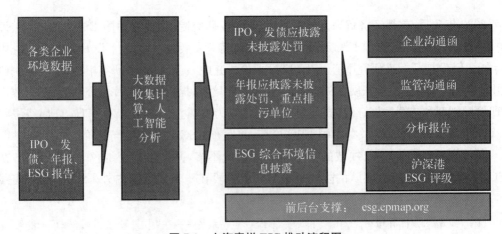

**图 7.1　上海青悦 ESG 推动流程图**

资料来源:上海闵行区青悦环保信息技术服务中心。

人及其保荐人等进行沟通,建议其公开。对于情况较为严重而企业又不愿意公开的,青悦及合作伙伴会与证监会、交易所等监管机构进行沟通,通过监管手段促使其公开。

根据上海青悦 2019 年年报[1],上海青悦在 2019 年:

- 共检查 545 家 IPO 公司和 205 家科创板 IPO 公司。其中共发现 10 家 IPO 及 1 家科创板 IPO 公司存在未披露环保处罚情况。

- 经过沟通及举报推动,共促使 6 家 IPO 公司承诺或已完善自身处罚披露。上交所对上海青悦反馈的 1 家科创板 IPO 企业进行了问询。对沪市主板 1 467 家上市公司、深市主板 462 家、中小板 933 家和创业板 762 家,共计 3 624 家上市公司的 2018 年年度报告和 2019 年半年度报告的环境信息披露进行了检查。

- 在 2018 年报检查中发现 431 家存在未披露情况,共沟通 361 家存在披露问题的上市公司,230 家至今未反馈,64 家已反馈并表明后续会完善信息披露,11 家认为自身披露无问题不需改进,3 家经沟通核实未披露内容已在 2019 半年报中披露。另向监管部门举报 49 家未披露情况较严重的企业,已有 5 家经监管部门推动后与上海青悦沟通并表明会完善信息披露。

- 2019 半年报检查发现 431 家存在未披露情况,并已沟通其中 195 家上市公司。上海青悦负责沟通的部分上市公司中,已有 32 家公司有反馈。共检查 596 家公开发行公司债券的公司,其中发现 144 家公司存在未披露环保处罚情况。经过沟通及举报推动,共促使 21 家发债公司承诺或已完善自身处罚披露。

- 共检查 16 家公开发行绿色公司债券的公司,其中发现 5 家公司存在未披露环保处罚或未披露项目环境效益的情况。

- 共检查 27 家存续期绿色公司债券公司的 2018 债券年度报告,其中发现 13 家公司存在未披露环保处罚或未披露项目环境效益的情况。

- 经过沟通及举报推动,共促使 3 家发债公司积极与上海青悦进行沟通,同时相关交易所反馈指出已提醒 4 家未披露项目环境效益的公司注意相关信息披露。

以上相关工作得到了《中国环境报》《上海证券报》《财新网》等主流媒体的关注与协同报道。

在自愿性 ESG 信息披露方面,上海青悦于 2020 年启动了对重点行业 ESG 信息披露的推动工作,主要是对重污染、高能耗行业的推动,包括钢铁行业、垃圾焚烧行业、污水处理行业。主要的工作包括,对国内含上市与非上市 70％以上占有率的企业进行 ESG 信息披露质量与绩效的分析,发布分析报告,让该垂直行业内的领先企业与落后企业一目了然;对该行业国内外龙头企业进行 ESG 披露与绩效对标,认清中国企业在国际 ESG 可持续发展中的位置,既认清差距,又树立自信;发布该行业 ESG 环境绩效披露建议并召开研讨会广泛征求意见;发布该行业 ESG 环境绩效标杆企业与标杆绩效,引导行业向先进学习,促进整个行业在 ESG 方面的发展;向该行业所有参评企业发送 ESG 披露改进建议信,主动将改进建议推送到企业。这些工作在垂直行业领域企业中

---

〔1〕 相关信息可参见上海青悦 2019 年年报,网址：www.epmap.org,最后访问日期：2021 年 3 月 1 日。

产生了较大影响,有多家企业主动与上海青悦联系,表示将在新的一年中加强 ESG 的信息披露工作。

2. ESG 评级推动

ESG 评级可以有效推动 ESG 的信息披露工作。自 2019 年起,上海青悦连续两年发布"绿色发展先锋 TOP100——上市公司 ESG 信息披露评价",对占 A 股及港股 70%市值的上市公司进行 ESG 信息披露与绩效评级,并公开各个行业的报告质量与绩效第一名。这是第一个由环保公益组织发布的,评级标准与数据完全公开的 ESG 榜单[1],对于挖掘与树立各个行业的 ESG 披露与绩效标杆,以上市公司高质量发展引领整个行业进步起到了一定作用。有多家上榜公司在传播稿中引用上海青悦评级结果,作为一个具有公信力的 ESG 方面的公众评级,相关工作得到了《南方周末》《每日经济观察》等多个相关媒体的报道[2]。

在深入垂直行业的过程中,上海青悦与合作伙伴先后发展出了垃圾焚烧发电行业 ESG 绩效分析平台、钢铁行业超低排放分析平台[3]等对行业 ESG 环境绩效进行深度挖掘与分析的信息化成果,并得到了相当多的行业企业、证券分析、一级市场与二级市场投资者的重视,在不同的会议和分析报告中被引用[4]。

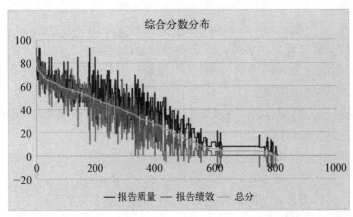

1. 相当一部分高市值企业未发布ESG报告。

2. 有些企业绩效得分高于报告质量,有些企业则需要扎实提高绩效。

**图 7.2　绿色发展先锋 TOP100——上市公司 ESG 信息披露评价 2020 年参评公司整体得分分布图**

资料来源:上海闵行区青悦环保信息技术服务中心。

3. ESG 投资推动

上海青悦已连续两年发布券商环境披露履职能力分析报告,根据对 IPO 和公司债环

〔1〕 上海青悦 ESG 榜单.网址:http://esg.epmap.org/rating,最后访问日期:2021 年 3 月 1 日。

〔2〕 绿色发展先锋 TOP100——上市公司 ESG 信息披露评价.网址:https://mp.weixin.qq.com/s/-saNzQf_ZO_bDp5nwiPfoQ;2019 年发布会.网址:https://mp.weixin.qq.com/s/f2c46FVQp4RacPb68O3AjQ,最后访问日期:2021 年 3 月 1 日。

〔3〕 垃圾焚烧发电行业 ESG 绩效分析平台.网址:http://esg.epmap.org/gippp;钢铁行业超低排放分析平台.网址:http://esg.epmap.org/industry/steel,最后访问日期:2021 年 3 月 1 日。

〔4〕 相关工作成果均以在线数据库方式对公众及各个利益相关方公开.网址:http://esg.epmap.org/rating,最后访问日期:2021 年 3 月 1 日。

境信息披露的大数据检查结果,对 IPO 的保荐人和公司债的承销商的 ESG 环境信息披露能力进行排行,并建议发行人选择在 ESG 信息披露能力方面较为优秀的券商作为中介服务商,在以信息披露为核心的"注册制"大背景下,规避可能的披露风险。

同时,上海青悦的 ESG 评级结果已提供给相关券商进行 ESG 投资方面的参考和 ESG 模型验证,同时也提供公开查询。

4. ESG 报告鉴证

为了鼓励企业发布高质量的 ESG 报告,以便更加全面准确地向利益相关方披露自己在可持续发展方面的工作,上海青悦还为企业提供公益性 ESG 报告鉴证服务,从报告的实质性、平衡性、全面性、量化一致性等角度,对企业的 ESG 报告提供鉴证报告,为高质量发布 ESG 报告的企业增信。

## 二、公众环境研究中心在环境信息披露与 ESG 投资方面的实践

公众环境研究中心(Institute of Public and Environmental Affairs,简称 IPE)是一家在北京注册的公益环境研究机构。自 2006 年 6 月成立以来,IPE 致力于收集、整理和分析政府和企业公开的环境信息,搭建环境信息数据库和蔚蓝地图网站、蔚蓝地图 App 两个应用平台,整合环境数据服务于绿色采购、绿色金融和政府环境决策,通过企业、政府、公益组织、研究机构等多方合力,撬动大批企业实现环保转型,促进环境信息公开和环境治理机制的完善。

1. 推动企业整改和披露 ESG 相关信息

IPE 建设的蔚蓝地图数据库涵盖 31 个地区和 337 多个位置,监控 660 多万家企业,收录超过 170 万条企业违规超标记录。IPE 将这些环境数据与合作方共同进行系统化的应用,通过绿色供应链、绿色金融和社会监督,推动上万家企业整改和披露。

随着环境民事公益诉讼法律和制度的发展,一些符合环境民事公益诉讼原告主体资格的环境保护公益组织,也利用蔚蓝地图数据库了解排污企业的违法行为及相关处罚等信息,从中挑选存在多次违法记录、还未整改到位的企业作为被告,要求其停止污染行为,并对造成的环境损害进行赔偿。部分案件在诉讼过程中就推动排污企业进行整改并披露相关污染排放信息。

2. 推动绿色供应链发展

2014 年,IPE 开启绿色供应链 CITI 指数(Corporate Information Transparency Index)评价。绿色供应链 CITI 指数是全球首个基于品牌在华供应链环境管理表现的量化评价体系,由公众环境研究中心和自然资源保护协会(NRDC)合作开发,采用政府监管、在线监测、企业披露等公开数据进行动态评价。

 **案例 7-1　公众环境研究中心推动苹果公司供应链绿色转型案例**

2010 年苹果供应链污染问题持续曝光。2010 年,自然之友、公众环境研究中心(IPE)和达尔问环境研究所联合发布了《IT 行业重金属污染调研报告(第四期)·苹果特刊·苹

果的另一面》,对苹果公司在供应链的职业健康安全、环境保护和劳工权益等方面的承诺和表现进行对比,建议苹果公司重视供应商合规问题,并倡议消费者对苹果公司清晰表达不能接受以牺牲工人、社区为代价换取自己的时尚 IT 产品的意愿。

在 2011 年《苹果的另一面 2》中,环保组织列举了部分苹果公司 PCB(印刷电路板)供应商的污染问题。IPE 与自然资源保护协会(NRDC)合作,到美国与苹果公司总部进行沟通,并明确提出相关诉求:(1)要求苹果公司使用中国国内公开的污染企业信息数据库,对其供应商进行检索;(2)要求苹果公司的供应链审计必须超越一级供应商,深入涉及二、三级供应商;(3)要求苹果公司改变其采购政策,将环境污染行为列入"核心违反"之列;(4)要求苹果公司在评价其供应商的关键绩效指标(KPI)中加入环境表现指标。在与环保组织两轮沟通之后,苹果公司聘用了环保组织认可的第三方机构,对报告中列举的问题进行了内部审核。从 2013 年开始,苹果公司就和 IPE(公众环境研究中心)开始密切合作,并逐步取得成效。

2018 年 7 月,苹果公司联合了 10 家供应商在中国设立首个"中国清洁能源基金"(China Clean Energy Fund)。在 IPE 的绿色供应链指数中,苹果公司已经连续多年位列第一。2020 年 7 月,苹果公司发布《2020 年环境进展报告》,并承诺到 2030 年,其要实现完全采用清洁能源制造产品。

资料来源:公众环境研究中心,官网地址:http://www.ipe.org.cn。

### 3. 推动责任投资发展

公众环境研究中心(IPE)近年来开展了许多与责任投资相关的项目。2015 年 1 月,IPE 与《证券时报》共同启动"上市公司在线监测数据污染物排行榜"项目,以污染源在线监测数据为基础,实时收集 30 个省级环保部门官方网站对外公开的重点控制企业自行监测数据和达标情况,每周定期公布上市公司污染风险排行榜。此榜单警醒投资者关注特定行业上市公司的污染风险,并将污染风险定量化地展现出来,为投资者识别上市企业正在累积的环境风险提供一个工具,为投资者的投资决策提供参考,让上市公司面临更大的舆论与监管压力。

2020 年 9 月第一周起,IPE 联合《每日经济新闻》独创性地发起"A 股绿色报告"项目,旨在让上市公司环境信息更加阳光透明。2021 年 1 月发布"A 股上市公司环境风险榜Top 30"榜单,研究对象覆盖中国数千家 A 股上市公司,并囊括了 A 股上市公司所关联的数万家公司(包括上市公司分公司、控股子公司和参股公司)的环境风险情况。该榜单根据上市公司对旗下公司不同权益类型,分别予以不同折算系数来计算上市公司关联企业环境风险对上市公司的赋分影响。

该榜单是动态环境信用评价系统,评价要素包括企业环境监管记录涉及的违法事实、处罚手段、处罚金额,也包括企业公开的在线监测数据超标情况,还包括排污单位排污许可限期整改,企业针对环境问题作出的公开解释说明,以及持续进行的环境信息披露等,并结合地方政府环境信息公开力度进行多维度加权赋值。该榜单还以公众环境研究中心开发的动态环境信用评价系统为基础,将经过进一步核查的数据进行环境风险赋分;同时,根据上市公司对环境风险事件的反馈、披露、处置情况进行折算赋分,上市公司及其旗下企业可以对环境风险问题及时进行反馈说明或持续披露环境信息,从而对环境风险进行控制,由此鼓励上市公司增强信息透明度,加大环境风险处置力度[1]。

### 4.推动人工智能在 ESG 方面的应用

2020 年 6 月 5 日,微众银行与 IPE 公布了双方在环保与绿色金融领域的最新合作成果:利用人工智能(AI)、大数据及卫星遥感技术,分析处理空气、水质、土地利用等海量数据,构建环境 AI 新生态;同时联合构建 ESG 评估体系,共同开拓绿色金融应用,为企业可持续发展提供支持,用科技守护绿水青山。微众银行与 IPE 基于手机和卫星平台,融合"天上+地下"的环境监测数据,构建 ESG 评估体系,对企业可持续发展提供评估[2]。

## 第四节　社会公众对 ESG 的认识与推动

### 一、环境保护领域的公众参与

公众参与的重要前提是信息公开,如果没有信息,公众就无法有效参与。环境保护部在推动公众参与方面做了很多探索和尝试,先后出台《环境影响评价公众参与暂行办法》《环境信息公开办法(试行)》《关于推进环境保护公众参与的指导意见》《关于培育引导环保社会组织有序发展的指导意见》等,均对公众参与进行了明确规定。2015 年 1 月起实施的《环境保护法》首次设专章提出了信息公开和公众参与。

为保障公民、法人和其他组织获取环境信息、参与和监督环境保护的权利,使参与渠道畅通,促进环境保护公众参与依法有序发展,环境保护部 2015 年 7 月发布《环境保护公众参与办法》(以下简称《参与办法》),规定环境保护主管部门可以通过征求意见、问卷调查,组织召开座谈会、专家论证会、听证会等方式开展公众参与环境保护活动,并对各种参与方式作了详细规定,贯彻和体现了环保部门在组织公众参与活动时应当遵循公开、公平、公正和便民的原则。《参与办法》的出台,让公众参与环保事务的方式更科学规范,参与渠道更通畅透明,参与程度更全面深入,避免出现盲目参与、过激参与等问题。

《参与办法》支持和鼓励公众对环境保护公共事务进行舆论监督和社会监督,规定了公众对污染环境和破坏生态行为的举报途径,以及地方政府和环保部门不依法履行职责的,公民、法人和其他组织有权向其上级机关或监察机关举报。2020 年 5 月,生态环境部公布了 2019 年度全国"12369"环保举报情况,2019 年,全国"12369 环保举报联网管理平台"(以下简称联网平台)共接到公众举报 531176 件,同比下降 25.2%。2019 年各类举报中,大气污染占 50.8%,噪声污染占 38.1%,水污染占 13.9%,固废污染占 6.8%,其他问题

---

〔1〕 全覆盖、多维度、严核查首份 A 股上市公司环境风险榜重磅出炉.网址:https://wwwoa.ipe. org.cn//Upload/202102260548597041.pdf,最后访问日期:2021 年 3 月 4 日。

〔2〕 杜冰.微众银行与蔚蓝地图联手用科技守卫绿水青山.网址:https:// www.financialnews. cn/ yh/ sd/ 202006/ t20200606_192678.html,最后访问日期:2021 年 3 月 4 日。

占 7.0％[1]。相关举报由被举报污染情况所在地属地生态环境部门处理,生态环境部随机对案件举报办理情况进行抽查,对存在文字语法/逻辑错误、答复内容与举报问题无关、未对举报问题逐项调查处理、环境违法问题处理不到位、未向举报人反馈、办结意见敷衍了事等问题的举报件还会责成具体承办部门修改或重新办理,这有效推动了环境保护的社会监督,促进企业合规经营。

## 二、绿色消费对 ESG 责任投资的推动

20 世纪六七十年代,工业化发展带来的一系列环境污染问题引发了社会公众对环境保护的关注。欧美开始出现公众环保运动,抗议无节制地使用资源和破坏环境的经营生产行为。"绿色运动"由此兴起和发展,并延伸出"绿色消费"(green consumption)的理念。绿色消费一般也指可持续消费。这些运动使得绿色环保成为一种价值取向,这种价值取向逐步影响公众消费选择,有的消费者更偏好绿色的产品甚至愿意为绿色支付溢价。如此一来,环境因素就从公众运动渗透到消费领域,催生出绿色消费。有需求就会刺激供给,因此,企业出于自身利益的考虑就会提供绿色产品,包括在生产过程中更加注重环保问题。这样,绿色消费就逐渐刺激了绿色生产的进步。循环经济、绿色制造、全生命周期评估(LCA)等概念就是在这一时期(20 世纪 80 年代)的欧美市场产生的。西方国家绿色金融发展的一般规律是"公众运动—绿色消费—绿色生产—绿色金融",这也是 ESG 责任投资理念发展的一般规律[2]。

在我国,促进绿色消费,既是传承中华民族勤俭节约的传统美德、弘扬社会主义核心价值观的重要体现,也是顺应消费升级趋势、推动供给侧改革、培育新的经济增长点的重要手段,更是缓解资源环境压力、建设生态文明的现实需要。

改革开放特别是党的十八大以来,我国在绿色生产、消费领域出台了一系列法规和政策措施,大力推动绿色、循环、低碳发展,加快形成节约资源、保护环境的生产生活方式,取得了积极成效。在绿色消费方面已有相关政策支持,并对绿色消费给出定义。2015 年国务院印发《关于积极发挥新消费引领作用加快培育形成新供给新动力的指导意见》(以下简称《指导意见》),全面部署以消费升级引领产业升级,以制度创新、技术创新、产品创新增加新供给,创造新消费,形成新动力。2016 年 2 月,我国十部委发布的《关于促进绿色消费的指导意见》,将绿色消费定义为"以节约资源和保护环境为特征的消费行为,主要表现为崇尚勤俭节约,减少损失浪费,选择高效、环保的产品和服务,降低消费过程中的资源消耗和污染排放"。

2020 年 3 月,国家发展改革委与司法部发布《关于加快建立绿色生产和消费法规政策体系的意见》(以下简称《意见》)的通知,进一步明确了绿色消费在生态文明建设战略中的重要地位,也体现了我国当前在绿色消费领域存在一些不平衡、不充分的发展问题,包

---

〔1〕 生态环境部公布了 2019 年度全国"12369"环保举报情况.网址:http://www.mee.gov.cn/ xxgk2018/xxgk/xxgk15/202005/t20200513_779050.html,最后访问日期:2021 年 3 月 4 日。

〔2〕 相关内容参见商道纵横官网.网址:http://www.syntaogf.com/menu_cn.asp?id=33,最后访问日期:2021 年 2 月 4 日。

括法规政策仍不健全,还存在激励约束不足、操作性不强等问题。

根据《意见》的主要目标,到 2025 年,绿色生产和消费相关的法规、标准、政策进一步健全,激励约束到位的制度框架基本建立,绿色生产和消费方式在重点领域、重点行业、重点环节全面推行,我国绿色发展水平实现总体提升。《意见》提出了推行绿色设计、强化工业清洁生产、发展工业循环经济、加强工业污染治理、促进能源清洁发展、推进农业绿色发展、促进服务业绿色发展、扩大绿色产品消费、推行绿色生活方式等多项任务。

### 三、金融消费者保护对 ESG 发展的推动

金融消费者权益保护机制与一般消费领域的消费者权益保护机制存在差异。金融消费者一般包括两类:一类是传统金融服务中的消费者,包括存款人、投保人,他们为保障财产安全、增值或管理控制风险而接受金融机构储蓄、保险等服务;另一类是购买基金等新型金融产品或直接投资资本市场的中小投资者,他们尽管有营利动机,但由于与金融机构之间的信息不对称和地位不对等,也被视为金融消费者。金融消费者权益保护是指由第三方力量(一般指政府)来保护消费者的权利和义务,使在金融交易中处于不利地位的消费者得到利益上的上升,从而实现金融消费的公平和公正。

2007 年美国次贷危机引发全球性金融危机,危机爆发的重要原因是对金融消费者保护不力,银行将高风险理财产品进行低风险宣传以便卖给投资者。2011 年 10 月,G20 巴黎峰会通过了经济合作与发展组织(以下简称经合组织,OECD)牵头起草的《金融消费者保护高级原则》(以下简称《高级原则》)。该文件包括 10 项对于银行、保险、证券以及其他金融行业具有普适性且不具有约束力的内容,包括对金融消费者协作保护、倾斜性保护、保护金融消费者信息及隐私、鼓励金融机构充分竞争、有效解决金融消费纠纷、金融消费者保护和教育并重的六项原则,强调对投资者的保护。

从 2011 年开始,中国人民银行、中国银监会、中国证监会、中国保监会就分别成立了金融消费者权益保护局、银行业消费者权益保护局、投资者保护局和保险消费者权益保护局,基本确定我国金融消费者权益保护的监管组织架构。

2015 年 11 月,国务院办公厅发布了《关于加强金融消费者权益保护工作的指导意见》,明确了金融机构消费者权益保护工作的行为规范,要求金融消费机构充分尊重并自觉保障金融消费者的财产安全权、知情权、自主选择权、公平交易权、依法求偿权、受教育权、受尊重权、信息安全权,依法、合规开展经营活动。这是首次从国家层面对金融消费者权益保护进行具体规定,强调保障金融消费者的合法权利。

中国人民银行于 2020 年 9 月制定并发布《中国人民银行金融消费者权益保护实施办法》(以下简称《保护实施办法》),对金融消费者进行了明确定义。根据该办法,金融消费者是指"购买、使用银行、支付机构提供的金融产品或者服务的自然人"。该办法主要的适用对象为银行业金融机构和非银行支付机构,商业银行理财子公司、金融资产管理公司、信托公司、汽车金融公司、消费金融公司以及征信机构、个人本外币兑换特许业务经营机构参照适用。

《保护实施办法》规范金融机构行为,从银行、支付机构金融消费者权益保护顶层设计、全流程管控、信息披露和金融营销宣传等方面进行规范,同时加强消费者金融信息保

护,从消费者金融信息安全权角度,进一步强化了信息知情权和信息自主选择权。该办法要求,金融机构应当披露贷款产品的年化利率,披露产品或服务所执行的强制性标准、推荐性标准、团体标准或者企业标准的编号和名称;披露实际承担合同义务的经营主体完整的中文名称;格式条款应以显著方式提请金融消费者注意与其有重大利害关系的内容,并按照金融消费者的要求予以说明。从金融机构自身 ESG 实践的角度,基于金融消费者保护的原则与要求,在向金融消费者披露金融产品信息时需要充分告知,对金融消费者开展教育培训的过程也是推广 ESG 投资理念的机会。

## [本章小结]

　　目前我国的 ESG 投资和实践发展还处在相对早期的阶段。第三方力量对 ESG 的推动主要体现在 ESG 相关政策制定、ESG 制度与政策工具体系的建立完善、ESG 基本理念的宣传和推广阶段。总体来看,关注和推广 ESG 的第三方主体数量仍然不多。随着 ESG 投资与价值理念的发展,未来还需要更多资金和专业力量的投入。

## [思考与练习]

　　1. 第三方主体在 ESG 发展过程中发挥的作用有哪些?
　　2. 第三方主体推动 ESG 的形式和途径有哪些?
　　3. 公众如何参与 ESG 发展?

## [参考文献]

　　1. 安国俊,张宣传,柴麒敏,白波,张旗等.国内外绿色基金发展研究[M].中国金融出版社,2018.
　　2. 方堃.中国实施企业环境信息公开法律制度研究[M].法律出版社,2018.
　　3. 马骏,安国俊等.构建支持绿色技术创新的金融服务体系[M].中国金融出版社,2020.
　　4. 温树英.国际金融监管改革中的消费者保护法律问题研究[M].中国人民大学出版社,2019.
　　5. 商道纵横.http://www.syntaogf.com.
　　6. 公众环境研究中心.http://www.ipe.org.cn/.
　　7. 上海青悦.http://esg.epmap.org/.

# 第八章  上市公司 ESG 治理实践

## [本章导读]

随着近年来中国资本市场对外开放和代表创新经济力量的科创板崛起,中国正处在以新生经济动力替代传统经济动力的过程中。在此背景下,ESG 渐入主流,ESG 治理正逐步进入中国上市公司管理层的视野。

ESG 治理是公司自上而下实现企业社会价值与经济价值统一的过程,其要素包括利益相关方互动、ESG 治理与管理架构、公司 ESG 愿景、目标与进程、全生命周期数据管理。上市公司开展 ESG 治理的进程加快,受到监管部门 ESG 信息披露强制化和全球资本市场 ESG 责任投资理念的影响,同时也是上市公司自身高质量发展的管理需求。

本章旨在介绍上市公司的 ESG 治理驱动力,以及在此驱动力下公司如何建立起 ESG 治理体系,开展 ESG 治理工作。

## 第一节  上市公司 ESG 治理的驱动力

### 一、ESG 信息披露趋于强制化

近年来,全球监管部门对于 ESG 信息披露工作更加重视,中国证券交易所 ESG 信息披露逐渐趋于强制化。2017 年,上海证券交易所和深圳证券交易所先后成为联合国可持续证券交易所倡议组织(UN Sustainable Stock Exchange Initiative,简称 UN SSEI)伙伴交易所。在此背景下,中国证券交易所及证监会先后出台了不同 ESG 层面的信息披露指引或建议,对于上市公司建立 ESG 管治架构、开展进一步 ESG 治理工作起到了方向性的引导作用。

**专栏 8-1**

**中国证券交易所及证监会 ESG 信息披露政策概览**

2015 年 12 月,中国香港联交所正式发布《环境、社会及管治报告指引》。

2018 年 9 月,中国证监会修订《上市公司治理准则》,确立 ESG 信息披露基本框架。

2020 年 9 月,上海证券交易所发布《科创板上市公司自律监管规则适用指引第 2 号——自愿信息披露》,纳入 ESG 信息披露要求。

2020 年 9 月,深圳证券交易所修订《上市公司信息披露工作考核办法》,对于发布社会责任报告和披露 ESG 信息的情况予以加分。

其中,中国香港联合交易所对于 ESG 信息披露的强制性最高。2012 年,香港联交所发布对于 ESG 信息披露的建议性指引。2015 年,香港联交所正式发布《环境、社会及管治报告指引》,将环境层面指标列为"不遵守就解释"。2019 年,香港联交所发布《咨询总结检讨〈环境、社会及报告指引〉相关〈上市规则〉条文》,将社会层面指标提升至"不遵守就解释",并将包括 ESG 管治架构在内的部分内容纳入"强制披露"项。至此,中国的 ESG 信息披露出现了"强制化"的要求。

## 二、全球资本市场 ESG 责任投资理念强化

近年来,责任投资已成为国际资本市场的标配。随着 A 股市场国际化进程的加快,境外投资者不断加入中国资本市场,中国上市公司的环境、社会和公司治理表现也成为越来越多的境内外投资者和资产管理公司关注的重点(详见本书第三章"ESG 投资")。明晟(MSCI),标普道琼斯(DJSI)、恒生、富时罗素等指数机构纷纷上线 ESG 评级产品,中国华宝基金、易方达基金、嘉实基金等纷纷布局 ESG 指数产品,加速 ESG 责任投资的进程。

2020 年 3 月,晨星公司发布了《美国可持续发展类基金概况报告:2019 年创纪录资金流入与强劲的基金表现》的专题报告,该报告显示,2019 年流入美国 ESG 基金的资金较 2018 年增长了近 4 倍;同时,在资本市场受到 COVID-19 影响抛售资产的情况下,2020 年第一季度广泛支持可持续发展的共同基金流入了 456 亿美元,全球对遵循环境、社会和治理原则的资金的需求具有弹性。

投资者亦将 ESG 风险纳入决策,因此,上市公司在 ESG 领域将遇到合规、管理、品牌三重风险,包括 ESG 评级管理、ESG 绩效与目标管理等在内的 ESG 管治工作逐步成为上市公司精益管理的重要部分。

---

**专栏 8-2**

### 投资者如何将上市公司的 ESG 因素
### 引入投资分析和决策过程?

ESG 指数是服务于有需求的投资者,社会责任投资(SRI)出现于 20 世纪 70 年代,主张"义利兼顾",认为优秀的企业应该具有责任意识,并且只有这样才能健康、持续地为股东创造价值,而那些污染环境、危害社区的企业只会昙花一现。社会责任投资理念在过去数十年经历了快速的演化与发展,从一个小众概念逐步渗入主流市场。

20 世纪 70 年代成立的早期社会责任基金往往带有宗教色彩或者个人理想色彩,他们采用负面筛选的方式将以军火、赌博为主业或严重污染的上市公司排除在股票池外。20 世纪 90 年代,养老基金及国家主权基金开始认同社会责任投资理念,如美国加州养老基金和挪威石油基金,并制定相应的投资原则,禁止投资那些环境和社会绩效低劣的上市公司。2006 年,联合国责任投资原则组织(PRI)成立,会员机构投资者声称将遵循六项责任投资的原则,并使用"遵守或解释"的方法报告相关进展与成果。

中国的责任投资兴起较晚。2008 年兴业全球基金旗帜鲜明地推出了社会责任基金,发行"兴全社会责任股票型投资基金"。随后建信基金在 2010 年发行国内第一只

建信上证社会责任 ETF 产品。投资者或将上市公司 ESG 表现整合纳入投资组合和定价的考虑因素，或采取积极的股东策略，与上市公司管理层就 ESG 议题进行沟通，以促进公司长期稳健增长。投资者将 ESG 评级结果用于不同的投资决策场景，整体来看，投资者通常采取以下三种投资策略：

（1）根据 ESG 评级结果，排除少量的股票；或者排除后 50% 的股票（排除比率取决于投资者的倾向）；甚至只选择 ESG 表现最佳公司的股票。

（2）一些投资者会将价值观纳入选择过程，排除掉烟草、武器和游戏等公司，或者从宗教角度排除一些不符合自身价值观的公司和行业。

（3）影响力投资方式，投资者会选择为女性赋权、养老、扶贫、低碳、气候变化等专项表现优异的公司股票，购买并支持公司发展。

总的来说，投资者的策略会分为整合和积极两种方式：一是将上市公司 ESG 表现整合纳入投资组合和定价的考虑因素；二是采取积极的股东策略，与上市公司管理层就 ESG 议题进行沟通，以促进公司增长的长期稳健。

### 三、上市公司自身高质量发展的管理需求

随着中国资本市场的崛起，国务院、证监会都对上市公司的高质量发展提出了更高要求，而提高上市公司治理水平是提高上市公司质量的必然要求。上市公司开展 ESG 治理与国际资本市场盛行多年的环境、社会与公司治理（ESG）的目标完全一致，也体现了中国经济向更低碳、科技、健康的可持续发展转型趋势。

越来越多的上市公司基于内生动力开展 ESG 治理工作。基于前述因素，优秀的 ESG 评级或评级的持续提升能力可以为上市公司塑造良好资本市场品牌，ESG 治理日益成为公司风险管理、品牌能力建设的重要组成部分。下一节将介绍上市公司如何建立 ESG 治理体系，开展 ESG 治理工作。

## 第二节　上市公司 ESG 治理体系建设

健全的上市公司 ESG 治理体系应包括自上而下的 ESG 治理与管理架构、ESG 战略规划及目标，并以 ESG 行动策略与绩效作为支撑。其中，ESG 治理与管理架构是建立健全内部 ESG 体系的关键组成部分，负责制定 ESG 战略及目标、推动战略落地及成果宣传等。ESG 战略及目标将引导公司的 ESG 行动方向。ESG 行动策略是基于 ESG 战略规划及目标的具体实施动作。

### 一、上市公司 ESG 治理与管理架构

1. 上市公司建立 ESG 治理体系的背景

随着上市公司对 ESG 风险的日益重视，实施自上而下、全面的 ESG 风险管理势在必

行。上市公司建立有效的 ESG 管理组织架构,包括进一步明确董事会的 ESG 管理职责,制定公司层面 ESG 方针及战略,并推进 ESG 相关部门具体落实等,从而有效提升公司 ESG 管理效率,减少运营成本,并进一步强化 ESG 风险管理,监控长期 ESG 风险及机遇。

表 8.1　全球报告倡议组织(GRI)要求公司披露在可持续发展方面治理方面的内容

| 发布主体 | 相关文件 | 具　体　要　求 |
|---|---|---|
| 全球报告倡议组织(GRI) | 《可持续发展报告标准》(2016 年) | ● 管治架构及其组成;<br>● 最高管治机构在制定组织的宗旨、价值观和战略方面的作用;<br>● 最高管治机构的能力和绩效评价;<br>● 最高管治机构在风险管理方面的作用;<br>● 最高管治机构在可持续发展报告方面的作用;<br>● 最高管治机构在评估经济、环境和社会绩效方面的作用等 |

中国香港联交所在这方面行动较为迅速。2018 年 11 月,中国香港联交所发布的《如何编备环境、社会及管治报告? 环境、社会及管治汇报指南》,将"设立一个向董事会汇报的环境、社会及管治工作小组"作为汇报指南的第一步,并指出"董事会应就发行人的环境、社会及管治进行监督及承担整体责任"。2019 年 5 月,中国香港联交所发布关于检讨《环境、社会及管治报告指引》的咨询文件,拟新增关于董事会对 ESG 的监管情况的强制性披露要求,对上市公司董事会层面的 ESG 治理提出更高要求。

表 8.2　中国香港联交所要求上市公司披露可持续发展管理方面的内容

| 发布主体 | 相　关　文　件 | 具　体　要　求 |
|---|---|---|
| 香港联交所 | 《环境、社会及管治报告指引》(2015 年) | 董事会对发行人的环境、社会及管治策略及汇报承担全部责任 |
| | 《有关 2016/2017 年发行人披露环境、社会及管治常规情况的报告》(2018 年 5 月) | 所有发行人应成立向董事会汇报的环境、社会及管治工作小组,成员包括高级管理层及其他具备环境、社会及管治方面知识足可进行内外部重要性评估的员工。环境、社会及管治工作小组应有清晰的职权范围,其中清晰载有董事会授予的权力、执行各项工作(包括进行内外部重要性评估)的权力、工作范畴以及发行人愿意提供的费用及资源 |
| | 《如何编备环境、社会及管治报告? 环境、社会及管治汇报指南》(2018 年 11 月) | 董事会应就发行人的环境、社会及管治进行监督及承担整体责任,并进一步对董事会的具体职责进行了说明 |
| | 关于检讨《环境、社会及管治报告指引》的咨询文件(2019 年 5 月) | 拟新增关于董事会对 ESG 的监管情况的强制性披露要求,要求发行人须在 ESG 报告中披露一份董事会声明,阐述董事会对于 ESG 事务的管理状况,包括:<br>● 披露董事会对 ESG 事宜的监管;<br>● 识别、评估及管理重要的 ESG 相关事宜(包括对发行人业务的风险)的过程;<br>● 董事会如何按 ESG 相关目标检讨进度 |

### 2. 上市公司 ESG 治理架构

当前常见的 ESG 治理架构可以按其工作汇报的对象,分为向董事会汇报的 ESG 委员会(或工作组),或向经营管理层汇报的 ESG 委员会(或工作组)。向董事会汇报的 ESG 委员会又可依据其是否为董事会层级的 ESG 专门委员会,划分为董事会层级 ESG 委员会(或工作组)和董事会下设的 ESG 委员会(或工作组)。

**图 8.1　ESG 治理架构分类**

(1) 董事会层级 ESG 委员会。

此类委员会直接向董事会汇报,其组织架构与上市公司常见的审计委员会、薪酬委员会等相同。作为上市公司专门委员会,ESG 委员会的成员一般由公司董事会成员担任,包括独立非执行董事。委员会主席一般为董事会主席或独立非执行董事。

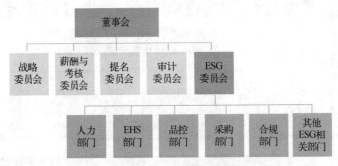

**图 8.2　董事会层级的 ESG 委员会**

(2) 董事会下设的 ESG 委员会。

此类委员会向董事会汇报,其组织架构低于其他专业委员会;委员会成员部分由董事会成员组成。

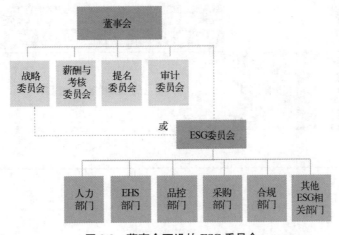

**图 8.3　董事会下设的 ESG 委员会**

**案例 8-1　中国平安投资者关系及 ESG 委员会(董事会下设的 ESG 委员会)**

**组织架构和管理**

平安把可持续发展作为集团发展战略,持续指导集团所有职能中心和专业公司结合业务实践,更加科学、专业、体系化地加强企业治理。

董事会(L1)全面监督 ESG 事宜。投资者关系及 ESG 委员会(L2)协同其他专业委员会,负责识别 ESG 风险、制定计划目标和管理政策、绩效考核等。集团 ESG 办公室协同集团各职能中心(L3)作为推动小组,统筹集团可持续发展的内外工作;最后,以集团职能单元和专业公司组成的矩阵式主体(L4)为落实主力。整体工作逻辑为明确管理目标,明确责任和考核机制,持续完善 ESG 事务及风险的管理,通过定期汇报确保公司董事及高管获知 ESG 风险管理、目标、计划以及执行情况及进展,保证 ESG 管理的有效性。

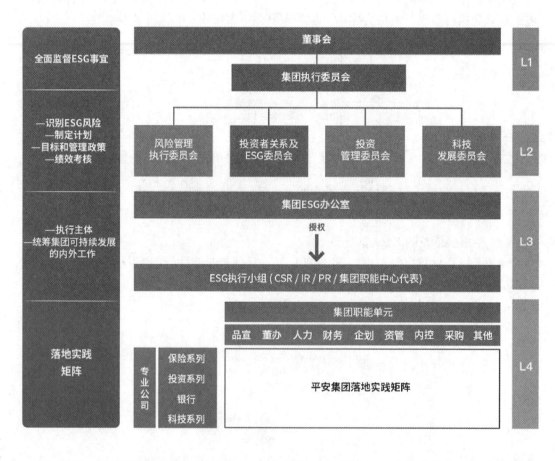

**案例 8-2　药明康德设立由董事会管辖的 ESG 委员会（董事会下设的 ESG 委员会）**

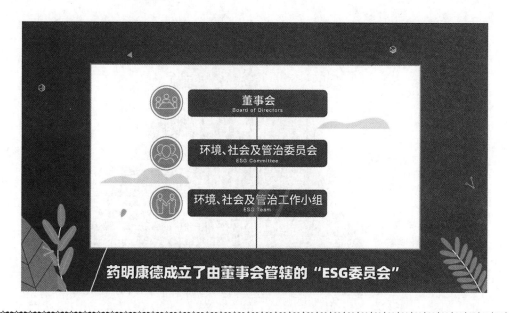

（3）由经营管理层组成的 ESG 委员会。

此类委员会由公司经营管理层（包括高管、子公司负责人等）组成，向上市公司董事会汇报，负责上市公司 ESG 或社会责任相关政策的制定。

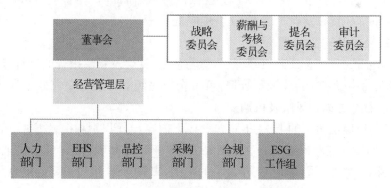

**图 8.4　由经营管理层组成的 ESG 委员会**

**案例 8-3　华泰证券设立隶属于经营管理层的 ESG 委员会**

ESG 委员会隶属于公司经营管理层，是公司 ESG 工作的决策议事机构，主要负责制定公司 ESG 战略、检视 ESG 相关政策与法规、判定 ESG 事宜重要性、监督 ESG 战略执行情况、识别 ESG 机遇与风险，对公司投融资项目的 ESG 绩效承担整体责任。

公司还组建了 ESG 管理团队作为委员会的下设机构,负责 ESG 工作的具体执行及落实,并将工作成果定期向 ESG 委员会汇报。

华泰证券社会责任管理架构

监督层
· 全面监督ESG事宜

董事会

经营管理层

管理层
· 制定公司ESG战略
· 判定ESG事宜重要性并纳入经营考量
· 监督ESG战略执行情况
· 识别ESG机遇与风险等

ESG委员会
(由首席执行官担任主任委员、董事会秘书担任副主任委员)

常任委员
(相关部门、子公司负责人)

专业委员

执行层
· 相关工作的具体实施

ESG管理团队

固定收益部　华泰资管
研究所　　　华泰国际
人力资源部　华泰紫金
风险管理部　华泰联合证券
战略发展部

其他相关部门、子公司负责人及具备ESG专业水平和业务能力的骨干人员

### 3. 上市公司 ESG 治理负责的事宜

结合交易所对公司 ESG 管理提出的要求,以及上市公司的具体实践,上市公司应建立 ESG 管理体系,统筹协调公司 ESG 管理工作。一般而言,ESG 管理组织职责主要分为决策层 ESG 管理职责以及执行层 ESG 管理职责。

(1) 决策层的 ESG 治理职责。

决策层(通常为董事会或高级管理层)参与环境、社会及管治报告的过程非常重要,通过审阅发行人的环境和社会政策及数据,董事会或高级管理层将更有效地评价和响应发行人在环境和社会方面的风险及机遇。

通常来说,决策层负责的 ESG 事宜包含以下内容:① 识别和衡量 ESG 风险及机遇;② 参与 ESG 实质性议题识别;③ 制定 ESG 管理方针、策略和目标;④ 定期监督 ESG 绩效和 ESG 目标的进展;⑤ 确定 ESG 报告的范围,审核 ESG 报告披露的信息。

> **专栏 8-3**
>
> ### GRI 标准中涉及最高管治机构的职责
>
> GRI 标准中涉及最高管治机构(董事会)在 ESG 管理方面的职责包括:
>
> - 就经济、环境和社会议题与利益相关方进行磋商;
> - 制定、批准和更新组织在经济、环境和社会议题方面的宗旨、价值观、使命、战略、政策和目标;

- 管理经济、环境和社会议题绩效；
- 识别和管理经济、环境和社会议题及其影响、风险和机遇；
- 审阅和批准机构可持续发展报告并确保已涵盖所有实质性方面。

 **案例 8-4　中国香港联交所企业社会责任委员会职责**

| 稽核委员会 |
| 企业社会责任委员会 |
| 常务委员会 |
| 投资委员会 |
| 提名及管治委员会 |
| 咨询小组遴选委员会 |
| 薪酬委员会 |
| 风险委员会 |
| 风险管理委员会（法定） |

# 企业社会责任委员会

更新日期：2019 年 3 月 20 日

**组成**

由 5 名成员组成—

> 董事会主席（担任委员会主席）
> 香港交易所集团行政总裁
> 3 名独立非执行董事

**主要角色及职能**

> 监察香港交易所企业社会责任愿景、策略及政策的制定
> 监察香港交易所企业社会责任愿景及策略的实施
> 监察香港交易所企业社会责任工作的经费支出
> 监察香港交易所的对外传讯政策

**运作模式**

每年至少 3 次会议；若有工作需要，委员会可召开额外会议

（2）执行层的 ESG 管理职责。

ESG 管治小组作为公司 ESG 事务的执行层，能够有效整合公司各方资源，推动 ESG 方针及目标的落地，提升 ESG 工作效率。同时，ESG 管治小组定期汇报 ESG 进展，便于董事会了解 ESG 执行情况，监控 ESG 风险及机遇，制定和调整公司的 ESG 方针政策。

ESG 工作组的责任主要包括但不限于以下内容：

- 定期向 ESG 委员会汇报 ESG 管理和绩效，向各部门传达董事会的 ESG 决策，推动各部门落实 ESG；
- 组织 ESG 利益相关方参与，并制定利益相关方沟通计划；
- 识别 ESG 实质性议题；
- 协调 ESG 报告编制工作，定期发布 ESG 报告。

**专栏 8-4**

### 中国香港联交所 ESG 工作小组的职权范畴、
### 成员构成、工作范围建议

中国香港联交所《有关 2016/2017 年发行人披露环境、社会及管治常规情况的报

告》指出，"所有发行人应成立向董事会汇报的环境、社会及管治工作小组"（简称 ESG 管治小组），并明确小组的职权范围、成员构成、工作范畴等。

**成员构成**

《有关 2016/2017 年发行人披露环境、社会及管治常规情况的报告》及《如何编备环境、社会及管治报告？环境、社会及管治汇报指南》提出，ESG 管治小组成员应"包括高级管理层及其他具备环境、社会及管治方面知识足可进行内外部重要性评价的员工"。

结合香港联交所《环境、社会及管治报告指引》（以下简称《指引》）中指标涉及的层面，建议 ESG 工作小组成员包括负责环境管理、人力资源、合规风险、产品及客户服务、以及社区沟通与公益相关部门的核心成员。

**职责范围**

联交所发布的《有关 2016/2017 年发行人披露环境、社会及管治常规情况的报告》提出"环境、社会及管治工作小组应有清晰的职权范围"，包括：

- 董事会所指派的权力；
- 进行内部及外部重要性评核等不同工作的职权；
- 工作范围（例如执行董事会的策略及政策、编制社会及管治报告）；
- 发行人承诺负担的成本及资源。

此外，《如何编备环境、社会及管治报告？环境、社会及管治汇报指南》对 ESG 工作小组的职责进行了进一步细化，包括：

- 了解《指引》规定的企业的环境、社会及管治风险以及相关应对策略；
- 制定企业环境、社会及管治资料收集程序；
- 组织企业 ESG 利益相关方参与，并制定利益相关方沟通计划；
- 综合评估 ESG 各项指标的重要性，识别实质性议题；
- 协调 ESG 报告编制工作，定期发布 ESG 报告。

**案例 8-5　中国太平保险集团企业社会责任专责小组职责**

中国太平保险集团制定《企业社会责任规范》，清晰叙述环境、社会及管治的宗旨及管理方针，务求完善企业社会责任管理体系，并致力将责任战略涵盖公司所有业务、产品与服务。我们希望透过建立高效率的营运模式，能更有效地善用并减少业务营运中消耗的能源及其他资源。并且，我们成立企业社会责任专责小组，落实及推进公司可持续发展的相关工作。董事会负起监督环境、社会及管治风险的责任，带领由公司总经理及各主要部门代表组成的专责小组，评估及构建本公司就环境、社会及管治的风险管理和内部监控系统，以提升公司社会责任的表现。

企业社会责任专责小组主要职责：

- 评估及厘定对公司有重大影响的环境、社会及管治风险；

- 确保公司符合相关法律及监管要求,监察及应对企业社会责任议题;
- 定期向董事会汇报企业社会责任项目落实情况;
- 向董事会提出改善公司企业社会责任的相关建议;
- 推动各部门执行企业社会责任政策;
- 检视及核准公司社会责任报告书。

## 二、ESG 整体规划

ESG 战略规划应与公司的 ESG 愿景、管理目标相结合,在建立 ESG 治理架构的基础上,实现 ESG 与公司经营管理、产品及业务、品牌与文化发展的有效融合。

### 1. ESG 愿景

上市公司愿景是描述其未来所能达到状态的蓝图,也是对"我们希望成为怎样的企业"的持久性回答和承诺。上市公司的 ESG 整体规划中应当具有明确的 ESG 愿景。ESG 愿景不必拘泥于形式,可以与公司愿景一致或不一致,主要依据愿景中是否包含了ESG 的要素,或者对愿景进行 ESG 诠释。2019 年,摩根大通、亚马逊、通用汽车等美国181 名首席执行官共同签署并发布《关于企业宗旨的声明》,声明企业宗旨应当纳入多利益相关方关注的 ESG 层面诉求。

通常来说,ESG 愿景是企业使命与愿景与全体利益相关方产生链接的延伸方式。向上,ESG 愿景是承接公司使命和愿景的重要组成部分;向下,ESG 愿景可统筹公司各项ESG 管理及实施工作,描述远期目标,包括 ESG 目标的设定、关注领域的划定、各领域核心 ESG 项目的匹配。

### 2. ESG 目标与进程

上市公司应基于对 ESG 愿景的拆解,制定出公司整体的 ESG 目标。目标分为定性目标与定量目标,通常来说,定性目标是对企业愿景具体落实方式的进一步阐释,定量目标应当结合对公司各项议题全生命周期的数据管理,综合分析得出。全生命周期数据管理是公司制定目标的基础,具体方式参见本书第九章。

 **案例 8-6　拜耳企业愿景与目标**

愿景:"共享健康,消除饥饿"——在消除饥饿的同时帮助每个人过上健康的生活,同时保护生态系统。

目标:科技创造美好生活。

我们的目标是为客户、股东和员工创造价值,同时增强公司的盈利能力。我们致力于可持续的发展模式,同时切实肩负起社会和道德责任。充满创新激情的员工将在拜耳拥有更佳的发展机遇。这些共同凝聚成为拜耳的企业使命——科技创造美好生活。

　**案例 8-7　雀巢制定气候变化层面行动目标——净零碳排放路线图**

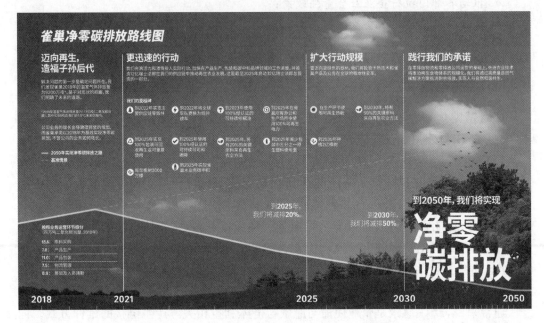

**3. ESG 行动路径**

　　ESG 行动路径是基于上市公司 ESG 战略与目标的具体行动策略。通常,建议上市公司从公司治理(G)、环境(E)、社会(S)三大要素上采取行动,从运营管理、业务产品、品牌文化三大领域切入,形成公司 ESG 战略,以实现 ESG 对公司整体品牌与文化战略有支撑、与公司业务有互动(如表 8.3 所示)。

**表 8.3　ESG 行动路径矩阵**

|  | 运营管理 | 业务产品 | 品牌文化 |
|---|---|---|---|
| 环境 | ● 行动 1 | 行动 4 | 行动 7 |
| 社会 | ● 行动 2 | 行动 5 | 行动 8 |
| 公司治理 | ● 行动 3 | 行动 6 | 行动 9 |

## 三、如何制定量化 ESG 目标

　　ESG 量化目标是上市公司 ESG 管理能力的体现,其设定需要遵循严谨的制定过程。目标的设定需依据完整的 ESG 绩效数据积累,以此作为量化分析的基础;在此基础上,上市公司应当持续追踪 2 年及以上的 ESG 绩效变化趋势,分析变化原因及影响因素,掌握 ESG 绩效数据长期监测的情况;设立的 ESG 量化目标还应考虑其可行性,拆分为子目标,并定期跟踪目标的进展,根据实际情况判断是否需调整目标或改善管理以促进目标的实现(如图 8.5 所示)。

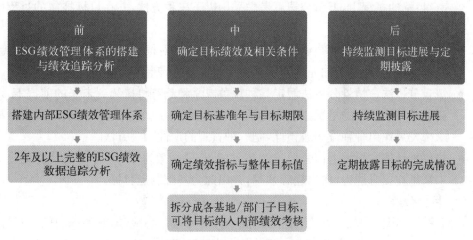

**图 8.5　ESG 量化目标设立流程**

1. 目标设立前:ESG 绩效管理体系的搭建与绩效追踪分析

公司内部 ESG 绩效管理体系与 ESG 数据积累是目标设立的基础。ESG 绩效数据归口部门众多,若公司内部无完整的 ESG 绩效管理架构与规范的管理流程,对上市公司 ESG 管理的责任部门而言,无疑会在很大程度上增加数据收集与管理工作的难度,同时也可能出现填报口径不完整、不一致的数据质量问题,以及来回沟通责任部门、催要数据的工作流程低效问题。因此,建立公司内部 ESG 绩效管理体系以及监管机制是 ESG 目标制定的基础。

此外,ESG 量化目标的设定需建立在 ESG 数据积累的基础上。我们建议公司对 2 年及以上涵盖完整口径的 ESG 关键绩效进行梳理,并对目标制定当年的 ESG 绩效开展季度或半年度的追踪,以识别 ESG 绩效的年际间变化趋势以及年内变动情况,为目标的制定打下基础。

2. 目标设立过程:确定目标绩效及相关条件

(1)目标制定的考虑因素。

ESG 目标的制定应当考虑的因素包括适宜性、可行性与可接受性。

适宜性:目标是否充分考虑公司在 ESG 各领域的优势和劣势,结合当前公司发展现状与趋势。

可行性:目标是否在公司既有的资源和能力条件下得以落实。

可接受性:目标是否能被公司内外部利益相关方所接受。

(2)目标构成。

ESG 绩效目标的设定并非仅仅是确定某个具体的减量数值。一项合理的目标还应具备以下信息:

- 设立目标的 ESG 关键绩效指标及单位;
- 目标的基准年及目标期限(包括预期目标达成的时间);
- 目标涵盖的实体范围;

- 目标的性质(即自愿目标或强制目标)。

(3) 目标的确定方法。

在确定目标的过程中,上市公司可考虑采用以下三种方法,并在目标披露的过程中对所采取的方法进行说明。

- 同业对标法。与同业企业的 ESG 关键绩效开展对标分析,识别自身优势与短板,并以同业中位水平、同业优秀水平作为目标参考,制定 ESG 量化管理目标。
- 情景分析法。情景分析法假定某种现象或某种趋势将持续到未来的前提下,对预测对象可能出现的情况或引起的后果作出预测的方法。通常用来对预测对象的未来发展作出种种设想或预计,是一种直观的定性预测方法。
- 趋势推演法。根据上市公司连续年度的 ESG 绩效水平,综合分析其变化趋势及未来潜在提升能力,作出趋势预判,并以此为基础制定目标。

(4) 目标分解。

我们建议上市公司按组织范围将公司整体目标拆解为各基地或各部门的子目标,或按时间范围拆分为短、中、长期目标,以更好地统筹管理目标达成情况。为了鼓励各基地或各部门 ESG 目标的实现,建议上市公司可对 ESG 目标采用与财务目标类似的绩效考核方式,作为各责任部门的考核指标之一。

 **案例 8-8　新世界地产按照不同运营地(中国内地、中国香港)分解 2030 年能耗降低的目标**

 我们务求于 2030 年达成以下目标:

香港主要现有楼宇的能源强度比
2012 年的基准降低
**37%**(千瓦时/平方米)

中国内地主要现有楼宇的能源强度比
2015 年的基准降低
**22%**(千瓦时/平方米)

3. 目标设立后:持续监测目标进展与定期披露

目标进度管理是目标制定完成后的重要管理工作。ESG 绩效目标在设立完成后,需要长期的数据监测与目标进展监测。公司在建立 ESG 绩效管理体系时,还应建立相应的数据填报、审核和管理体系,以便常态化地开展公司内部绩效管理工作,及时识别 ESG 绩效变化趋势及目标实现情况。

在定期绩效分析中,公司应当识别个别基地或部门出现的异常数值,以及未达目标的情况,及时判断是否由于特殊情况或是管理不当产生,并制定有针对性的改善方案。当公司在一段时间的绩效观测后,对原定目标的可行性或合理性存在意见,可在合理范围内调整目标。

最终,我们建议上市公司在制定 ESG 目标后及时披露,让资本市场及社会公众看到公司对 ESG 事宜的重视与担当;同时积极披露为达到这些目标而采取的步骤,以及 ESG 目标的阶段性实现情况,以便回应各利益相关方的关注。

**案例 8-9　太古地产定期披露目标进展**

《太古地产 2018 年可持续发展报告》披露其 2020 年环境效益目标以及当年目标实现进展

| 气候变化 | |
|---|---|
| **2020年关键绩效指标** | **2018年进展** |
| 制定气候变化政策 | 达标：已采用《气候变化政策》 |
| 正按照气候相关财务信息披露工作组(TCFD)的建议披露与气候相关的财务信息 | |
| 碳强度 | |
| 香港物业组合 ↓27% | 香港物业组合 ↓25% |
| 中国内地物业组合 ↓21% | 中国内地物业组合 ↓20% |

| 能源 | |
|---|---|
| **2020年关键绩效指标** | **2018年进展** |
| 能源耗量 | |
| 香港物业组合 ↓6,400万千瓦小时/年 ↓26% | 香港物业组合 ↓5,690万千瓦小时/年 ↓25% |
| 中国内地物业组合 ↓2,300万千瓦小时/年 ↓20% | 中国内地物业组合 ↓1,750万千瓦小时/年 ↓19.8% |

| 废弃物管理 | |
|---|---|
| **2020年关键绩效指标** | **2018年进展** |
| 商业废弃物分流率 25% | 香港物业组合 21% 中国内地物业组合 23% |

| 建筑物/资产投资 | |
|---|---|
| **2020年关键绩效指标** | **2018年进展** |
| 致力为所有发展中项目获取环保建筑评级计划的最高级别 | 100%发展中项目取得最高级别 92%既有物业取得绿色建筑认证，当中75%取得最高级别 |

## 四、上市公司 ESG 行动策略

上市公司环境、社会与公司治理（ESG）是可以迅速引起广泛关注的议题，在中国，ESG 正从社会责任概念中分化出来，以"有数据、有管理、有目标"的特点而受到企业管理层和投资者的青睐。在此背景下，中国上市公司未来可以采取如下行动。

第一，从产品层面实现低碳、生态、可持续。过往上市公司多从自身的生产办公运营层面节能减废，或开展植树和乘坐公共交通工具等公益活动。在未来十年，上市公司应从产品设计、原材料、使用和废弃的全生命周期视角来设计和销售对社会有益的产品，防止环境压力在整个价值链上转移至最底层。

同理，在用户、员工和社区发展层面也要较以往的公益志愿手段有所提升。在用户层面，需要关注年轻消费者情感导向，树立积极价值观，汇集消费者力量一同建设生态家园和人文社会。在社会层面，需要关注自身业务扩张与民生、普惠的边界冲突，思考业务发展与小微经济共赢的关系，注重数据安全和隐私保护，促进社会稳定有序进步。

第二，要有愿景和量化目标，勇于承诺。过往中国上市公司被照顾得很好，企业发展中的社会和环境问题大部分在社会层面就解决了，企业只需要关心经济问题，因而缺少在业务中解决复杂社会问题的经历和心得，现在企业成长壮大了，国家和社会对企业都有更多的期待。

2016 年以来，我们看到众多跨国公司发布了新的 ESG 的愿景和目标，从早期的宣布相对碳排放减量的目标，提高到绝对减碳目标，再到当下更进一步的碳中和目标，但其中较少看到中国企业。中国企业可以更大胆一点，更自信一些，少一些顾虑，外界会为了企业家想要成就更卓越企业的愿景而买单，资本市场和消费者都会帮助企业实践愿景，企业也要相信技术和政策的进展速度。中国政府已经向世界承诺了 2030/2060 的"气候雄心"，企业可以做出自己的承诺，成为中国和世界发展的前驱，去赢得更大的市场空间。

第三，成为全球 ESG 的"中国标杆"。可以说，我们正处在全球走向新时代的一个关键点，在此起点上，如果我们的企业选择"赚更多的钱"或者"追逐成本洼地"，将会错过新的机遇。ESG 的特点之一是强调"G"，即公司治理顶层驱动，以前谈的社会责任可以是企业各部门的工作，只需要触及制度层面，但是现在探讨 ESG 中的"G"只能是董事会、总经理来负责，需要深达公司治理核心。

虽然现在还有很多企业管理层认为 ESG 和企业发展有先后的次序，但随着"先发展再治理""先赚钱再捐赠"时代的落幕，这种观点已经走向没落。如果要在企业发展中同步做好 ESG，要改变"做好事"心态，吸收过往经验，找到企业发展与社会发展的核心议题，从业务和产品开始创新，敢于承诺和设定目标，建立从上而下的驱动力，依靠数据来证明绩效。

今后中国的上市公司中将会涌现一批优秀的"ESG 动能企业"，并树立起不同行业的全球"ESG 标杆"，创造示范效应，让更多公司看到益处，这将带动整个市场的文化和风气转型。

 [本章小结]

随着监管部门 ESG 信息披露强制化、全球资本市场 ESG 责任投资理念的影响以及自身高质量发展的管理需求，上市公司开展 ESG 治理的进程不断加快。

健全的上市公司 ESG 治理体系应包括自上而下的 ESG 治理与管理架构、ESG 战略规划及目标，并以 ESG 行动与绩效作为支撑。

ESG 治理与管理架构是建立健全内部 ESG 体系的关键组成部分，负责制定 ESG 战略及目标、推动战略落地及成果宣传等。ESG 战略及目标将引导公司的 ESG 行动方向。

ESG 战略规划应与公司的 ESG 愿景、管理目标相结合，在建立 ESG 治理架构的基础上，实现 ESG 与公司经营管理、产品及业务、品牌与文化发展的有效融合。

ESG 量化目标的设定可以帮助公司了解公司 ESG 管理情况和行动走向。量化目标的制定以完整的 ESG 绩效数据结果作为量化分析和长期监测的基础，充分考虑其可行性，拆分成子目标，并定期跟踪目标的进展，根据实际情况判断是否需调整目标或改善管理，以促进 ESG 目标的实现。

[思考与练习]

1. 上市公司 ESG 治理的内部和外部驱动力分别是什么？

2. 当前常见上市公司 ESG 管理架构有哪几类？在几种不同的管治架构中，ESG 事宜的决策层和执行层分别是谁？

3. 哪些目标管理工作需要融入日常的 ESG 管理中？

 [参考文献]

**中文文献**

1. 全球报告倡议组织.可持续发展报告标准.2016.

2. 上海交易所.上海证券交易所上市公司环境信息指引.2008.

3. 上海交易所.上海证券交易所科创板上市公司自律监管规则适用指引第 2 号——自愿信息披露.2020.

4. 深圳交易所.上市公司社会责任指引.2006.

5. 香港联交所.关于检讨〈环境、社会及管治报告指引〉及相关〈上市规则〉条文的咨询总结.2019.

6. 香港联交所.如何编备环境、社会及管治报告？环境、社会及管治汇报指南.2018.

7. 香港联交所.有关 2016/2017 年发行人披露环境、社会及管治常规情况的报告.2018.

**英文文献**

Morningstar，Inc. Sustainable Funds U. S. Landscape Report：Record Flows and Strong Fund Performance in 2019. https://www. morningstar. com/lp/sustainable-funds-landscape-report.

# 第九章　上市公司 ESG 管理实践

## [本章导读]

上市公司在日常运营生产过程中开展 ESG 管理是良好 ESG 表现的基础。其中对利益相关方的实质性议题管理是 ESG 管理的重要工作。在这个过程中包含对利益相关方的识别并对其重要的实质性议题进行甄别,以及对所识别出的实质性议题进行量化绩效管理。

除此以外,上市公司还可以根据自身的管理需求,寻求 ESG 咨询机构、ESG 验证与评价机构、ESG 评级与数据服务机构、ESG 传播机构等专家给出专业意见,不断提升自身 ESG 管理的表现。

本章旨在介绍上市公司在 ESG 管理实践中利益相关方沟通与实质性议题识别方法、ESG 量化绩效管理的方法,以及目前外部专家提供的服务类型,帮助上市公司更好地开展自身 ESG 管理工作。

## 第一节　利益相关方沟通与实质性议题识别

根据 GRI 标准,利益相关方的定义为:"可合理预期将受到报告组织的活动、产品和服务严重影响,或者其行为可合理预期将影响该组织成功实施其战略和实现目标的能力的实体或个人。"GRI 标准对实质性议题的定义为:"体现报告组织重大经济、环境和社会影响的议题;或对利益相关方的评估和决策有实质影响的议题。"

公司与利益相关方建立常态化的沟通机制可以帮助公司深入了解各方的关注重点与诉求,将利益相关方关注的议题纳入公司的运营和决策过程中,并积极回应利益相关方的诉求和期望。此外,公司发布的 ESG 报告、企业社会责任报告、可持续发展报告也是与利益相关方沟通的重要渠道。因此,在对报告内容作出决策时,组织应考虑利益相关方的合理期望和利益。

公司在编制报告的过程中也应邀请利益相关方参与,开展利益相关方调研,识别公司的实质性议题,并在 ESG 报告中进行重点回应以满足利益相关方的期望和诉求,同时,这也是公司了解利益相关方需求的重要工作之一。该过程一般可分为四个步骤(如图 9.1 所示)。

其中步骤 1 与步骤 2 可以使用专家甄别的方法,据公司业务、行业或其他因素,识别主要利益相关方及其关注的实质性议题。随后,公司应开展利益相关方调研,并通过结果综合分析获得确切的实质性议题。

一般而言,上市公司每隔两三年应根据公司所处的外部环境以及自身运营情况等开

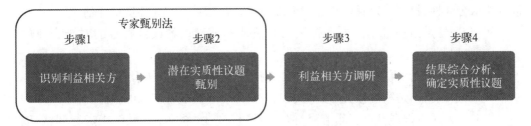

**图 9.1 识别实质性议题的步骤**

展一次利益相关方调研和实质性议题分析,以加强公司的 ESG 管理实践。

## 一、识别利益相关方

1. 利益相关方的类型

中国证监会《上市公司治理准则》、中国香港联交所《如何编备环境、社会及管治报告?环境、社会及管治汇报指南》(2020)分别给出了利益相关方群体的示例(见表 9.1)。

**表 9.1 利益相关方群体类型表**

| 文件名称 | 《如何编备环境、社会及管治报告?环境、社会及管治汇报指南》(2020) | 《上市公司治理准则》 |
|---|---|---|
| 利益相关方群体类型 | **内部利益相关方**<br>● 高级管理人员/公司要员<br>**外部利益相关方**<br>● 投资者/股东/会员<br>● 客户及潜在客户<br>● 供应商/业务伙伴<br>● 员工<br>● 政府及监管机构<br>● 非政府组织及游说团体<br>● 地方社区<br>● 竞争对手/同业<br>● 专家(例如专业/业界组织及学者) | ● 债权人<br>● 经营者与企业员工<br>● 用户<br>● 供应商<br>● 竞争者<br>● 政府<br>● 其他利益相关方:包括工会、营销中介、公众与社区、合作院校及科研机构、媒体等在内的其他利害关系者 |

GRI《可持续发展报告标准》中对利益相关方类型的描述:(1) 利益相关方包括法律或国际惯例赋予其向组织提出合法索赔权利的实体或个人;(2) 利益相关方可包括投资该组织的人士(如员工和股东),以及与组织存在其他关系的人士(例如,员工之外的工作者、供应商、弱势群体、当地社区以及非政府组织或其他民间社会组织等)。

2. 利益相关方的权重

上市公司根据自身情况并结合表 9.1,可以确认公司的主要利益相关方群体,并分析各利益相关方群体意见对实质性议题分析结果的影响权重。权重评估方法可参考米切尔评分法[1],

---

[1] Mitchell, A. & Wood, D. Toward a Theory of Stakeholder Identification and Salience: Defining the Principle of Who and What Really Counts[J]. *Academy of Management Review*, 1997, 22(4).

该方法从合法性、权利性以及紧迫性三个维度对利益相关方重要性进行评估。

- 合法性是指利益相关方是否被赋有法律和道义上的或者特定的对于企业的索取权；
- 权利性是指利益相关方是否拥有影响企业决策的地位、能力和相应的手段；
- 紧迫性指的是利益相关方的要求能否立即引起企业管理层的关注。

各上市公司可根据自身实际情况对合法性、权利性、紧迫性评估结果进行调整，以得到适用于公司特点的利益相关方的权重。

## 二、潜在实质性议题甄别

在确定了公司重要的利益相关方后，公司应结合内外部环境分析筛选出初步的社会责任议题（20 个以内），并在此基础上开展后续利益相关方调研。外部环境的分析包括（但不仅限于）可持续发展的大趋势、宏观政策、须遵守的法律法规、国际标准、同业企业对标等；内部环境分析包括公司及行业的特征、公司发展战略与社会责任理念、往年可持续发展报告等。实质性议题甄别的流程如图 9.2 所示。

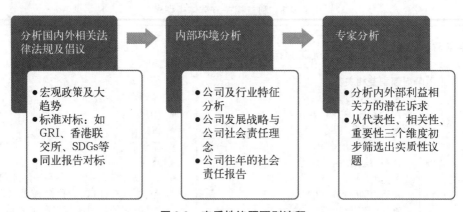

图 9.2　实质性议题甄别流程

根据 GRI《可持续发展报告标准》、中国香港联交所《ESG 指引》，以及 ISO 26000 等标准、政策，可归纳出以下主要社会责任议题供上市公司参考（见表 9.2）。

表 9.2　社会责任议题表

| 编号 | 议 题 | 释 义 |
|---|---|---|
| 环境议题 | | |
| 1 | 物料与包装材料 | 公司对用于生产和包装主要产品及服务所用物料的使用与管理、回收利用等情况 |
| 2 | 水资源 | 公司对水资源的取水安全与影响、水资源的使用与管理、水资源的循环利用的情况 |
| 3 | 能源 | 公司所利用的能源类型及利用管理、能源的节约使用等情况 |
| 4 | 环境管理 | 公司在资源利用、废弃物排放等各方面的环境管理，及公司在环境方面遵守法律的情况或受到处罚的情况 |

（续表）

| 编号 | 议　题 | 释　　义 |
|---|---|---|
| 5 | 有害排放与废弃物 | 公司对废水、废气、有害废弃物与无害废弃物的分类与处理,减少废水、废气、有害废弃物与无害废弃物排放等情况 |
| 6 | 气候变化与碳排放 | 公司对温室气体(包括范畴一、二、三)的排放管理以及气候变化的宣传教育等情况 |
| 7 | 生物多样性 | 公司在项目开展地进行对当地环境的影响分析,以及对当地的土壤、水源、生物的保护与优化管理 |
| 社会议题 | | |
| 1 | 人权评估 | 公司在人权保护方面开展人权审查、人权风险评估等,制定人权侵害处理办法等人权保护措施 |
| 2 | 员工雇佣 | 公司对员工的雇佣管理包括平等雇佣、禁止使用童工及强迫劳动等方面的情况 |
| 3 | 员工权益保障 | 公司在薪酬及解雇、招聘、工作时长、员工沟通等方面采取措施保障员工的公民、政治、经济、社会和文化等各项权利,并通过多样化员工关爱活动增进员工福祉的情况 |
| 4 | 员工培训与发展 | 公司为员工提供充分的发展机会以保障员工留任,以及提供专业培训以提升员工职业技能的情况 |
| 5 | 供应链管理 | 公司对供应商开展的分类管理、环境及社会风险评估与管理等 |
| 6 | 客户权益保障 | 公司开展的产品的安全与质量保障、研发与创新,面向客户的负责任营销、优质服务、投诉与处理等 |
| 7 | 客户隐私与数据安全 | 公司尊重消费者隐私,并采取合理措施确保收集、存储、处理或传播个人资料的安全 |
| 8 | 可持续消费 | 公司在引导消费者可持续消费方面采取的措施,包括产品回收利用、通过产品标识向消费者说明产品能耗、消费者教育等 |
| 9 | 知识产权保护 | 公司在知识产权保护方面相关工作,包括自身知识产权保护与不侵犯他人知识产权管理 |
| 10 | 公益与社区发展 | 公司与所在社区的沟通,为社区的基础设施、社区文化建设提供支持,对社区就业、社区健康发展等方面的支持 |
| 公司管治议题 | | |
| 1 | 不当竞争行为 | 公司在公平竞争与反垄断方面开展的相关工作情况 |
| 2 | 反腐败与商业道德 | 公司在防止商业贿赂、诈骗、敲诈、串谋等方面采取的措施及取得的成果,在经营与管理过程中对经济、环境及社会方面法律法规的遵守情况 |
| 3 | 公司治理 | 公司完善治理架构,加强信息披露透明度,保障股东的合法权益,实现长期稳健运营的情况,以及在业务及自身运营过程中对经济、环境及社会风险的识别及控制的情况 |
| 经济议题 | | |
| 1 | 经济绩效 | 公司创造和分配的直接经济价值对于经济、环境与社会的影响情况 |

在实质性议题甄别的过程中,特别是在世界多个地区具有运营点的跨国企业,需要考虑 ESG 报告的边界,即考虑公司的市场以及文化边界,如当地的利益相关方关注点、当地的法律法规、社会现状等。

 **案例 9-1　《默克中国可持续发展报告 2019—2020》中针对抗击新冠疫情发布的"抗疫专题"**

2020 年的开局,对于每一个人来说注定不寻常。突如其来的新冠疫情给全球社会带来了一场没有最佳答案的"时代大考"。作为一家在中国运营的科技公司,我们深知自身肩负的重大使命,借助自身技术和资源与患者和社区一同抗击疫情。

自新型冠状病毒肺炎暴发以来,默克中国携手社会各界展开抗疫行动。而我们向北京、上海以及广州三地一线抗疫人员的捐赠行动,更进一步体现了默克中国与中国人民同舟共济的坚定决心。借助高效的全球管理系统,我们得以在短时间内将医疗物资捐赠到抗疫最前线。我们尽最大努力保障员工的安全以及业务的持续运行。此外,我们与科学界团体和伙伴建立新的合作模式,全力投入改善全球公共健康体系的研究和创新。

**"疫"不容辞,千里驰援**

在疫情初期,默克中国就已采取行动。在短短两周内,我们通过全球采购网络向武汉五家指定医院的一线医务人员捐赠并交付了 15 000 个专业防护口罩。这一场千里驰援,不仅体现了默克流畅高效的全球管理系统,更彰显了以人为本的企业精神。

**公益助力社区抗疫**

面对新冠病毒的威胁,默克始终坚信科学技术是战胜病毒最有力的武器。因此,默克生命科学业务紧急向武汉当地科研机构捐赠了价值 60 余万元的科研试剂耗材,用于病毒检测和分析。在此次包括北京、上海和广州三地的慈善捐赠仪式上,我们累计捐赠了价值 300 万元的现金和其他相关医疗物资来支持中国全面抗疫。

**对员工负责,让客户放心**

保护员工的健康和安全是默克的首要任务。疫情期间,我们时刻关注每位在华员工的健康状况。借助我们强大的远程通信设施设备,我们与全体员工保持紧密联系和远程沟通,迅速调配资源保障员工与其家人的健康。

**科技引领创新,直面未来挑战**

目前,中国疫情形势渐趋稳定并呈现积极向好的趋势,然而新冠病毒的暴发也反映了全球医疗卫生系统目前存在的问题。从此次的疫情我们可以发现,大规模流行疾病事前防范措施,以及领先的产品和技术,对于抗击具有全球大流行潜力的传染病至关重要。

鉴于此,针对大流行防范或抗击新发病毒性传染病的领域,默克中国创新中心将提供每年最高 25 万欧元、为期 3 年(可选择延期)的资助。研究资助项目将着重考虑:利用技术解决方案为大流行爆发做更充分的准备,或帮助抗击新发病毒感染的解决方案。

除了研究资助项目,默克还发布了"2020 年研究挑战",鼓励科学界团体和伙伴积极参与,建立新的合作模式,全力投入解决人类健康、改善人类生活的研究和创新,努力实现"到2025年改善中国4 000万患者的生命"的美好愿景。

 **案例 9-2　苹果公司供应商"强迫或强制劳工"议题的管理**

苹果公司的供应链遍布全球,在某些劳工流动路径上的强迫或强制劳工的风险可能会更高,针对这个风险,苹果公司采取一定的管理措施来保障供应链过程的用工合规。

**《苹果公司供应商发展报告》**

任何人都不应为获得工作岗位而付费。获取工作机会,不应以付费为代价。在苹果公司供应链上工作的数百万员工之中,有一小部分是外籍劳工,他们选择离开自己的祖国去海外谋求工作机会。这些远赴海外工作的人遭遇不公平劳务招聘活动的风险较高。

抵债劳工行为是一种现代奴役形式,指的是工人不得不为了偿还债务或履行其他义务而工作,例如,工人为获得工作而支付招聘费,在偿还之前得不到任何报酬。而且,其中招聘代理机构或雇主还可能会扣留员工的护照等个人身份证件,使他们根本无法辞掉工作。

我们绝不容许抵债劳工行为,并从2008年开始就将这种行为列为重大违规。发现任何重大违规行为,我们会将之通报给相关供应商的CEO,并立即对该供应商执行留用察看,同时给予商业惩罚。

全球化的供应链错综复杂,某些劳工流动路径上出现劳动剥削行为的风险会更高。如果一家苹果公司供应商雇用外籍劳工,我们会使用这些员工的母语进行一次专门的劳动权益和人权评估。一旦发现抵债劳工行为,我们会责令供应商纠正,立即将个人身份证件退还给员工,并采取直接的补救措施,即由供应商偿还员工之前支付的任何费用。随后,我们还会通过独立审核人员对所有费用是否已按时全额退还进行核实。

## 三、利益相关方沟通

1. 常态化沟通途径

公司可以通过信息披露、合作交流、行业交流、满意度调查、会议等方式,与利益相关方开展常态化沟通,常见的利益相关方与其主要的沟通渠道见表9.3。

表 9.3　主要利益相关方及沟通渠道

| 主要利益相关方 | 沟　通　渠　道 |
| --- | --- |
| 股东与投资者 | ● 股东大会<br>● 信息披露 |
| 政府及监管机构 | ● 项目合作<br>● 会议交流<br>● 监督检查 |

（续表）

| 主要利益相关方 | 沟 通 渠 道 |
| --- | --- |
| 客户 | <ul><li>客户满意度调查</li><li>客户走访</li><li>行业交流</li></ul> |
| 供应商 | <ul><li>供应商评估与审核</li><li>供应商培训</li></ul> |
| 员工 | <ul><li>定期会议</li><li>员工活动</li><li>投诉与反馈</li></ul> |
| 行业 | <ul><li>行业协会组织</li><li>行业交流</li></ul> |
| 社区 | <ul><li>社区活动</li><li>定期沟通</li><li>媒体沟通</li></ul> |

### 案例 9-3　中国平安的利益相关方沟通案例

2019 年,中国平安在利益相关方沟通中特别融入 ESG,以期在更多维度推动相关方共同成长。平安开展了供应商的 ESG 专项培训,系统讲解平安对供应商 ESG 管理的相关要求,带动价值链的整体改善与优化。同时,平安加强 ESG 主题的投资者沟通,通过论坛、路演等多种渠道,围绕平安的 ESG 管理路径及实践开展交流与探讨。

此外,公司积极响应气候行动 100＋倡议,就碳排放等 ESG 相关议题与被投企业开展股东对话,推动被投企业低碳转型。

2. 利益相关方调研

在确定利益相关方和潜在的实质性议题时,上市公司可以进一步采用问卷、访谈等方式开展利益相关方调研。

（1）问卷调查。

问卷调查是一种方便、快捷且覆盖范围广的调查方式。上市公司可通过问卷调研的方式,迅速知晓各议题对利益相关方的重要程度。

（2）其他方法。

除采用问卷调研外,上市公司还可采用电话讨论、会议、工作坊等方式深入了解利益相关方的诉求,了解不同利益相关方所关注的重点议题。

## 四、实质性议题的确定

综合以上调研结果,公司可形成实质性议题矩阵,该矩阵反映各议题在不同维度的优先程度。

表 9.4　实质性议题分析矩阵

|  | 含　义 | 分 析 方 法 |
|---|---|---|
| 横坐标 | 反映公司对经济、环境和社会正面或负面的作用 | 可以由公司内部利益相关方(高级管理层)与专家群体共同确定 |
| 纵坐标 | 反映该议题对利益相关方的重要程度 | 按照各类外部利益相关方调研结果及其权重汇总加权得出 |

如图 9.3 所示,在横坐标轴上,对公司对经济、环境和社会正面或负面作用越大的议题优先级越高;在纵坐标轴上,对利益相关方重要程度越高的议题优先级越高。根据 GRI 标准,在横轴、纵轴任意一方获得高优先级即视为实质性议题。实质性议题需在报告内进行重点披露,以充分展现公司的可持续发展影响并回应利益相关方的关注。

中国香港联交所也给出了各行业的实质性议题列表,详见表 9.5。需要注意的是,联交所给出的实质性列表仅为行业通用情况,供上市公司参考,上市公司仍需根据自身业务及运营情况进一步识别、评估各议题对公司的影响。

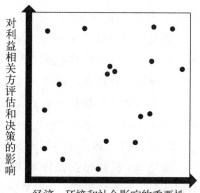

图 9.3　中国香港联交所给出的议题优先级别的视觉表示

表 9.5　中国香港联交所提供的各行业实质性议题列表

|  | 非必需性消费 | 必需性消费 | 医疗保健业 | 能源业 | 金融业 | 工业 | 资讯科技业 | 原材料业 | 地产建筑业 | 电讯业 | 公用事业 |
|---|---|---|---|---|---|---|---|---|---|---|---|
| A1 排放物 | ● | ● | ● | ● | ● | ● | ● | ● | ● | ● | ● |
| A2 资源使用 | ● | ● | ● | ● | ● | ● | ● | ● | ● | ● | ● |
| A3 环境及天然资源 | ● | ● | ● | ● | ● | ● | ● | ● | ● | ● | ● |
| A4 气候变化 |  | ● | ● | ● | ● | ● | ● | ● | ● | ● | ● |
| B1 雇佣 | ● | ● | ● | ● | ● | ● | ● | ● | ● | ● | ● |
| B2 健康与安全 | ● | ● | ● | ● | ● | ● | ● | ● | ● | ● | ● |
| B3 发展及培训 |  |  | ● |  | ● |  | ● |  |  | ● |  |
| B4 劳工准则 | ● | ● |  | ● |  | ● |  | ● | ● |  |  |
| B5 供应链管理 | ● | ● |  | ● |  | ● | ● | ● | ● |  |  |
| B6 产品责任 | ● | ● | ● | ● | ● | ● | ● | ● | ● | ● | ● |
| B7 反贪污 | ● | ● | ● | ● | ● | ● | ● | ● | ● | ● | ● |
| B8 社区投资 |  | ● | ● | ● | ● |  |  |  | ● |  | ● |

● 对行业内的发行人非常有可能产生重大影响。

● 对行业内的发行人有可能产生重大影响。

在形成实质性议题矩阵后,上市公司董事会有最终责任对矩阵进行审阅,以确保该矩阵可充分反映公司的 ESG 实质性影响。

 **案例 9-4    赛得利中国的实质性议题分析方法和流程**

在独立的可持续发展顾问的指导下,我们对《持续践行,引领变革——2019 年可持续发展报告》进行了新的重要性评估。识别过程包括三个主要步骤。

1. 确定一系列潜在的实质性 ESG 主题列表

实质性评估从背景审查开始,根据可持续发展的大趋势、行业热点、同业基准以及赛得利在之前的可持续发展报告中确定的实质性议题,确定一系列潜在的重大环境、社会和管治(ESG)主题列表。同时也考虑了时尚品牌的可持续发展优先项,以便赛得利能够更好地实现纺织品价值链中更广泛的 ESG 目标。该主题列表不仅考虑了能够对赛得利业务产生重大影响的主体,还包括了赛得利对外部影响最大的 ESG 领域。

2. 通过利益相关方参与来确定主题的优先项

接下来,利益相关方会对此潜在的实质性主题清单进行进一步探讨。在此过程中,他们可参考对管理层、员工、供应商、纱线生产、时尚品牌和非政府组织的在线调查结果,对每个主题的相对重要性进行优先项排序。我们还与主要利益相关方进行了一系列的访谈,对感兴趣的主题进行深入探讨。通过整理并分析利益相关方的反馈意见,并结合背景调查,以确定优先议题。在产业格局研究、同行和品牌基准测试以及利益相关方参与过程中,被反复确定为重要且相关的主题最终被确定为赛得利的实质议题的内容。

3. 验证相关议题

已确定的实质性因素由高级管理层进行审核和批准。

实质性评估流程总结如下图所示。

**识别**

通过背景调查以及同行基准比较确定潜在的实质性主题列表。

**优先排序**

通过在线问卷调查和深度访谈了解对利益相关方的重要性。基于背景审查和利益相关方反馈的整理结果确定主题的优先级。

**验证**

与高级管理层确认对重大因素的选择。

**案例 9-5　《中国平安 2018 的可持续发展报告》的实质性议题矩阵**

对公司战略运营的影响程度 →（纵轴）

公司治理　　金融服务实体经济　　科技变革

　　　　　精准扶贫　　气候变化风险

产品创新　　信息安全保护　　责任投资

　　　　　　　　　　　健康医疗难题

客户体验及服务　　员工职业发展

供应链管理

员工权益保障　　风险与合规管理　　稳健的经营业绩

行业合作与发展　　绿色运营

社会公益与志愿行动　　　　　代理人成长

职业健康与安全

对利益相关方的影响程度 →

# 第二节　ESG 量化绩效管理

## 一、ESG 议题的量化绩效

对于 ESG 议题，不同的国际标准及报告体系中约定了一系列专项披露项或量化指标。一方面，可以帮助外部利益相关方将上市公司当前的经济、环境和社会表现与过去的表现、目标进行比较，或将上市公司与其同行业的其他公司的表现进行比较。另一方面，量化指标也可以帮助上市公司内部的 ESG 治理，了解自身 ESG 表现情况并设定 ESG 目标（如表 9.6 所示）。

表 9.6　中国香港联交所的 ESG 量化绩效表

| 序号 | 议题及重要量化绩效指标 |
| --- | --- |
| 环境议题 | |
| A1 | 排放物 |
| A1.1 | 排放物种类及相关排放数据 |
| A1.2 | 直接（范围 1）及间接能源（范围 2）温室气体排放量（以吨计算）及（如适用）密度（如以每产量单位、每项设施计算） |

（续表）

| 序号 | 议题及重要量化绩效指标 |
|------|------------------------|
| A1.3 | 所产生的有害废弃物总量（以吨计算）及（如适用）密度（如以每产量单位、每项设施计算） |
| A1.4 | 所产生的无害废弃物总量（以吨计算）及（如适用）密度（如以每产量单位、每项设施计算） |
| A2 | 资源使用 |
| A2.1 | 按类型划分的直接及/或间接能源（如电、气或油）总耗量（以兆瓦时计算）及密度（如以每产量单位、每项设施计算） |
| A2.2 | 总耗水量及密度（如以每产量单位、每项设施计算） |
| A2.5 | 制成品所用包装材料的总量（以吨计算）及（如适用）每生产单位占比 |
| 社会议题 | |
| B1 | 雇佣 |
| B1.1 | 按性别、雇佣类型（全职或兼职）、年龄组别及地区划分的雇员总数 |
| B1.2 | 按性别、年龄组别及地区划分的雇员流失比率 |
| B2 | 健康与安全 |
| B2.1 | 过去三年（包括环保年度）每年因工亡故的人数及比率 |
| B2.2 | 因工伤损失工作日数 |
| B3 | 发展及培训 |
| B3.1 | 按性别及雇员类别（如高级管理层、中级管理层等）划分的受训雇员百分比 |
| B3.2 | 按性别及雇员类别划分，每名雇员完成受训的平均时数 |
| B5 | 供应链管理 |
| B5.1 | 按地区划分的供应商数目 |
| B6 | 产品责任 |
| B6.1 | 已售或已运送产品总数中因安全与健康理由而须回收的百分比 |
| B7 | 反贪污 |
| B7.1 | 于汇报期内对发行人或其雇员提出并已审结的贪污诉讼案件的数目及结果 |
| B8 | 社区投资 |
| B8.2 | 在专注范畴所动用资源（如金钱或时间） |

## 二、中国 ESG 量化绩效的管理与披露现状

ESG 量化绩效对于上市公司开展环境、社会及公司治理（ESG）风险防范、ESG 绩效管理以及评级管理都有较大的影响。然而，中国上市公司在 ESG 数据披露与管理方面存在不规范、无价值、误导投资者等问题，ESG 量化绩效作为 ESG 信息披露的重要一环，其缺失将影响上市公司 ESG 信息披露的质量与有效性。

1. 数据管理不规范

一方面，企业 ESG 数据披露不完整，将 ESG 数据隐藏在费用数据中进行披露（如耗

电、耗水量隐藏在财务信息中)，并缺少对碳信息、气候变化等ESG指标的披露。

另一方面，企业ESG数据披露非标准化，同一企业每年披露标准不一致，无统一框架，如数据名称、统计口径等未统一，对计算公式与方法、参数来源等未进行说明。

企业环境处罚信息披露不完整，将受到证券交易所的监管。例如，碧桂园地产《2019年公开发行公司债券(面向合格投资者)(第二期)募集说明书》中主动披露1次子公司环保处罚情况，但下属子公司存在的5次环保处罚记录未披露，其中一次环保处罚金额达到了460万元。环保组织上海青悦环保在与企业沟通未果的情况下，向上海证券交易所反馈了碧桂园地产的相关问题，上交所经过对碧桂园地产未披露处罚情况的核实，对其采取了监管措施，要求碧桂园地产加强对债券发行环境信息披露。目前，碧桂园地产已主动补充披露了未披露的环保处罚情况。

又如，中国光大银行《2018年企业社会责任报告》的排放物数据披露为“规范性数据披露”作出了良好示例。数据披露首先说明统计口径“包含中国光大银行总行及境内以及分行机关”，其次在批注中对计算公式与方法做出了详细说明，如“温室气体核算按二氧化碳当量呈列，并根据中国国家发展和改革委员会刊发的《2015中国区域电网基准线排放因子》及政府间气候变化专门委员会(IPCC)刊发的《2006年IPCC国家温室气体清单指南》进行核算”。

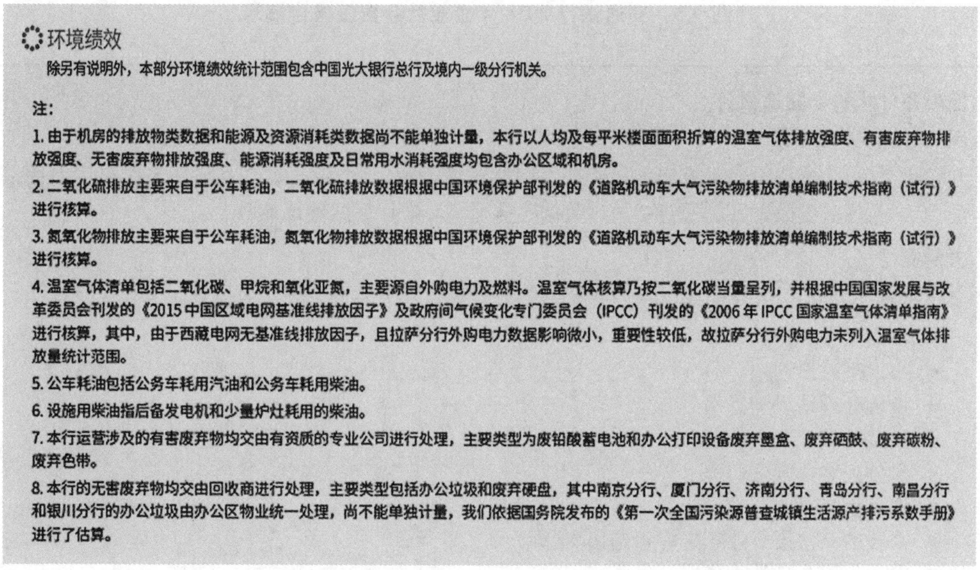
环境绩效

除另有说明外，本部分环境绩效统计范围包含中国光大银行总行及境内一级分行机关。

注:

1. 由于机房的排放物类数据和能源及资源消耗类数据尚不能单独计量，本行以人均及每平米楼面面积折算的温室气体排放强度、有害废弃物排放强度、无害废弃物排放强度、能源消耗强度及日常用水消耗强度均包含办公区域和机房。

2. 二氧化硫排放主要来自于公车耗油，二氧化硫排放数据根据中国环境保护部刊发的《道路机动车大气污染物排放清单编制技术指南（试行）》进行核算。

3. 氮氧化物排放主要来自于公车耗油，氮氧化物排放数据根据中国环境保护部刊发的《道路机动车大气污染物排放清单编制技术指南（试行）》进行核算。

4. 温室气体清单包括二氧化碳、甲烷和氧化亚氮，主要源自外购电力及燃料。温室气体核算乃按二氧化碳当量呈列，并根据中国国家发展与改革委员会刊发的《2015中国区域电网基准线排放因子》及政府间气候变化专门委员会（IPCC）刊发的《2006年IPCC国家温室气体清单指南》进行核算，其中，由于西藏电网无基准线排放因子，且拉萨分行外购电力数据影响微小，重要性较低，故拉萨分行外购电力未列入温室气体排放量统计范围。

5. 公车耗油包括公务车耗用汽油和公务车耗用柴油。

6. 设施用柴油指后备发电机和少量炉灶耗用的柴油。

7. 本行运营涉及的有害废弃物均交由有资质的专业公司进行处理，主要类型为废铅酸蓄电池和办公打印设备废弃墨盒、废弃硒鼓、废弃碳粉、废弃色带。

8. 本行的无害废弃物均交由回收商进行处理，主要类型包括办公垃圾和废弃硬盘，其中南京分行、厦门分行、济南分行、青岛分行、南昌分行和银川分行的办公垃圾由办公区物业统一处理，尚不能单独计量，我们依据国务院发布的《第一次全国污染源普查城镇生活源产排污系数手册》进行了估算。

**图9.4　中国光大银行2018年企业社会责任报告摘录**

关于更多的ESG监管及信息披露的内容，在本书第五章已有详细的阐述。

*2. 数据无价值和混淆*

比起数据缺失和不披露数据，还有一种情况更为隐蔽，但对公众和投资者的误导危害更大，就是披露的数据以偏概全、夸大及混淆。

首先，部分企业ESG数据披露以偏概全，未涵盖企业合并财务报告所辖主体，却不加以说明，投资者无法完整衡量企业的ESG绩效。如浦发银行的社会责任报告中仅给出少量数据。交通银行在2018年企业社会责任报告中环境部分的数据披露范围为“总部即本行在上海的五个办公场所，分别为陆家嘴(交银大厦)、张江、虹桥锦明大厦、高科和漕河泾”。

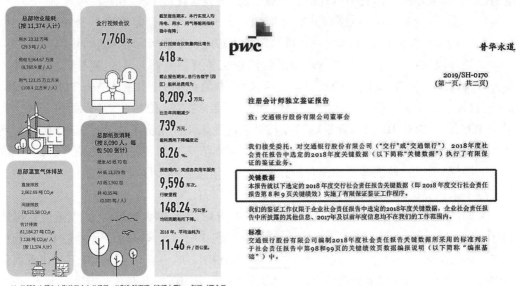

11. 总部为本行在上海的五个办公场所，分别为陆家嘴（交银大厦）、张江（不含三期）、虹桥锦明大厦、高科和漕河泾，总部碳排放是指直接排放和能源间接碳排放量的合计。

pwc　　普华永道

2019/SH-0170
(第一页，共二页)

**注册会计师独立鉴证报告**

致：交通银行股份有限公司董事会

我们接受委托，对交通银行股份有限公司（“交行”或“交通银行”） 2018年度社会责任报告中选定的2018年度关键数据（以下简称“关键数据”）执行了有限保证的鉴证业务。

**关键数据**
本报告就以下选定的 2018 年度交行社会责任报告关键数据（即 2018 年度交行社会责任报告第 8 和 9 页关键绩效）实施了有限保证鉴证工作程序。

我们的鉴证工作仅限于企业社会责任报告中选定的2018年度关键数据，企业社会责任报告中所披露的其他信息、2017年及以前年度信息均不在我们的工作范围内。

**标准**
交通银行股份有限公司编制2018年度社会责任报告关键数据所采用的标准列示于社会责任报告中第98和99页的关键绩效页数据编报说明（以下简称“编报基础”）中。

图 9.5　交通银行 2018 年企业社会责任报告摘录

**注册会计师独立鉴证报告**
致：上海浦东发展银行股份有限公司董事会

我们接受委托，对上海浦东发展银行股份有限公司(“贵行”)2018 年度企业社会责任报告中选定的 2018 年度关键数据(以下简称“关键数据”)执行了有限保证的鉴证业务。

**关键数据**
本报告就以下选定的 2018 年度贵行企业社会责任报告关键数据实施了有限保证鉴证工作程序：

- 中小微企业贷款余额(亿元)
- 申诉按时处理率(%)
- 申诉处理结果满意率(%)
- 员工培训经费支出(万元)
- 对外捐赠金额(万元)
- 绿色信贷贷款金额(亿元)
- 高耗能高污染行业年末存量退出(亿元)
- 电子渠道交易量替代率(%)
- 贷款项目环评率(%)
- 新增营业网点数量(个)
- 视频会议(次)
- 每股社会贡献值
- 办公用水消耗量(万吨)
- 办公用电消耗量(万度)
- 复印纸采购数据量(包)

我们的鉴证工作仅限于企业社会责任报告中选定的 2018 年度关键数据，企业社会责任报告中所披露的其他信息，2017 年及以前年度信息均不在我们的工作范围内。

图 9.6　浦发银行 2018 年企业社会责任报告摘录

其次,部分企业披露数据统计夸大,投资者和企业之间信息不对称。例如,上市公司按证券交易所要求披露"帮助建档立卡贫困户脱贫人数"信息时,将"脱贫人数"夸大为"受益人数",只列最大保障金额,不列示投入成本。碧桂园等上市公司曾在 ESG 信息披露中对"董事长或高管的个人捐赠"和"上市公司捐赠"不进行区分说明,这是不合理的。

### 三、ESG 绩效管理的价值

2019 年,星展银行(DBS)财富投资主管 Marc Lansonneur 表示,ESG 评级较高的公司往往显示出更高的盈利能力、更高的股息收益率以及更低的风险和波动性。他说:"ESG 不仅仅在于对社会产生积极影响,还在于获得额外的价值和更高的回报。"高效的 ESG 数据管理可为企业带来预防风险、提高评级、绩效提升等价值。

1. 管理潜在 ESG 风险

ESG 风险主要为可持续性、非财务或非金融风险,如公司治理、反贪污等数据的实时监控管理有利于公司的风险防控,资源消耗等数据的长期追踪有利于促进公司的可持续发展。在某公司 ESG 数据披露的过程中,编制人员发现企业的用水量大于排水量,由此识别出水资源消耗风险,避免了公司进一步的损耗。

2. 提高 ESG 评级表现

对上市公司而言,更好的 ESG 表现和更高的 ESG 评级会直接影响投资者的关注与长期经济回报。MSCI 指数作为全球投资组合经理采用最多的投资标的,其 ESG 评级结果已成为全球各大投资机构决策的重要依据。MSCI 评级过程整合风险暴露与管理实践和管理绩效,将其作为衡量关键绩效表现的重要依据。2019 年 MSCI 的 ESG 研究报告显示,A 股上市公司信息披露情况较差,仅 3% 的上市公司披露 ESG 数据(全球上市企业的这一比例为 34%)。在 ESG 数据披露的过程中根据 ESG 评级要点对数据进行统一管理,提高绩效表现,有利于提高 ESG 评级。

3. 实现企业精益管理

集团企业不同于企业联盟,管理是专业而严谨的,能源消耗等 ESG 数据绩效与企业财务绩效直接相关,长期追踪管理有利于企业识别、改善 ESG 绩效表现,减少财务成本,实现精益管理。依据商道纵横 2019 年医药行业 ESG 操作手册[1],以中位营业收入 54.33 亿元计算,落后绩效的医药上市公司比中位绩效多支出电力费用 0.65 亿元。

为满足投资者更好地管理非财务绩效和应对环境和社会风险的需求,全球各证券交易所推出了上市公司 ESG 信息披露要求。国际综合报告委员会的综合报告框架关于绩效的定性和定量信息,提出应当包含有关目标及风险和机遇的定量指标并说明其重要性和潜在意义、过去和当前绩效之间的联系以及当前绩效和机构前景展望之间的联系等。

为了有效管理 ESG 数据,需明确 ESG 数据的"风险型数据、直接统计型数据、计算型数据"的定位,从"数据、工具、企业"三方面建立高效管理路径(如表 9.7 所示)。

---

〔1〕 商道纵横.环境、社会与公司治理(ESG)操作手册——医疗保健业.2019.

表 9.7　ESG 绩效披露指标分类示例

| | 风险型数据 | 直接统计型数据 | 计算型数据 |
|---|---|---|---|
| 定义 | 对企业的信誉等有影响的合规事件与风险 | 直接统计即可披露的数据 | 需要进行计算才可披露的数据 |
| 环境 | ● 公司因环境污染受到的行政处罚数量与金额 | ● 企业总耗水量<br>● 企业综合能源耗量 | ● 综合能源消耗密度<br>● 温室气体排放总量 |
| 社会 | ● 因工伤而死亡的员工人数 | ● 因客户隐私被记录的违规事项或受到客户向监管机构发起的投诉数目<br>● 慈善与公益投入金额 | ● 员工流失率<br>● 员工培训覆盖率 |
| 公司治理 | ● 对公司或其员工提出并已审结的贪污诉讼案件数 | ● 股东大会、董事会、监事会会议信息<br>● 独立董事、非执行董事人数 | ● 女性员工在中高层管理人员中所占比例 |
| 综合 | ● ESG 评级 | | |

## 四、ESG 绩效管理策略

企业管理环境、社会及公司治理(ESG)数据可以从以下三点入手:(1)开展三维度管理;(2)灵活应用数据管理工具;(3)建立企业 ESG 数据管理架构。

1. 多维度 ESG 绩效管理

(1)管理企业核心 ESG 数据。中国香港联交所《ESG 报告指引》(2019 版)规定了 12 个 ESG 议题 48 个指标,并明确了"不披露就解释"原则。GRI《可持续发展报告标准》规定,"实质性"是衡量指标或议题是否具有报告价值的标尺,核心 ESG 披露数据须涵盖以下方面:反映企业对经济、环境和社会具有重要影响;对利益相关方的评价和决策有实质影响。企业应根据上述要求,结合所在行业的高披露率关键数据指标以及自身实质性议题,确定 5—10 个企业的核心 ESG 数据(如气候变化与碳排放数据、多元化数据、数据安全与隐私保护数据、客户满意度数据)。

(2)横向管理企业 ESG 数据。企业通过与行业 ESG 数据优秀绩效、中位绩效以及落后绩效比较,可识别出自身 ESG 绩效在同行业中所处的水平,结合企业自身在市场的位置,制定提升 ESG 数据绩效的管理目标与方针。

(3)纵向管理企业 ESG 数据。中国香港联交所《ESG 报告指引》(2019 版),对 ESG 数据披露提出一致性及量化汇报原则,以便于投资者了解公司情况,企业比较自身 ESG 绩效表现。与此同时,针对量化汇报原则,联交所建议企业除了披露投入的数据之外,还应分析披露产出、成效及影响,以了解投入产出比,制定 ESG 数据管理目标,便于向投资者展示具体产生的效益。

2. 建立企业内的 ESG 数据管理架构

(1)组建部门协作架构。ESG 报告所要求披露的数据涵盖生产、采购、人力资源、销售等领域,有些数据难以越过企业内部各部门之间的边界,且各部门之间的数据采集口径

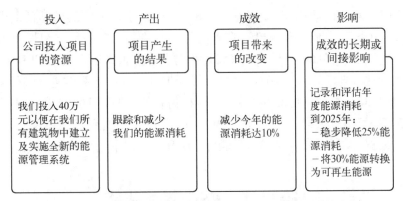

图 9.7　2019 年中国香港联交所董事网上培训（量化原则的应用）

可能不尽一致。公司应组建各部门 ESG 数据管理协作架构，设定 ESG 数据专门联络人负责部门数据收集等工作，提高 ESG 数据管理效率。

（2）外部咨询机构支持。证券交易所对上市企业 ESG 信息披露的要求日趋严格，MSCI、DJSI 等 ESG 评级指数产品日益受到资本市场与投资者的关注，企业 ESG 信息披露面临很大的挑战。ESG 专业机构使用测量指数和模型完善报告内容，保障披露信息的专业性与完整性。

3. 应用 ESG 数据管理工具

（1）使用 ESG 风险管理工具。中国香港联交所要求，评估及厘定发行人的 ESG 相关风险及机遇，确保设有适当和有效的 ESG 风险管理及内部监控系统等。近年来，中国企业的 ESG 风险不断爆发，多家上市公司 ST 辉丰、山西路桥、罗平锌电等因环保信息披露的原因受到证券交易所的公开谴责。企业 ESG 数据管理能力的薄弱会影响信息披露和投资者观点，削弱风险防范能力，影响企业效益。企业采用风险管理工具有利于及时发现并规避风险，实现可持续发展。

（2）使用标准化数据管理工具。跨国企业可采取"集团—事业部—子公司—国别/区域—供应链数据的监控"、达到"标准化及自动计算"的 ESG 数据管理目标。企业使用一体化 ESG 数据管理平台，实现多元业务集团和供应链数据的统一管理，将为企业解决 ESG 信息分散的难题，实现 ESG 信息披露质量和效率的提升，促进企业精益管理和 ESG 品牌的塑造。

图 9.8　商道纵横 HiESG 绩效管理系统示意

（3）使用碳信息管理工具。金融稳定理事会（FSB）主席在其 2015 年的演讲"Tragedy of Horizons"中表示，气候变化风险一直未能与金融机构的财务稳定和长期风险联系起来，已经带来了显而易见的消极影响，气候相关财务信息披露工作组（TCFD）的建立初衷正是为了改变这一现象。2019 年 6 月 29 日，TCFD 提出了一系列改进气候相关风险披露和管理的建议，其中包含企业需要披露情景分析信息等。根据 TCFD 2019 年发布的最新报告，已有 374 家金融公司、270 家非金融公司和 114 个其他组织表示支持 TCFD 的建议。企业应根据 TCFD 的标准框架、要求与建议管理与披露气候变化信息。

# 第三节　ESG 服务机构

为企业提供 ESG 咨询服务的机构主要包括三类：第一类是专业咨询机构；第二类是报告验证机构；第三类是传播服务机构。此外，还包括面向金融投资者的 ESG 数据提供商和评级机构。本书也将广义上的社会责任及可持续发展服务机构一并纳入，但并未考虑公益慈善类服务机构。

表 9.8　ESG 服务机构及其服务领域示例

| 示 例 机 构 | 咨询 | 验证/评价 | 数据 | 传播 |
|---|---|---|---|---|
| 商道咨询/思盟社会责任促进中心 | ● | | | |
| 责扬天下/金蜜蜂/可持续发展导刊 | ● | | | ● |
| 责任云/中国社科院社会责任中心 | ● | ● | | ● |
| 安永 | ● | ● | | |
| 普华永道 | ● | ● | | |
| SGS | | ● | | |
| TUV | | ● | | |
| 青悦环保 | | ● | ● | |
| CDP | | | ● | |
| 万得（Wind） | | | ● | |
| 每日经济新闻 | | | | ● |
| 财联社 | | | | ● |
| 南方周末 | ● | | | ● |

注：1. 部分机构时常组合提供服务，在本表中一并列示。
2. 本书中主要以在中国内地提供 ESG 服务的机构为主，若中国内地没有相关机构，则以欧美同类机构为例进行介绍。

## 一、ESG 咨询机构

中国的 ESG 咨询机构主要提供 ESG 信息披露、ESG 管理与评级提升、ESG 风险与绩效管理、责任投资与可持续发展咨询等服务。由于最早的需求来自在华外资机构社会责任项目,以及中国企业在海外证券交易所上市后的 ESG 报告发布需求,因此自 2005 年以来中国 ESG 咨询机构有以下四种来源:一是外资咨询机构在华分支机构,如 BSR、DNV;二是由中国的研究机构转化而来,如中国社科院社会责任中心/责任云;三是由媒体转化而来的咨询机构,如 WTO 导刊/责扬天下;四是独立咨询机构,如商道咨询。

　　ESG 咨询机构根据其服务对象也可以分为主要服务于央企的社会责任报告、主要服务于外资企业的在华社会责任项目,以及主要服务于上市公司的责任投资等。

　　随着中国在全球影响力日益扩大,目前中国部分 ESG 咨询机构为中国企业提供全球平台服务,例如,商道咨询是 UNPRI(联合国责任投资原则)和 UNEP FI(联合国环境署金融行动计划)在中国最早的会员之一,并协助这些机构开展培训和技术指导,随着中国 UNPRI 会员的大幅增加,中国企业在全球责任投资领域的影响力也逐步增强。商道咨询与中国报道社共同成立了"中道企业海外社会责任研究中心",并与清华大学经济管理学院、中国对外承包工程商会一起编制《中国对外承包工程行业社区沟通指南与手册》。

### 案例 9-6　商道咨询的主要 ESG 服务项目

**机构简介**

　　商道咨询成立于 2005 年,是中国领先的企业社会责任咨询、培训和研究机构,目前在北京、上海、广州、成都设有办公室。商道咨询是中国金融学会绿色金融专业委员会理事单位,是中国首家全球报告倡议组织认证培训机构。2019 年商道"社会责任关键定量指标数据库 MQI"获得联合国贸易和发展会议"国际会计准则荣誉 2019"。

　　以"责任创造价值"为目标,商道为中外 500 强企业、创新增长型公司、非营利组织和政府部门提供咨询服务,积累了丰富的成功案例。

　　商道融合全球技术和中国商业实践,开发了多项企业社会责任和绿色金融模型,运用量化工具与客户共同规划商业与社会环境可持续发展方案并在实施中监测效益,帮助企业在竞争中与社会共创价值。

　　**主要 ESG 服务项目**
- 环境、社会与公司治理信息披露(ESG 报告);
- ESG 风险与绩效管理;
- ESG 管理与评级提升;
- 责任投资/绿色金融策略咨询与尽职调查。

资料来源:商道咨询。

## 二、ESG 验证与评价机构

　　中国的 ESG 验证与评价机构主要针对 ESG 报告提供验证、评价等服务。由于 ESG 发源于国际资本市场,因此目前主要由国际认证公司、审计公司提供相关服务,也包括一

些评价机构,包括 SGS、TUV、安永、普华、中国社科院社会责任研究中心等机构。以上服务机构大部分下设专门的业务团队提供验证,并同时提供 ESG 咨询服务。

国际和国内非营利机构也可提供 ESG 验证服务,例如,GRI 和上海青悦环保中心提供的实质性议题验证服务。

---

### 案例 9-7　普华永道的主要 ESG 服务项目

**机构简介**

在中国,未来环境资源紧缺将给商业经营带来极大的风险与机遇。为了更好地迎接可持续发展与气候变化的挑战,必须将可持续发展纳入公司的核心商业活动中。普华永道在可持续发展与气候变化领域有超过 20 年的优秀业绩以及丰富的行业经验,为客户提供财务、咨询和审计方面的多项服务,帮助客户理解可能对贵公司商业活动产生重大影响的问题、制定合理的应对战略,并协助客户在复杂的公司组织结构中实施战略。

**主要 ESG 服务项目**

**可持续发展咨询:**

- 可持续发展战略设计与实施;
- CSR 报告;
- 环境健康和安全尽职调查;
- 碳管理;
- 供应链风险。

**可持续发展审计:**

- 对公司管理系统、绩效数据提供评估和/或支持内部审计计划;
- 提升公司在 CSR 报告中披露信息的可信度。

资料来源:普华永道。

---

## 三、ESG 评级与数据服务机构

ESG 评级与数据服务机构主要提供 ESG 指数、数据的服务,用于 ESG 投资,包括 MSCI、富时罗素、标普道琼斯、CDP、商道融绿、青悦环保等以及 Wind 和彭博等数据机构。

ESG 评级和数据服务机构主要面向投资者,对于企业往往基于数据和评级提供一定延伸服务。

---

### 案例 9-8　CDP 全球环境信息披露中心的 ESG 服务项目

**机构简介**

CDP(全球环境信息研究中心)是一家总部位于伦敦的国际非营利组织,前身为碳披露项目(Carbon Disclosure Project),是全球商业气候联盟(We Mean Business Coalition)

的创始成员。CDP致力于推动企业和政府减少温室气体排放,保护水和森林资源。在伦敦、北京、香港、纽约、柏林、巴黎、圣保罗、斯德哥尔摩和东京设有办事处。2012年,CDP进入中国,致力于为中国企业提供一个统一的环境信息平台。

环境数据的测量、透明度和可问责性驱动商业和投资领域内的积极变化。CDP代表投资人和采购方,收集企业和城市的环境信息,以了解企业对于世界自然资源的影响和依赖性及其相关管理战略。目前,CDP与全球515家总资产达106万亿美元的投资人,以及140余家跨国企业合作,通过投资者和买家的力量激励企业披露和管理其环境影响。

**服务优势:**

- 战略性披露支持
- 数据与分析
- 事件与见解

资料来源:https://www.cdp.net/zh/companies/reporter-services.

## 四、ESG传播机构

ESG传播机构主要提供新闻采编、奖项评选、会展活动等服务。由于中国企业的ESG管理源于社会责任,有很多公司是由公共事务和公共关系部门负责管理社会责任与可持续发展,因此公关公司也会兼顾提供企业ESG咨询服务。例如博雅、罗德等公关公司,以及《南方周末》等媒体均可提供传播、评选等服务。随着ESG议题受到资本市场的重视,财经公关、投资者关系也加入其中。

## 五、其他ESG服务机构

1. 学术研究机构

如复旦大学绿色金融研究院、中央财经大学绿色金融研究院,以课题形式与政府、企业进行合作。

2. 行业组织

如中国金融学会绿色金融专业委员会,其成员中汇集了大多数的ESG相关机构。2015年4月22日,中国金融学会绿色金融专业委员会成立大会暨绿色金融工作小组报告发布会召开。绿色金融专业委员会主要以组织专题小组形式展开工作。目前,已成立绿色金融服务和责任投资、政策支持、金融法规、机构建设、绿色产业以及传播推广六个小组,分别开展绿色金融优秀案例编写、环境影响评估系统开发、研究和推动建立绿色债券市场、研究支持绿色投资的法律框架和机构建设问题、探索绿色产业融资模式、推广传播等工作。绿色金融工作小组是2014年由中国人民银行研究局与联合国环境署可持续金融项目联合发起的,由40多位专家组成。马骏代表绿色金融工作小组发布了首份《构建中国绿色金融体系》报告,提出了构建中国绿色金融体系的框架性设想和14条具体建议。

## ［本章小结］

在本章中,我们介绍了上市公司 ESG 管理实践中的重要工作,利益相关方沟通和实质性议题的识别,以及 ESG 量化绩效管理。

实质性议题识别是 ESG 管理实践工作的基础。在这个过程中包含对利益相关方的识别并对其重要的实质性议题进行甄别,以及对所识别出实质性议题的量化绩效管理。通过识别利益相关方、潜在实质性议题甄别、利益相关方沟通,来确定自身的实质性议题。我们建议上市公司每隔两三年根据公司所处的外部环境以及自身运营情况等开展一次利益相关方调研和实质性议题分析,以加强公司的 ESG 管理实践。

ESG 量化绩效管理是上市公司 ESG 实践的另一个重要组成部分。对于 ESG 议题,不同的国际标准及报告体系中规定了一系列专项披露项或量化指标。量化指标管理可以帮助上市公司开展内部的 ESG 治理,了解自身 ESG 表现情况,并设定 ESG 目标。同时,高效的 ESG 绩效管理可为企业带来预防风险、提高评级、绩效提升等价值。

在上市公司 ESG 管理的过程中,公司应按照自身需求向外部专家寻求专业意见,不断提升自身的 ESG 管理实践。

## ［思考与练习］

1. 上市公司应如何开展实质性议题识别?
2. 上市公司应如何开展 ESG 量化绩效管理?
3. 面向上市公司的外部 ESG 咨询服务有哪些?

## ［参考文献］

**中文文献**

1. 上海青悦环保.绿色发展先锋 Top100——上市公司 ESG 信息披露评价 2020 年报告.http://www.epmap.org/archives/592.访问日期：2020 年 9 月 29 日.

2. 全球报告倡议组织.可持续发展报告标准.2016.

3. 商道纵横.环境、社会与公司治理(ESG)操作手册——医疗保健业.http://www.hiesg.com/upload/f0bf4a2a4f574d97a855a28973c05d12//Temp-11-4.pdf.

4. 中国香港联交所.咨询文件：检讨〈环境、社会及管治报告指引〉及相关〈上市规则〉条文.2019.

**英文文献**

1. Comrey, A. L. Factor Analytic Methods of Scale Development in Personality and Clinical Psychology[J]. *Journal of Consulting and Clinical Psychology*, 1988(56).

2. Mitchell, A. & Wood, D. Toward a Theory of Stakeholder Identification and Salience: Defining the Principle of Who and What Really Counts[J]. *Academy of*

*Management Review*，1997，22(4)．

　　3. MSCI. China Through an ESG Lens. https：//www. eticanews. it/wp-content/uploads/2019/10/China-through-an-ESG-Lens_20190912_FINAL-1.pdf(Sep. 2019)．

　　4. Tinsley，H. E.，& Tinsley，D. J. Uses of Factor Analysis in Counseling Psychology Research[J]. *Journal of Counseling Psychology*，1987，34．

# 第十章　人工智能与大数据在 ESG 工作中的应用

## [本章导读]

　　ESG(环境、社会、治理)投资,是近年来在西方兴起的新型投资理念。它是由负责任投资发展而来,区别于一般的只关注公司财务表现的投资行为,其更侧重于关注企业在环境、社会和治理方面的全方面表现。

　　随着信息化技术的不断发展,越来越多领域的数据进入大数据时代,数据变得越来越透明化。量化数据,是 ESG 研究当中十分重要的组成部分。人工智能(AI)和大数据技术的不断成熟,也对这些数据的获取、分析和应用,起到了至关重要的作用。

　　本章旨在通过对国内外相关研究和案例的分析,阐述 AI 与大数据在 ESG 中的实际应用。

## 第一节　信息时代下的 ESG

### 一、现阶段 ESG 工作的问题

　　公司的财务报表往往遵循统一的编写准则,如财报里都需要包括营收、利润、资产、负债、所有者权益等内容,然而与财务方面的数据不同,ESG 目前并没有一个所有人都赞同并遵循的披露准则。

　　虽然目前国内很多公司都会主动发布 ESG 报告,并且在报告中包含如温室气体排放、综合能耗、员工构成结构、企业供应链管理等指标,并且一些重污染行业的公司还会披露大气污染物、废水污染物、企业节能情况等更详尽的环境指标,但是各个公司发布的 ESG 报告大多数都是采用 GRI、CASS-CSR,或是中国香港联交所发布的各不相同的编制依据。

　　数据的采集也大多依赖于手动采集,基层的人员人工收集各类 ESG 数据,然后向上汇总,最终总结成为 ESG 报告中的绩效。确保基层的数据在收集与逐层上传过程中保持高度的准确性与真实性是很难的工作,因为可能存在基层统计口径不同,对相同指标的统计方式不同,数据存储于不同数据库等种种原因,最终汇总的 ESG 报告的绩效并不一定能够真实地反映该公司的 ESG 绩效,各种数据的统计口径、计量单位、计算方式等不一致,也导致了公司与公司之间 ESG 绩效不可比的情况。

## 二、信息时代的 ESG 研究

想了解近年来 ESG 投资的发展与现状,我们要先认识到随着科技与文化的进步,无形资产在总资产占比中越来越多,数据库中的非结构化数据(不具有预定义数据模型的数据)也越来越多。

一家公司在如何应对气候风险、供应链管理、可持续发展等方面的领先程度可以很大程度地影响公司的价值,而企业管理人员也被要求能提出一份令投资者满意的答卷,来回答企业是如何有效利用投资者的财富来应对气候带来的风险或机遇的。气候变化的风险或机遇通常是中长期的问题,但是及时有效地告诉公众与投资者:公司会怎样应对该风险或机遇,则是一个较为短期且需要企业及时处理的议题。

根据 Ocean Tomo 的数据显示,截至 2020 年 7 月,全球已有 90％的资产属于品牌、公司形象、企业文化、公司影响力等无形资产[1]。而无形资产相较于有形资产更容易受到舆论和政策的影响。公司在环境、社会、管治三方面的成绩,也会对无形资产产生影响。

随着数字时代的到来,企业数据库中被填入了越来越多的非结构化数据。调查显示,近两年来,全球范围内 90％的新数据为非结构化数据。国际数据公司(IDC)预测,到 2025 年,全球将有 80％的数据将会是非结构化数据。丰富的非结构化数据将会成为 ESG 信号的重要来源之一。

越来越多的财富被投入 ESG 投资中,越来越多的资产是无形资产,越来越多的数据将会是非结构化数据,这三种同时发生的趋势并不是简单的巧合。互联网的发展与数据量爆炸性的增长使得公司的利益相关者在与公司进行对话时掌握更多的信息,科技让我们以超越前人的能力分析巨量的数据与信息。这些条件的成熟使主流市场可以更好地接受 ESG 投资的理念[2]。

互联网改变了经济信息,也改变了人们获取经济信息的渠道。数十亿的人可以免费、实时地在线分享信息。这导致了公司和集团们不再是公司成就的唯一讲述方。在 30 年前,我们获取公司 ESG 信息的方式仅能通过公司自己来披露,而在数字时代,公司的利益相关者也可以就公司的诸多方面发出声音,这样公众评判某家公司时就不仅仅依赖于公司自己的表述,而是可以通过非公司官方渠道的信息来进行更客观的判断。公司的利益相关方——职员、客户、社区、供应链、合作伙伴、政府、投资人和股东等想要的已经不仅仅是单纯的经济上的利益。

著名经济学家米尔顿·弗里德曼的名言"商业的社会责任就是增加利润",也随着市场对有责任心的企业的需求上升而越来越与主流价值观不合拍。财富管理经理和投资人们再也不会将公司运营过程中的社会与环境成本排除在视线之外,他们迫使各个公司开始从长远角度考虑公司在运营中对财务、社会、环境的可持续性的影响。这很好地抵消了在投资界中被短期利益驱使的投资行为,因为重视环境、社会和公司管治三个方面的企业

〔1〕　Stathis, Kristi L. Ocean Tomo Releases 2015 Annual Study of Intangible Asset Market Value [J]. *Ocean Tomo*, 2019(9).

〔2〕　D'Aquila, Jill. The Current State of Sustainability Reporting[J]. *The CPA Journal*, 2018(7).

往往具有长期发展的潜力。

在当今这个数据超级丰富的年代，ESG 分析不再仅依靠公司披露的 ESG 信息，新的挑战是如何从海量的非结构化数据中发掘出更有意义、更能预测公司前景的信息。研究者们需要新的工具：AI（人工智能）、ML（机器学习）和 NLP（自然语言处理）。

AI（人工智能）是指让机器，特别是计算机以人的思维方式去做出反应及运算。相关研究包括机器人、语言识别、图像识别、自然语言处理和专家系统等。ML（机器学习）和 NLP（自然语言处理）是 AI（人工智能）两个重要的细分领域，其中机器学习主要是研究如何让计算机模拟和实现人类的学习行为，以获取新的知识或技能，重新组织已有的知识结构并使之不断改善自身的性能；而自然语言处理则是研究如何让机器理解人们日常使用的语言，即自然语言，然后才能更好地对此进行分析整理和应用。

这些工具可以非常有效率地处理大量的非结构化数据，也是想要查清非结构化数据中的关键信号来获得对可持续投资更深层次理解的必要工具。

许多 ESG 研究机构都有人工智能的项目，但是很多机构仅仅将 AI 应用于加速他们之前的工作进程——加快数据的挖掘，然而他们所获得的信息依然来源于老旧的渠道：公司自行披露；公司在监管部门处填写的表格；公司的可持续发展报告等。这并不是 AI 的最佳利用手段。真正让 AI 大有可为的方式是将其应用于寻找外部利益相关方的关键信息，进而从相关信息中发掘出用传统方法不能轻易发现的 ESG 风险与机遇。

在大数据时代，我们需要相应的技术来分辨公司利益相关方基于情感的看法，然后分析其他有可能对公司价值产生影响的外部信息。即使是大数据和人工智能的时代，人力的智慧也很重要，我们需要人来规定分析的框架并且引导和校准电脑的分析工作。分析师们可以与数据科学家与工程师一起训练 AI 进行查找、分类、分析的工作。传统的 ESG 研究过程中，数据在前端被收集，然后被发送到后端，由大批的分析师进行分析，但现在我们可以最大化地利用科技从非结构化数据中提取需要的数据，仅需少量的分析师在前端和后端进行算法调校和数据验证工作[1]。投资者们也不再需要谨慎地逐个分析公司自行披露的、未经审计的、片面的、甚至是经过"漂绿"（公司为了利益向消费者和投资者宣示自己对环境保护的付出，但实际上却反其道而行之）处理过的信息。

## 第二节　大数据与 AI 推动 ESG 发展

### 一、对 AI 与大数据技术的疑问与解决办法

随着 AI 与大数据在 ESG 中的应用越来越深入，对该技术的疑问与批评也逐渐产生。这些疑问与批评主要有以下四个方面：

- 标准：ESG 打分和等级评定的构成要素是什么？不同的 ESG 研究机构对公司的评判标准的不同会不会引起投资者更大的担忧？

---

〔1〕　D'Aquila, Jill. The Current State of Sustainability Reporting[J]. *The CPA Journal*, 2018(7).

- 相关性：针对 ESG 评分而做出的投资结果一定准确吗？ESG 的等级评定可以有效地判断重大风险及机遇吗？
- 可靠性：AI 与大数据发掘的数据相较于公司自行披露的数据有多可靠呢？
- 时效性：每年度发布的 ESG 评分有多可靠呢？是否可以用于分析发生于数据公布之后几周或是几个月里发生的重大事件呢？

想要回答上述的疑问，仍然需要更广泛的应用 AI 与大数据技术。随着 AI 与大数据更全面地应用于 ESG 方面，数据的一致性将会形成一个标准，相应的评分方法和分析框架也会被广泛接受。现有的被较为接受的评分模型如 SASB（可持续性会计准则委员会）可以让即使来源不同的信息对同一家公司的评分仍能较为统一。现有的经验和数据告诉我们，SASB 框架的 26 个可持续性因子已经可以对公司的运营表现和市场价值产生一定的影响。

数据质量的一大评判标准就是数据的时效性和可对比性。即时的 ESG 分析相较于传统的 ESG 研究的一大优点就是解决了时间滞差的问题。传统的 ESG 报告往往一年才能更新数据一次，更新后的几个月的时间里，数据就会变得越来越陈旧和无效。而 AI 驱动的分析过程可以反映实时的 ESG 绩效，公司的声誉隔夜即可得到反馈。AI 技术可以让投资者们实时关注公司的 ESG 绩效，在这种情况下，ESG 分析工作的主要内容就是及时发掘公司可持续与长期的创新潜力，这项工作可以由 AI 来不间断地完成。

在过去的 20 年里，因为人们对 ESG 的关注持续升温，越来越多的企业开始主动披露自己的 ESG 信息。根据美国问责制研究所（Government Accountability Institute）的数据，86％的标普 500 公司在 2018 年发布了 ESG 报告，而该数据在 2011 年仅为 20％。但是公司自行披露的数据可能是片面或是带有偏见的。公司会尽可能少披露甚至不披露负面的信息。未经审计的 ESG 报告数据可能会向着更符合人们对绿色公司的认知的方向被美化甚至是篡改。PWC 出具的报告显示：有 3/4 的投资者对公司发布的 ESG 报告持中立或是不满意的态度；美国证券交易委员会收到的与可持续性相关的 80％的建议信都是呼吁公司加强对环境和社会责任等方面的信息披露质量。因为市面上并没有一个规章性的披露监管，所以很多公司在披露时不会使用现有的披露标准框架，如 GRI 等，这就导致公司与公司之间的数据不可比。随着公司的可持续发展潜力越来越被重视，以及越来越多的像 TCFD 这样的报告框架的出台，自我披露的报告的质量与可比性将会变得更好。即使公司自我报告的数据变好，ESG 评级仍然需要来自外部的信息。公司的自我披露会变成 ESG 分析过程中一个重要的组成部分，而不再是决定性的因素。投资者可以通过各种外部渠道来获取对某家公司更深层次的理解。AI 可以通过提供多个来源的 ESG 数据来反映公司的真实 ESG 绩效。

## 二、ESG 工作需要 AI 与大数据技术的支撑

ESG 报告中数据的质量，公司对数据规则的遵守以及数据的真实性是非常关键的。数据的质量指的是数据在收集过程中能够保持真实与可靠。公司对数据的遵守指的是当公司收集到实时数据后，如何设定公司下一步发展的基点，实施更好的可持续发展战略，

来进一步改善自身的 ESG 表现。数据的真实性则是公司如何回应投资者或者监管部门对数据的疑问。部分公司的 ESG 报告动辄上百页,乃至数百页,而其中披露的 ESG 绩效数据只有寥寥数页。这些数据不一定是衡量 ESG 标准最重要的指标,而往往是最容易被观察和记录下来的指标。

　　现阶段公司通常每年只会发布一次 ESG 报告,最主要的原因还是复杂且繁琐的数据收集工作。收集工作通常会持续数月,所需收集内容的宽度也相当之广:从温室气体排放的碳当量到员工接受反腐败培训的时长;从员工的人员结构组成到供应链的管理情况。许多公司并没有能力或者精力来系统地梳理这些数据,只是简单整理一下就成了一篇 ESG 报告,而此时该报告的数据已至少有几个月的历史了,这就导致许多公司并不能实时了解其运营过程中的 ESG 目标的达成度,也会使得公司的领导层面对此类数据不重视。当一家公司不能实时查询、分析和披露自己的 ESG 数据,那么公司在 ESG 层面的努力就容易变成"漂绿",如 BP(英国石油公司)一直被业界誉为是一家绿色的能源公司,而2010 年墨西哥湾漏油事件发生以来,该公司却拒绝向受到严重影响的墨西哥渔民赔偿,而仅仅是赔偿了政府与美国渔民。如果将大数据和 AI 技术全面应用到 ESG 工作中,以上这些问题就可以迎刃而解。

## 三、AI 和大数据技术可以让企业更快、更准确地发布 ESG 报告

　　对于一家现代化企业的 CEO 来说,不仅仅需要了解自己公司的 ESG 得分,还需要了解这些得分会被市场、消费者和投资者们从怎样的角度进行解读,也需要分析交易对方、供应商和合作伙伴的可持续性。作为一家有社会责任心的公司负责人,需要了解某家供应商的 ESG 表现来决定今后的合作,如果仅仅依赖于该供应商自己披露的 ESG 信息,那显然是不够客观与准确的。

　　有了大数据与 AI 技术,就可以从多个角度来全面评价该供应商的 ESG 表现。首先可以利用替代性的数据(alternative data,即非传统经济领域的数据)来评估该供应商对其工厂周边的环境影响,如工厂附近的空气质量、附近水体里的水质,甚至是周边居民的健康报告。接下来,可以用 AI 嵌入技术(embedding,即将多维的数据映射为更低维度的数据)来分析工厂与上述环境因素的关联。通过这种分析,你就可以清晰地看到该工厂是否在 ESG 报告中言行一致。最后,通过蒙特卡洛模拟法(Monte Carlo Simulation,即通过建立实验模型的方式预估出由不可控变量导致的结果)对替代性数据与供应商自行披露的数据进行分析,就可以得出这家工厂的可持续发展的潜力或是遵守 ESG 标准的能力[1]。以上所说的每一个步骤,都可以通过今天现有的技术来完成,并且得到的结果的丰富程度是远远超出企业自行披露或者第三方 ESG 评价公司给出的结论的。利用大数据和 AI,可以使企业更快速、更全面、更频繁地发布 ESG 报告,可以核实与审查 ESG 报告披露的数据,还可以让企业更好地担负起社会责任。

---

　　〔1〕 Nakai, Junta. The Best Way for Companies to Incorporate ESG Goals Is by Using Data Science and AI[J]. *Business Insider*, 2020(7).

# 第三节 大数据与 AI 在 ESG 工作中的应用

## 一、明晟利用大数据与 AI 让 ESG 数据更精确

明晟(MSCI)为我们举了很好的一个大数据在 ESG 工作中被应用的例子:降低碳排放的重复计算带来的对碳排放估计过高的问题。在现行的 ESG 披露标准中,碳排放通常被分成三个范畴。范畴一为企业在运营过程中直接产生的碳排放,如工程机械在运行过程中燃料燃烧带来的碳排放。范畴二则是企业在运营过程中间接产生的碳排放,如外购的电力、蒸汽、热量导致的碳排放。范畴三包含了除去企业在运营过程中的直接排放、外购电力、蒸汽等造成的所有其他排放,如雇员商旅等,以及消费者在使用该公司产品时产生的温室气体排放等。

这种碳排放计算方法或许会导致重复计算碳排放。如果一家石化企业生产的一批化石燃料供给了一家采矿业的公司作为生产材料,那么这些化石燃料燃烧过后导致的碳排放,既应该在石化企业的温室气体范畴三披露中,也应该出现在采矿业公司温室气体范畴一的披露中,如果分别分析两家公司的 ESG 报告,那么这批化石燃料产生的温室气体就可能会被计算两次,造成对碳排放的估计过高。如果一个数据库可以包含这两家公司的 ESG 数据,对两家公司交易信息进行记录以区分有多少碳被转移到矿业公司,那么在统计碳排放时就可以避免这批化石燃料可能导致的碳排放被计算两次。

假设有一个数据库可以涵盖所有的石化企业与采矿业企业,那么所有的相关企业的范畴一与范畴三的碳排放就不会被重复计算。而如果有一个更大型的数据库能够包含所有的企业,那么这方面的问题就可以被完全解决,得到的碳排放数据也会更加接近真实数据。MSCI 现有一个涵盖了约 12 000 家公司的气候风险数据库,根据对这 12 000 家公司的数据进行分析,MSCI 得出了约 0.205 的一个系数。当一个公司的范畴三碳排放可能存在重复问题的时候,把其自主披露的范畴三数据乘以该系数,就可以得到相对准确的温室气体排放数据[1]。

## 二、大数据与 AI 技术可以分析公司是否具有 ESG 投资潜力

在技术、创新与可持续的交叉路口,AI 和大数据可以让投资者在遇到有关 ESG 的风险或机遇时,收集和分析比以往更多的信息。在人工阅读 ESG 报告时,会产生很多问题。首先对同一个相似的指标,不同行业的公司或许会有不同的计算口径与专业名词。其次,人工阅读 ESG 报告与提取数据需要该人员长久地保持一致性,而人们或许会对某些行业或是某些公司随着时间的变化产生潜在的偏见,进而影响对 ESG 绩效的评判。

最后,人们在看 ESG 报告时,很难准确抓取一家公司不同 ESG 指标的具体目标与该公司已经在该领域所获得的成就。而 AI 可以为投资者从大量的数据库中准确地找到具

---

〔1〕 Baker, Brendan. Scope 3 Carbon Emissions: Seeing the Full Picture[J]. *MSCI*, 2020(9).

有可持续性投资的关键信息,并且不会带有任何偏见,因为对人工智能与算法来说,数据仅仅是数据,不包含任何感情。有了这样的优点,AI 使得计算机以超高的速度以及容量来完成复杂的任务,从而革新公司以往的低效率处理数据的方式。没有应用此类技术的公司将会很快地发现他们在竞争中处于落后的位置。AI 的能力可以使以往的重复性的工作耗时成倍缩短,算法和计算机程序可以发掘出之前被大量垃圾数据淹没的且没有被重视的数据。在消费者与投资者对可持续及环保议题越来越敏感的今天,这些 AI 的能力已经被运用到了 ESG 投资当中。

随着越来越多的人开始关注他们的投资对象是否能够应对各种潜在风险,因此投资银行的投资经理们如何快速准确地衡量一家公司的 ESG 标准的压力也越来越大。然而有效数据的不足让银行很难评估一家公司的长期的投资风险或是回报。而 AI 就是最好的解决办法之一,经过 AI 过滤后的数据将会使各个利益相关方更快、更准确地找到想要投资的那一家公司。

AI 在 ESG 投资领域的潜力之一来自情感分析算法(Sentimental Analysis Algorithms)。这个算法可以让计算机分析语言中的潜在情感,这项技能是其他代码所不能完成的。经过训练与学习的情感分析算法可以通过一段对话、一段演讲,或是阅读一篇文章来分析句中的语气与用词,然后将分析结果与现有的信息相结合。例如,一个程序在被训练之后,可以用自然语言处理来抓取某公司 CEO 在演讲时提到的 ESG 相关的议题的演讲内容,然后通过分析他/她的用词或语气来判断该公司是否有足够的信心与手段来减轻潜在的环境风险,以此作为做出投资决定的判断标准之一[1]。

随着 AI 技术的逐渐成熟与完善,ESG 投资会变得越来越简单和程序化。标普道琼斯指数公司在 2020 年初表示,该公司将会很快地应用 AI 技术来加速针对道琼斯可持续发展指数(Dow Jones Sustainability Index)传统的数据分析和调查工作。当科技使 ESG 与企业绩效互相协调,并且被完全地融入商业的战略与管理范围之后,ESG 便有了让世界变得更好的能力。

## 三、德国 DWS 在 ESG 工作中运用大数据与 AI

近年来,ESG 相关数据的可利用性与质量呈上升趋势,但是有"漂绿"行为的公司的数量也在变多,许多公司只注重于自己 ESG 数据中亮眼的部分,而刻意忽略或隐瞒了不良的 ESG 数据,从而使自己的公司看上去更具有可持续性发展的潜力。这使得消费者与投资者在分析数据时会更困难。德国投资管理公司 DWS 有一个涵盖非常多数据的数据引擎,该数据引擎已经运行了近十年,虽然刚开始数据库里只有较少的数据,但现在这个数据引擎已经分析和存储了超过 10 000 家公司的近十亿个数据点,并且将这 10 000 多家公司进行了从 A 级(ESG 领导者)到 F 级(ESG 进展缓慢者)的评级。

DWS 责任投资的负责人表示:"对投资者来说,自行分析 ESG 因素会是一个较为困难的工作,因为这里有太多的数据、行业趋势、分析需要进行。你必须从长远的角度来分

---

[1] S&P Global. https://www.spglobal.com/en/research-insights/articles/how-can-ai-help-esg-investing.

析一个行业或一家公司的 E、S、G 三个不同的维度。"随着越来越多的投资者开始关注于社会责任投资,DWS 正在将它的 ESG 数据引擎训练得更加智能。现在这个引擎已经可以从不同的方面来分析一个投资组合。例如,它可以计算出一个投资组合的完整的碳足迹,并且计算出如果对这个投资组合增加投资或是撤出投资会对它的碳足迹有怎么样的影响。DWS 的 ESG 数据引擎不只是给一个公司进行简单评分,它可以深入研究特定的问题,比如一家公司对气候变化的整体影响,抑或是公司董事会中女性成员的数量与比例。这个数据引擎还可以用来分析近年来这家公司在 ESG 层面上是进步还是退步。假设数据库里有一家公司 ESG 评级为 D 级,DWS 的分析师就会和被投资公司的管理层一起分析公司的 ESG 问题,尤其是被投资银行与客户所看重的问题。如果这家公司可以积极地改善这些问题,那 DWS 的数据引擎会提升对这家公司 ESG 评分的预测值,这也可以帮助投资经理们基于该公司的 ESG 得分做出是否进行投资的决定。相反地,如果一家公司原先的 ESG 评分很优秀,但是最近的数据却显示出下滑的迹象,DWS 的数据引擎就可以找出导致数据恶化的关键绩效点。这不仅仅帮助了投资者进行了符合道德的 ESG 投资,而且也规避或减轻了投资的风险。

2018 年秋天的时候,DWS 的数据引擎因为一家被投资公司的 ESG 绩效严重下滑而对它亮起了红灯,投资管理经理根据数据引擎给出的反馈撤出了对这家公司的投资,巧合的是这家公司在几个月后便破产了。ESG 数据对于投资过程来说非常关键,有了合适、准确的 ESG 数据,投资者们就可以做出更有信心的投资决定。

## 四、AI 与大数据应用于国内企业与非政府组织

中国平安(02318.HK)在 2019 年加入了联合国支持的"负责任投资原则组织"(UN Supported Principles for Responsible Investment,UNPRI),并且开始致力于打造 AI-ESG 平台。该平台基于"平安脑"和以 AI 能力为核心的"平安绿金"大数据智能引擎。该平台将会融合环境监测、污染源检查、气象、环评、信访、舆情等 16 个维度的数据。通过收集全方位的数据,从而确保该公司对外投资的可持续性。截至 2019 年,中国平安的责任投资规模已经达到了 10 000 亿元。中国平安在接受新浪财经的采访时表示:"ESG 投资的理念本质上就是追寻长期的可持续的投资回报。"[1]大数据智能引擎的应用可以让企业从更全面的角度审视自己的管理水平,更快速地发现新的业务机遇。

商道融绿咨询公司是中国责任投资早期的推动与实践者,在 2017 年就建立了 A 股的 ESG 数据库,该数据库将 E(环境)、S(社会)、G(公司治理)三个维度拆分成了 127 个具体评价指标,指标中又分为适用于所有公司的通用指标和可应用于特定行业的行业特定指标来进行更加精细化的 ESG 评价。自 2018 年 6 月以来,商道融绿联合多家媒体、机构定期发布 ESG 景气指数,运用大数据技术搜集数据并且构建指数,以客观反映 ESG 宏观景气状态。

大数据与 AI 不仅仅能在大型企业或投资银行里绽放光彩,在非政府组织(NGO)里也可以发挥重要的作用。上海闵行区青悦环保信息技术服务中心是一家致力于利用信息

---

〔1〕 新浪财经.中国平安:ESG 理念本质上追寻长期的可持续投资回报.https://finance.sina.com.cn/esg/sr/2020-02-17/doc-iimxxstf2080465.shtml.

技术推进中国经济绿色可持续高质量发展的非政府环保组织。上海青悦的工作之一是通过大数据技术收集政府发布的数据,如自动收集排污单位自行监测平台和空气质量发布平台上的数据,并将这些数据整合并公开,提供给 NGO 伙伴或研究机构,进而推动环境数据公开与企业达标排放。

上海青悦的另一个工作重点则是对 ESG 的信息披露进行分析推动,如对发行公司债与 IPO 的公司进行信用筛查。在企业发布公司债或 IPO 信息后,上海青悦可以自动收集到它们的信息,并且自动查询该公司是否受到过环境类的行政处罚并辅以人工校对。仅在 2020 年 1—11 月,上海青悦利用大数据技术检索了 269 家 IPO 公司、608 家发行公司债的公司的全部环境类行政处罚的记录,共发现了 4 家 IPO 公司与 184 家发行公司债的公司未能在首次公开上市或发行公司债的时候没有主动披露环境类行政处罚。经过上海青悦与相关公司沟通后或是向监管部门反馈后,已有 4 家 IPO 公司和 31 家发行公司债的公司做出了回应,且大多数都是积极的回应,仅有 3 家发行公司债的企业经过沟通后仍然拒绝整改。

2020 年 9 月 22 日,上海青悦发布了"绿色发展先锋 Top100——中国上市公司 ESG 信息披露评价",该项目利用大数据技术,对 A 股以及 H 股的 805 家高市值上市公司的 ESG 报告的质量与绩效进行了全面的分析与评级,择优选出了前 100 名国内"绿色发展先锋",中间也使用自然语言处理去对一些非结构化的数据进行自动提取。该项目在 2020 年 12 月被中华环保联合会绿色金融委员会评为"2020 年绿色金融十大案例"。

近期上海青悦利用大数据检索了环境治理业、造纸业、水泥制造业、化工行业、采矿业等废气废水重点排放行业的环境类行政处罚,并对大型钢铁行业与垃圾焚烧业企业的 ESG 报告进行全面分析,共整理出了 10 余篇有行业影响力的报告,并得到了行业内人士的肯定。大数据与 AI 技术使得越来越多的像上海青悦这样的环保公益组织可以协助监管部门一同推动中国 ESG 信息披露及评价的进展,而技术的普及也可以让越来越多人参与环境保护的工作。

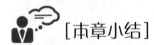

## [本章小结]

随着 ESG 投资理念越来越受到重视,在信息爆炸时代与更加复杂的商业环境中,对于如何进行更加真实、及时高效的 ESG 报告披露、评级与应用,以及信息与数据的收集利用带来了更大的挑战。大数据与 AI 技术的出现在很大程度上提供了帮助。上市公司、ESG 评级机构、咨询机构、投资人,甚至 NGO 等,都已经在各自领域采用了这些新技术来提出创新性的方案,并带来了令人欣喜的产出。我们相信新技术必然会更多地为 ESG 在各个领域的进步带来赋能与变革。

## [思考与练习]

1. AI(人工智能)、ML(机器学习)和 NLP(自然语言处理)三者有何差异?又是如何应用于 ESG 领域?

2. AI 与大数据在碳排放领域是如何得到应用的?

3. AI 与大数据如何判断公司是否具有投资价值？

 [参考文献]

**中文文献**

新浪财经.中国平安：ESG 理念本质上追寻长期的可持续投资回报.https：//finance.sina.com.cn/esg/sr/2020-02-17/doc-iimxxstf2080465.shtml.

**英文文献**

1. Baker，Brendan：Scope 3 Carbon Emissions：Seeing the Full Picture[J]. *MSCI*，2020(9).

2. D'Aquila, Jill：The Current State of Sustainability Reporting[J]. *The CPA Journal*，https：//www.cpajournal.com/2018/07/30/the-current-state-of-sustainability-reporting.

3. Nakai，Junta. The Best Way for Companies to Incorporate ESG Goals Is by Using Data Science and AI[J]. *Business Insider*，2020(7).

4. Stathis，Kristi L. Ocean Tomo Releases 2015 Annual Study of Intangible Asset Market Value[J]. *Ocean Tomo*，2019(9).

5. S&P Global. How Can AI Help ESG Investing?. www.spglobal.com/en/research-insights/articles/how-can-ai-help-esg-investing.

# 第十一章 ESG 价值转化

![本章导读图标] [本章导读]

　　国外很多学术研究发现，ESG 评价结果与公司财务绩效、投资业绩具有较强的关联性并对其具有积极正向的影响。对投资者而言，仅仅与业绩和回报有关联性和影响，似乎激励还不够，ESG 是否能降低风险？是否能持续带来利润和回报？目前国内对此的研究成果相对较少。在本章，我们尝试介绍 ESG 自身的价值，它是通过何种机制为国家发展和市场主体创造哪些价值？价值之间是否存在转换的路径？转换的机制是否畅通？是否还有需要完善的部分？如何去做？我们介绍了一些代表性案例和数据，以期通过这些内容较为全面地展示 ESG 与各市场主体之间的价值链接和转化途径。

## 第一节　ESG 价值及其转换

### 一、ESG 价值体现

　　结合 ESG 的内涵定义，ESG 的价值主要体现在三个方面，即环境价值、社会价值以及经济价值。

　　首先，ESG 的环境价值在于强调以及提升企业在生产经营过程中对环境所采取的保护措施以及保护程度，例如，企业是否制定相关政策减少自然资源的使用量，提高水资源、能源等自然资源的使用效率；企业是否使用可再生资源；企业是否报告或显示即将终止与环境标准不符合的合作伙伴的合作关系；企业是否为员工提供环境问题的相关培训等。

　　其次，ESG 的社会价值则主要体现在强化企业社会责任，即企业的生产经营活动从社会的长远利益出发，而非追求个体利益最大化，企业在追求经济效益的同时，根据政府相关法律法规，对维护其他利益相关者（如员工、消费者、厂商以及其他社会参与者等）的利益应尽的责任。

　　最后，ESG 的经济价值主要体现在解决经济发展过程中的外部不经济问题，如经济发展过程中产生的环境污染、社会问题等，通常不会直接计算入产品和交易的成本。ESG 将前述的环境及社会进行考量，将经济发展过程在 ESG 方面的投入转化为非财务价值考量指标，指导市场投资及企业经营，激励企业承担更多的社会责任。ESG 在维护与利益相关者的积极关系、积累积极的道德资本、提升政府与公众认可、减少投资者信息不对称从而降低代理成本等方面，对企业价值产生正向影响，有利于促使企业价值的提升。

## 二、ESG 价值转换的内涵

ESG 价值转换就是将环境价值与社会价值转换为经济（财务）价值，促进利用资本来解决外部成本缺乏定价的问题。从微观层面来看，ESG 相关考量因素及评价体系力图把企业在追求利润最大化过程中造成的外部性尽可能内部化为企业的成本，激励企业承担更多的社会责任，以应对日益严峻的气候变化、环境污染等经济社会发展过程中的挑战。通过外部驱动力，促使企业在追求利润最大化过程中通过减污节能降耗、发展循环经济、提升社会责任等途径，尽量降低其经济外部性成本。企业在落实 ESG 相关责任过程中，也在降低环境安全等领域的合规风险、提升市场价值、品牌声誉、可持续盈利能力等方面获得经济价值，而 ESG 投资者也可由此降低不确定性风险，获得更稳定的投资回报。

从更加宏观的层面理解 ESG 价值转换的内涵，以国家多次重点强调的"建立生态产品价值实现机制"这一命题为例，其关键是要彻底摒弃以牺牲生态环境换取一时一地经济增长的做法，建立生态环境保护者受益、使用者付费、破坏者赔偿的利益导向机制，探索政府主导、企业和社会各界参与、市场化运作、可持续的生态产品价值实现路径，推进生态产业化和产业生态化。从资源利用的角度理解生态产品及其价值实现，也就是体现为如何开发并利用好与生态环境相关的资源（包括各类生态产品和服务），其中生态资源禀赋的开发利用和良性循环是重点。在生态资源禀赋的开发利用中，既实现其经济价值，又不违背保护的基本原则，即避免"竭泽而渔"。

## 三、ESG 价值转换的路径与形式

要实现 ESG 价值的转换，需要多主体之间协作，并建立一套通畅的实现机制。以生态产品为例，要实现生态产品价值转化，势必要把握其中的经济学属性，寻找一条可操作、均衡、可持续发展的生态产品价值实现机制。

第一，生态产品价值的实现，其前提是基于生态需求的升级。随着社会和人们对生态产品需求的提升，与传统产品和服务一样，只有准确识别和认可生态产品的价值和价格，才能使得生态产品价值的实现在人们的需求和交换中得到真正的体现。人们的需求是分层次的，如对雾霾、黑臭水体等环境污染的解决是满足人们对清洁空气和干净水的基本需求；新时代要求对生产方式和生活方式进行绿色变革，对生产产品、居住环境的品质提出更高要求。

生态产品价值既包含实物产品中的生态价值，也包含依附在实物产品上的生态服务价值。只有科学评价和认清生态价值的实现形式，以及与有效需求的价值和价格，才能有助于更加科学、更加合理地推进生态文明建设。这种需求的产生或自身挖掘或通过与其他要素的有效整合进行释放。

第二，生态需求的不同阶段，影响生态产品价值的实现。例如，对生态环境、天然无污染食物的追求和期许，应分清生态产品的需要和需求之间的关系，人们对于生态产品的需要是对美好生态环境宜居宜业的向往，而需求则隐含着目前能够达到的科学技术能力和经济承受能力，因此，生态产品的价值实现不是一蹴而就的，而是根据不同阶段人们的生态需求循序渐进地实现的。

第三,把握生态的时空属性,实现生态产品价值的转化。如在跨界流域水环境治理中,通常采用生态补偿机制,这就是一种在空间层面的价值转化,上下游协商水环境治理的标准、机制、补偿的标准和资金来源,从而在空间上将生态产品的价值得以实现。再如,目前正在开展的土壤环境治理,许多工业遗留场地或矿山开发的遗址,需要进行复绿。由于历史久远,许多责任主体无法追溯,通过"土地整治+地产开发"的形式,将废弃的土地进行土壤修复,在符合人类健康标准后重新收储,进入土地市场进行流转。这便是将生态产品在时间和空间上的价值进行了挖掘和体现,既更好地调动了各方参与生态环境建设的积极性和主动性,也遵循了生态产品自身全生命周期的螺旋式进步和发展规律。

第四,生态产品价值的实现,应把握人们的需求弹性。有些生态产品如农林产品、稀有资源产品,此类生态产品范围比较广,主要是满足人们对高质量生活的基本需求,具有一定的市场议价空间和价格弹性,对于此类价格较敏感的生态产品,基本可以实行放开价格的策略,走市场化运行模式。对于那些涉及民生和大众需求,对社会发展有重大影响的生态产品,市场价格的波动会对社会产生较大影响,反而显得不太敏感了,但此类生态产品对改善人们生活品质和发展需求却是迫切的,如水资源、森林资源等,可以在政府指导价格的基础上,来实现生态产品的价值。这样既较好地解决了生态产品价值的实现,也确保社会生态环境的均衡可持续发展。

第五,寻求生态产品价值各环节的均衡实现。生态价值实现方式最终是通过人们的感受、社会福利的最大化进行界定的。若将生态产品价值实现的全过程解析来看,从生态要素到产品再到价值,在全生命周期的每个环节都有自身的价值,且不是均匀和静态的,而是稳态均衡的。如在生态层面上,生态系统的平衡(或均衡)要求对生态环境资源的使用科学,否则会破坏生态系统平衡;生态环境资源转换为各种"生态产品"的过程中,生产的成本与收益要在边际上维持均衡;在价值层面,生态产品的收益价值须与社会其他部门的价值相均衡,否则就可能造成失衡,容易引发生态资源开发利用的矛盾和问题。最后则是价值实现这个环节,其背后也隐含着对成本收益关系的考量。目前之所以还没有在生态产品价值上找到实现机制,其实是代价过大了,难以靠自身价值的实现予以消化,这又是一重选择均衡。要真正做到生态产品价值实现,前提是要实现这多重选择的均衡,且缺一不可,是相辅相成、互为约束条件的。

第六,寻求能引导和控制消费的形成机制。由于自然资源尚无明确的价格标示,导致人类对生态产品的消费和偏好总是在变动的,但由于资源稀缺和外部性的存在,并不是消费越多越好,所以需要形成消费约束机制,在环境容量、资源条件容许的框架内,进行资源要素使用的路径选择,找到环境效用的无差异曲线和预算控制线,起到引导和控制消费的作用,确保生态资源的利用处于良性循环状态。人们在开发和利用自然资源时,需要基于所在地区的自然资源进行预算控制,目前许多地区进行自然资源核算,其目的就是摸清资源家底,对地方资源环境的利用有效控制使用强度,就是要用法制和经济手段来抑制超出资源循环条件的生态资源消费。

## 四、EGS价值转换与我国"30·60"目标

2020年9月22日,习近平总书记在第七十五届联合国大会上宣布我国将提高国家

自主贡献力度,采取更有力的政策和措施,力争在 2030 年前二氧化碳排放达到峰值,努力争取在 2060 年前实现碳中和(以下简称"30·60"目标)。ESG 价值转换可从环境、社会及公司治理等非财务角度衡量各行业主体在实现"30·60"目标过程中的企业经营绩效,并为实现我国"30·60"目标提供重要路径支持。

从政府层面而言,ESG 价值转换与当前经济绿色转型的目标相契合,将有效助力传统产业结构调整和碳减排工作的开展,促进碳中和目标的达成,具体可以从以下五条路径出发:(1)以强化机构和企业 ESG 信息披露要求为载体,进一步完善环境信息披露数量和质量,为我国"30·60"目标进度规划提供一定的数据支持和参考;(2)进一步完善 ESG 评价体系顶层设计,推动量化可比的 ESG 信息披露框架指引性文件出台,强调碳中和相关指标的创新与构建;(3)出台 ESG 投资指引性文件,引导市场深化 ESG 投资意识,提高 ESG 产品和服务创新动力;(4)加强 ESG 能力建设相关的激励和支持机制,以实现 ESG 从理念到实践的高效转化;(5)通过发展碳基金、碳排放权交易等绿色金融产品实现 ESG 价值的经济转换。

从金融机构层面看,ESG 是应对气候变化带来的物理风险和转型风险的重要落脚点,也是践行责任投资与低碳投资的重要理念。对于银行类金融机构来说,践行 ESG 理念可以减少因自身业务活动、产品服务对环境造成的负面影响,同时通过构建环境与社会风险管理体系,将 ESG 纳入授信全流程有助于促进金融支持进一步向低碳项目及低碳企业倾斜。在全面实现碳中和的背景下,ESG 可为金融机构提供有力的支撑:(1)将 ESG 指标绩效纳入金融机构支持"碳中和"创新及转型项目筛选;(2)以 ESG 投资为触点,助力国内外 ESG 指标的对接与融合,拓展以"碳中和"为核心的可持续发展国际合作。

企业层面,ESG 价值转换通过内化外部成本,有利于促使企业节能减排、环境保护等碳中和绩效的达成。此外,ESG 表现较好的企业可以获得更多各方利益相关者的信任,并拓宽融资渠道,为达到碳中和目标提供更多资金支持。具体来说:(1)企业可向专业机构及第三方智库寻求 ESG 信息披露方法学技术支持和综合路径规划,以量化可比的环境信息披露及时跟进自身的转型效率;(2)企业在实现"碳中和"的过程中强调社会维度表现,可以提升企业的综合影响力,进而拓宽融资渠道;(3)从公司治理维度来看,诸如科技创新、投资者关系管理、供应链管理和风险管理等指标要素都将对企业"碳中和"实施形成合力支持。

## 第二节　ESG 评价结果与公司绩效表现的实证研究与案例分析

### 一、ESG 评价与绩效表现的实证研究

对投资者来说,ESG 与财务绩效和回报的相关性并不等同于直接的因果关系。如果 ESG 方面的投资不能在运营层面获得更多机会和利润,或者不能提升市值和回报,相应的资金也不会流入。任何衡量环境和社会方面有益的尝试都面临两个挑战:首先,社会

影响很大程度上是定性的,很难为这种影响制定一个数值;其次,对于该衡量哪些社会影响,以及该赋予哪些社会影响更多的权重,人们几乎没有达成共识[1]。由于评价体系的清晰度和共识不足,导致不同的评级体系对于企业的排名是非常不同的。

根据国内学者的研究,一方面,较好的偿债能力、盈利能力、合理的资本结构可以促进公司履行对环境和社会的责任;另一方面,较好的营运能力会使公司忽视可持续发展的重要性,导致对 ESG 表现产生消极影响[2]。由于我国 ESG 投资仍处于初步发展阶段,还存在企业社会责任信息披露的不全面、评级体系缺乏权威统一标准等问题。我国 ESG 体系的完善和发展不仅需要政府政策的引导,也需要企业的责任心和全社会对绿色发展的共同重视。从上述结论来看,如何促使投资者关注企业社会责任,是现阶段政府及相关部门需要解决的问题。

中国金融学会绿色金融委员会研究成果表明,很多投资者不清楚 ESG 的作用机制,很难做出投资决策。这也是很多机构投资者和个人投资者难以践行 ESG 投资的重要原因。ESG 通过企业内在管理机制对企业价值产生影响。相比同类企业,具有较高 ESG 水平的上市公司具有较好的竞争力,包括对原材料、能源以及人力资源的高效运用,以及较好的风险管理以及公司治理能力。具有较高 ESG 水平的上市公司一般都有较好的风控能力,其结果表现为上市公司会面临更少的诉讼争议和监管处罚事件。ESG 因素通过盈利和风险机制对上市公司产生综合影响,ESG 表现优异的上市公司在未来具有更好的基本面表现、更低的风险以及更高的市场估值。

中央财经大学绿色金融国际研究院 2019 年开展了"中国上市公司 ESG 表现与企业创新的相关性研究",选取中国上市公司沪深 300 成分股作为样本,研究企业 2016—2018 年 ESG 表现与企业创新的相关性,企业 ESG 总体表现、环境表现均与企业创新正相关;在制造业,企业的 ESG 总体表现和环境表现均与企业创新正相关;在服务业,企业的社会表现与企业创新正相关;提升企业的 ESG 表现能有效提高企业的创新能力[3]。

## 二、ESG 评价结果与公司绩效表现的案例与数据

关于 ESG 与上市公司高质量发展以及市值之间是否有关,我们可以从案例及数据两方面进行分析。

### 1. 三种类型案例

从案例来看,目前大部分 ESG 事件都能对公司的股价产生立竿见影的直接影响,但在随后一段时间内影响会缓慢消除。对于在一周内股价就得到恢复的事件,我们认为其没有产生影响,属于无关案例。对于长期 ESG 表现较差,但股价涨幅较好的上市公司,我们认为这是 ESG 价值的反例。

〔1〕 阿斯沃斯·达摩达兰.以怀疑的眼光看待 ESG——ESG 的衡量.https://mp.weixin.qq.com/s/bmckbpfOFdlA2kdp80B8fw,最后访问日期: 2021 年 4 月 20 日.

〔2〕 孙冬,杨硕等.ESG 表现、财务状况与系统性风险相关性研究——以沪深 A 股电力上市公司为例[J].中国环境管理,2019(2).

〔3〕 黄湘黔.中国上市公司 ESG 表现与企业创新的相关性研究.新华财经中国金融信息网.http://greenfinance.xinhua08.com/a/20190306/1802188.shtml,最后访问日期: 2021 年 4 月 20 日.

**案例 11-1　正面影响案例：百度的"数据安全与隐私保护"议题管理对于市值的影响**

百度曾因为数据安全与隐私保护的议题，以及其备受争议的业务价值观而陷入低谷，受到投资者的抛弃。

2017年年底，因涉嫌侵害消费者个人信息安全，江苏省消保委对百度公司提起公益诉讼，此类事件不断发生。在此之后，百度公司于2018年1月26日提交了正式的升级改造方案，从取消不必要敏感权限、增设权限使用提示框、增设专门模块供权限选择、优化隐私政策等方面对软件进行升级，切实保障消费者信息安全。近一年来，百度公司的"数据安全与隐私保护"表现有了较大幅度的提升，得到了市场的认可，其股价也在2020年度的牛市中跟上了互联网企业的步伐。

百度公司于2020年11月发布了该公司"人权政策"，这是中国互联网行业甚至中国大陆地区所有企业中第一个公开发布的完整意义上的"企业人权政策（声明）"。细看百度的人权政策，我们也很容易注意到其中包含"本政策由百度ESG委员会批准颁布并受其监督，ESG工作组将定期向ESG委员会报告该领域的工作进展"等内容。

资料来源：MSCI官网。

 **案例 11-2　负面影响案例：新城控股实际控制人入狱，股价创出历史新高**

据上海市普陀区人民法院官方消息，经合议庭评议，于2020年6月17日当庭对被告人王振华、周燕芬作出判决，以猥亵儿童罪分别判处被告人王振华有期徒刑五年，被告人周燕芬有期徒刑四年。王振华即2019年7月震惊全国的新城系大股东。

在上述判决发布之后，新城系股票皆出现直线飙升的情况。新城控股股价直线拉升，一度涨超3%，随后涨幅收窄，收涨1.99%；香港新城发展收涨约5%，新城悦服务上涨近3.8%。

与此同时，《券商中国》记者还关注到，在去年王振华出事之后，新城系的形势竟然也出现了好转，新城控股净负债率大幅下降，综合体运营步入快车道；新城悦服务随着物流股这一波炒作，股价竟也创下历史新高。

资本总是趋利的，也是健忘的。在过去一年当中，很多机构仍在写研报推荐新城系的公司，当然也有投资者为此买单，不然新城系的股价早就崩了。那么，此刻就有了之前《券商中国》的一记灵魂拷问：假如你恰巧有一个九岁的女儿，会有怎样的代入感？

据粗略统计，截至2020年6月，总共有7篇研报写新城控股，且多为买入和增持评级。关于新城悦服务的研报则更多。然而，类似这种案件在西方可以判终身监禁。这种人控制的公司也会被很多资金抛弃，因为这类公司并不符合ESG的要求。

资料来源：时谦.判刑5年！王振华猥亵女童终定罪，股价却直线飙升，资本竟如此健忘？身家升至430亿，打了谁的脸.https://mp.weixin.qq.com/s/DB-TO4wDZwUvqHCuK-qr-w.2020年6月17日.

 **案例 11-3 没有影响案例: 拼多多的员工权益与海天味业的 ESG 评级**

互联网公司在员工权益议题上一直备受社会压力,前有 2019 年《网易裁员,让保安把身患绝症的我赶出公司,我在网易亲身经历的噩梦》,后有 2020 年 12 月,一名拼多多员工在加班回家途中猝死;劳动保障监察部门已对拼多多公司的劳动用工情况进行调查,对该公司用人合同、用工时间等情况进行检查。2021 年 1 月,拼多多公司的一名员工又于湖南长沙家中跳楼身亡。

不少人认为,这说明拼多多的企业社会责任存在重大问题,预期拼多多的美股价格会下挫。但数据显示,事件发生首日拼多多股价下跌 6.13%,但次日暴涨 12.24%,周末收盘 180.77 美元,一周涨幅 1.74%。自 2018 年上市以来,拼多多的股价已经涨了 8 倍。

海天味业上市公司的股价一路高歌,但其至今尚未发布 ESG 信息披露报告,在 MSCI ESG 评级处于最低档的 CCC 和 B 级别。茅台和五粮液的 ESG 评级也长期处于倒数第二级的 B 级别。

资料来源: MSCI 官网。

**2. 从整体数据看**

我们从中国上市公司的整体数据表现来看 ESG 价值转化的阶段特点,选择了医药行业的高、中、低三组上市公司共 30 家(见表 11.1),分析其 ESG 报告发布率、ESG 报告质量得分、2020 年 MSCI 评级、2020 年内股价增长率,可知:

- ESG 信披质量与 ESG 评级表现好;
- 整体上市公司的市值高,平均涨幅大;
- 每个组别中都有 ESG 表现和市值/涨幅背离的情况,对具体公司 ESG 的有效性仍待验证。

可见,从总体上来说,上市公司的市值与 ESG 信披质量和 ESG 评级表现是相关的。但是存在较多难以验证相关性的个案,这也与当前中国上市公司的主流是披露 CSR 贡献而非 ESG 绩效,且 ESG 报告披露率较低有关,随着上市公司 ESG 信披的深化,未来将更加可以验证。

**表 11.1 上市公司 ESG 表现汇总——医药行业**

|  | 证券代码 | 证券名称 | 是否发布报告 | 报告质量得分 | 2020 年 MSCI 评级 | 股价增长率(%) |
|---|---|---|---|---|---|---|
| 高市值行业组 | 00241.HK | 阿里健康 | 发布 | 30 | —— | 154.44 |
|  | 02359.HK | 药明康德 | 发布 | 95 | A | 57.06 |
|  | 03692.HK | 翰森制药 | 发布 | 70 | BBB, BB | 45.17 |
|  | 01177.HK | 中国生物制药 | 发布 | 45 | —— | −31.19 |
|  | 02269.HK | 药明生物 | 发布 | 70 | AA | 4.21 |
|  | 600276.SH | 恒瑞医药 | 未发布 | —— | B | 27.35 |
|  | 300760.SZ | 迈瑞医疗 | 发布 | 60 | BB | 134.19 |

（续表）

| | 证券代码 | 证券名称 | 是否发布报告 | 报告质量得分 | 2020年MSCI评级 | 股价增长率(%) |
|---|---|---|---|---|---|---|
| 高市值行业组 | 000661.SZ | 长春高新 | 发布 | 0 | B | 0.43 |
| | 300015.SZ | 爱尔眼科 | 发布 | 15 | B | 89.31 |
| | 300122.SZ | 智飞生物 | 发布 | 10 | B | 197.85 |
| 中市值行业组 | 03933.HK | 联邦制药 | 发布 | 57.69 | —— | −25.00 |
| | 02616.HK | 基石药业－B | 发布 | 38.46 | —— | −5.21 |
| | 01501.HK | 康德莱医械 | 未发布 | —— | —— | 6.33 |
| | 01302.HK | 先健科技 | 未发布 | —— | —— | 30.21 |
| | 01521.HK | 方达控股 | 未发布 | —— | —— | 17.79 |
| | 300702.SZ | 天宇股份 | 未发布 | —— | —— | −5.75 |
| | 688366.SH | 昊海生科 | 发布 | 50.00 | —— | −19.67 |
| | 002755.SZ | 奥赛康 | 未发布 | —— | —— | 30.66 |
| | 688139.SH | 海尔生物 | 未发布 | —— | —— | −18.41 |
| | 300298.SZ | 三诺生物 | 未发布 | —— | —— | 9.57 |
| 低市值行业组 | 08307.HK | 密迪斯肌 | 未发布 | —— | —— | 59.64 |
| | 01178.HK | 汇银控股集团 | 未发布 | —— | —— | −48.93 |
| | 08622.HK | 华康生物医学 | 发布 | 26.92 | —— | −20.00 |
| | 08379.HK | 汇安智能 | 未发布 | —— | —— | 12.50 |
| | 08222.HK | 壹照明 | 未发布 | —— | —— | −31.67 |
| | 603963.SH | 大理药业 | 未发布 | —— | —— | −30.97 |
| | 300108.SZ | 吉药控股 | 未发布 | —— | —— | −1.52 |
| | 300313.SZ | 天山生物 | 未发布 | —— | —— | 300.37 |
| | 300254.SZ | 仟源医药 | 未发布 | —— | —— | −15.04 |
| | 600671.SH | ＊ST目药 | 未发布 | —— | —— | −30.11 |

注：1. 高市值行业组取医疗保健业 A、H 股市值各前 5 上市公司，共 10 家。中市值行业组取医疗保健业 A、H 股市值位于前 30％分位上市公司各 5 家，共 10 家。低市值行业组取医疗保健业 A、H 股市值各后 5 上市公司，共 10 家。统计时间截至 2020 年 7 月。

2. 报告质量评分参照上海青悦 ESG 报告评价体系。

3. 股价增长率取 2020 年的增幅。

## 三、作用机制原理分析

### 1. 发挥正面或负面作用的机制

从上述案例与数据来看，我们认为有以下三种因素会在短期内对股价造成冲击：

● ESG 表现直接影响公司业务合作；

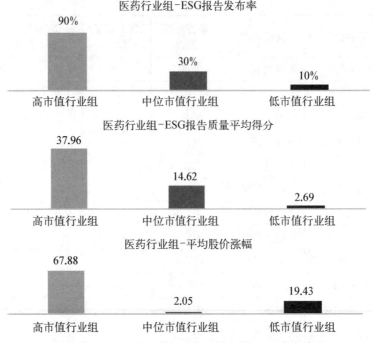

**图 11.1　三组市值医药行业上市公司的 ESG 表现统计**

- ESG 表现引起监管高度关注,影响核心业务模式;
- ESG 表现让消费者群体抵制上市公司业务。

许多过往案例能说明这一逻辑。例如,2010 年 5 月,富士康发生多起员工自杀事件,导致其股价在一个月内下跌 20%,因为对富士康来说,劳工关系会从实质上影响与苹果等公司的订单。2016 年 5 月,百度的魏则西事件,导致其股价在半个月内下跌 20%,因为魏则西事件引起的监管和关注直接影响百度最核心的商业模式(竞价排名)。

同理,拼多多员工加班猝死事件是否会导致公司经营出现严重问题,显然投资者认为并不会触发以上三种条件。但这并不意味着拼多多就可以高枕无忧。如果持续发生类似事件,必然会激起更大范围的关注,倘若监管部门强力介入,或是消费者激烈抗议,或是有伦理投资者高调呼吁抛售,那么形势就会逆转。

2. 时间变迁与投资者结构的影响

在以上 ESG 与公司价值的关系中,我们需要关注时间变迁的作用,包括随着时间推进,上市公司改善了实质性议题管理(例如百度),或者随着时间的推进,投资者认为已经不需要关注此事,都会使得公司股价逐渐恢复。

现实的资本市场中 ESG 投资者的结构也对此有影响,多数 ESG 投资者主要考虑风险收益,少数 ESG 投资者会主要考虑价值观的匹配,再兼顾风险收益。后者我们一般称之为伦理投资者(ethical investors)。在 ESG 主流化前的很长一段时间,伦理投资者曾是责任投资的主要力量,他们主要包括一些宗教基金、慈善基金和专门的社会责任基金。这些资金的市场规模并不算大。以美国市场为例,从 20 世纪 90 年代后期到 2005 年 ESG 概念提出前,责任投资市场规模长期徘徊在 2 万亿美元的水平。但 ESG 概念提出后,大量非伦理投资者涌入，近十多年来市场规模快速攀升至 17 万亿美元。这多出来的 15 万亿美元资金，主要是由于财富效应而非伦理考量而采纳 ESG 投资理念。

因此，我们可以粗略地认为，市场中大约有 10％的伦理投资者（欧洲市场的比例要略高于美国市场），他们比较在意伦理因素及价值观的匹配，可能会因为某个公司的做法和他们价值观不符，就不再持有该公司股票。但市场中还有 90％的 ESG 投资者，更在意风险收益因素，不会仅仅因为价值观的因素就抛售股票。

大部分 ESG 投资者关注 ESG 对上市公司风险和绩效的判断作用，包括环境危机和数据安全等 ESG 风险事件对业务是否产生实质性的影响，以及气候变化等风险是否会对公司的资产价值产生重估效应。当该风险在一定时期内消除后这类投资者往往不会因为短期风险而抛售上市公司股票，而是从财务角度看待问题。

ESG 对少部分价值观投资者的影响，往往长期而深远，他们会从公司商业模式（如游戏行业和赌博业）以及公司价值观角度来判断是否持有上市公司股票。但这类 ESG 投资者在市场中的比例较少。

如果上市公司 ESG 因素会导致公司经营出现严重风险，全部 ESG 投资者就会做出反应，并通过股价走势表现出来；如果没有严重影响，则可能只有少数以价值观为优先考量的伦理投资者会做出反应，市场波动有限。

# 第三节　ESG 发展所需解决的问题与对策展望

本书前面各章节已就中国 ESG 发展现存的问题进行了阐述，基于国际上发展较先进的 ESG 信息披露现状以及与国际主流 ESG 信息披露标准 GRI、ISO 16000 和 SASB 的比较，结合中国近年来 ESG 投资及实践的情况来看，在中国继续推行 ESG 的理念，促进 ESG 的价值转换，还需解决以下问题：（1）企业、各类机构和社会大众对 ESG 的认知不足；（2）ESG 投资及实践法规标准政策体系不完善；（3）缺少国家专项 ESG 监管机制；（4）ESG 信息披露标准、指标和评价体系不统一；（5）信息披露质量有待提高等。

## 一、推行 ESG 价值理念，提升社会对 ESG 的认识

欧美企业和社会公众对 ESG 理念发展的推动明显，ESG 价值理念在国内的发展背景与西方社会政治文化背景不同。近年来，随着国家环境保护法律和政策的推动，企业、各类机构和社会大众对环境保护的价值理念已深入人心，对 CSR、负责任投资和可持续金融等公众已有所了解，但由于 ESG 缺乏统一定义、ESG 相关术语不一致等原因在社会大众中的普及度不高，目前国内企业和社会大众对 ESG 价值理念相对陌生。

我国上市公司仅有少部分发展较好的 A 股上市公司和部分港股上市公司愿意主动了解 ESG，并进行披露和改善，整体来看缺乏对 ESG 理念的认识，自主披露 ESG 信息的意识不足。各类机构在 ESG 投资的理念和实践上仍有待改进。中国证券投资基金业协会（以下简称协会）于 2019 年 7 月面向全行业开展了年度"中国基金业 ESG 与绿色投资

调查问卷(证券版和股权版)"的调查,并出具调查报告。调查结果显示,认知不足、缺少可靠的 ESG 信息和数据来源,以及缺少评估方法和工具,是股权投资机构开展责任投资的最大挑战。

在监管部门引导、行业协会推动下,各机构也加大对国内 ESG 投资的重视程度。在传播和推行 ESG 理念方面,各大金融机构、学术机构、第三方评级机构等都结合自身专业优势对 ESG 进行深入研究,并通过专业论文、综述、刊物等形式宣传和推广 ESG 价值理念。

Wind 在公布商道融绿、社投盟和 OWL ESG 指数的基础上,相继又与华证指数、FTSE ESG 评价体系合作;新浪财经在 2019 年 8 月推出 ESG 频道,随后与中财大绿金院、商道融绿、社投盟和 OWL 达成合作;华夏银行通过开展策略研究、构建 ESG 数据库、发行主题理财产品及举办主题活动等多种方式推进 ESG 理念。2020 年新冠疫情期间,商道融绿推出了《"椰子鸡"(ESG)和 TA 的朋友们》系列文章,通过人物对话配合小漫画的形式,在公众号平台介绍 ESG 的相关要素及热点问题。中财大绿金院也推出了 ESG 系列线上公开课,社会价值投资联盟(简称社投盟)也推出了 ESG 政策法规研究系列文章。2020 年下半年,各大机构组织纷纷以 ESG 为主题举办 ESG 主题论坛,搭建国内外 ESG 责任投资机构、学术研究机构和评级机构的交流平台,推动了国内 ESG 价值理念的传播和普及。

目前来看,仍需要在 ESG 理念的大众传播、投资者教育和 ESG 体系、标准和政策研究等学术研究领域加强投入,提升社会整体对 ESG 的认识。

## 二、完善 ESG 法律政策体系

我国在现阶段国情下,对 ESG 的社会认知度和市场认可度有限,尚未真正起到引领 ESG 投资的作用,政府部门、监管机构仍需积极引导,推进并完善我国 ESG 整体制度框架。

从投资指导信息需求角度,目前国内 ESG 相关的法律法规及政策散见于各个部门法中,还未建立完善的 ESG 监管的法律政策体系,需要逐步建立适合中国国情的 ESG 信息披露要求、披露指引和评价体系。对不同行业的非上市公司,也需要研究并开发适用的 ESG 信息披露要求和评价标准体系。

从公司 ESG 实践管理角度,环境保护相关要素已成为强制实践的部分,相关信息披露、合规要求仍然有所差别,在政策驱动下,企业主动关注和了解的意愿和驱动力更强,需在政策制定上推动企业 ESG 信息披露应从自愿为主逐步向强制为主过渡。在国内,同样从欧美传播而来的环境保护、职业健康和安全生产(Environment、Health、Safety,简称 EHS 或 HSE)管理方法,经过近 20 年的发展,与之配套的环境保护、职业健康和安全生产等法律、标准和体系文件也在逐步制定完善,现已得到了企业的广泛认可和应用。在 ESG 政策方面,除强制要求公司披露相关信息以外,对 ESG 实践较好的企业,也可以在相应的融资和税收政策方面提供便利和优惠条件。

从金融消费者角度,现阶段众多金融消费者对 ESG 理念不够了解,在购买金融产品时,看重收益率高低,对可能的风险和自身决策应该承担的责任认识不足。2020 年 1 月,银保监会出台《关于推动银行业和保险业高质量发展的指导意见》,要求银行业金融机构要建立健全环境与社会风险管理体系,将环境、社会、治理要求纳入授信全流程,强化环境、社会、治理信息披露和与利益相关者的交流互动。在条件成熟时，也建议将 ESG 内容细化到金融消费者保护等相关法规中。

## 三、加大国家层面的 ESG 基础建设投入

1. 积极推进 ESG 数据库建设

ESG 数据库是相关信息评价的基础，建议在 ESG 整体战略框架下，加快推进 ESG 数据库建设。一方面，完善信息报送制度，建立信息共享平台，并积累数据；另一方面，充分利用金融科技的数据挖掘、分析研究和风险预警功能等拓展数据使用维度，逐步建立并完善 ESG 数据库。

2. 外管局和主权基金应开展 ESG 投资，培育绿色投资管理机构

外汇管理部门和主权基金可以参考央行和监管机构绿色金融网络(Central Banks and Supervisors Network for Greening the Financial System，简称 NGFS)的建议，主动开展 ESG 投资，以引领私营部门和社会资金的参与。建议外汇管理部门和主权基金，按 ESG 投资原则建立对投资标的和基金管理人的筛选机制，提升环境和气候风险的分析能力，披露 ESG 信息，支持绿色债券市场的发展，积极发挥股东作用，推动被投资企业提升 ESG 表现。

3. 建立 ESG 投资与信息披露协调机制

现阶段与 ESG 相关的监管部门数量众多，在各自职责范围内进行政策制定、体系标准建设等方面的工作，建议可以成立一个国家层面的多部门协调小组，在 ESG 相关政策的制定、发布和监管方面发挥统一协调作用。

## 四、完善公司信息披露管理体系，提升信息披露质量

从 ESG 行动来说，ESG 信息披露不能仅限于行动，要向上披露治理与愿景信息，向下达到目标和采集数据信息。要完善中国上市公司 ESG 信息披露和管理体系，可以从以下三个方面着手：

- 能力：中国上市公司的 ESG 相关管理已经完善，在表达能力上也要达到国际同业水平，例如在"反腐败"议题上，中国的公司大部分做得较好，但表达较弱。
- 意愿：中国上市公司需要从董事会层面建立自上而下的 ESG 治理机制，设立可持续发展愿景。
- 数据：中国上市公司需要公司一体化的 ESG 量化数据管理系统，实现纵向的汇总与横向的合并，以有助于 ESG 管理和信息披露取得实质性进展，并实行全面的目标化管理，提升 ESG 评级表现。

---

📖 **案例 11-4　苹果公司和微软公司 ESG 与绩效挂钩**

苹果公司将向股东大会提议在 2021 年的高管薪酬中新增一个指标，以衡量他们在环境、社会和治理(ESG)方面的表现，这可能将使该公司的总奖金支出增加 10%。但如果 ESG 表现不佳，高管薪酬也会下调最多不超过 10%。

据 CNBC 报道,2019 年股东大会上,位于波士顿的责任投资基金 Zevin Asset Management 就提过类似的股东提案,获得 12% 股东的支持,但最终并未通过决议。当时,苹果公司的解释是,因为公司使命中已包含 ESG 目标,因此没有必要再将 ESG 的因素单拎出来。

无独有偶,大众汽车集团也打算将 ESG 与高管的奖金挂钩。据彭博报道,大众汽车董事长表示,争取在 2021 年度股东大会(3 月 16 日)上让股东批准修改后的薪酬体系,将 ESG 纳入管理层的奖金计算,为实现公司可持续发展目标提供具体的激励措施。纳入的 ESG 因素包括脱碳和多元化(主要指员工方面的多样性议题,不是生物多样性)等关键指标。

资料来源:郭沛源.做好事多发钱,苹果与大众汽车要将 ESG 与奖金挂钩.https://mp.weixin.qq.com/s/R07ASamNklota_kYNu1n0A.2021 年 1 月 28 日.

### 五、完善公司治理与合规管理体系,促进 ESG 价值转化

公司在推行 ESG 实践工作过程中,需要将 ESG 的价值理念融入公司战略和远景目标,并通过公司制度与合规管理体系落实。从 ESG 实践的角度来说,ESG 信息披露是一种管理结果的表现形式,最终希望通过这种形式,在合规的基础上,将环境保护、社会责任和公司治理的工作落到实处,推动公司的可持续发展。

ESG 价值理念在公司运营层面的落实,可以保障合规基础、信用记录,规避风险,提高品牌声誉和市值。建议相关行业协会或机构组织,就不同行业主体在 ESG 实践与价值转化方面进行研究,出台相关指南和政策意见,将 ESG 实践与合规管理要求紧密结合,促进合规的成果转化为可见的经济价值。

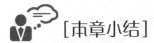

[本章小结]

从目前的研究和 ESG 投资、实践的现状来看,不清楚 ESG 发挥价值的作用机制,是很多机构投资者和个人投资者难以践行 ESG 投资的重要原因。现阶段已有案例和数据说明 ESG 是如何通过企业内在管理机制对企业价值产生影响的。整体来看,ESG 价值转换在我国还存在着企业、各类机构和社会大众对 ESG 的认知不足、ESG 投资及实践法规标准政策体系不完善、缺少国家专项 ESG 监管机制、ESG 信息披露标准、指标和评价体系不统一、信息披露质量有待提高等问题,需要继续推行 ESG 价值理念,提升社会对 ESG 的认识,完善 ESG 法律政策体系,加大国家层面的 ESG 基础建设投入,完善公司信息披露管理体系,提升信息披露质量,完善公司治理与合规管理体系,促进 ESG 价值转化。

[思考与练习]

1. ESG 价值的内涵有哪些?
2. 如何理解 ESG 能减少经济负外部性的影响?
3. 如何理解 ESG 的价值转换?
4. 我国 ESG 发展还有哪些方面需完善?

 [参考文献]

1. 安国俊.为了绿水青山——金融破茧之旅[M].中国金融出版社,2021.

2. 迈克尔·柯利.环境金融准则：支持可再生能源和可持续环境的金融政策[M].刘倩,王遥译.东北财经大学出版社,2017.

3. Lars Kaise. ESG Integration：Value, Growth and Momentum[J]. *Journal of Asset Management*, 2020(1).

4. 邱慈观.可持续金融[M].上海交通大学出版社,2019.

5. 孙冬,杨硕.ESG 表现、财务状况与系统性风险相关性研究——以沪深 A 股电力上市公司为例[J].中国环境管理,2019(2).

6. 中国证券投资基金业协会.中国基金业 ESG 投资专题调查报告(2019)——证券版.https：//www. amac. org. cn/businessservices ＿ 2025/ywfw ＿ esg/esgyj/ygxh/202007/t20200715_9819.htm,最后访问日期：2021 年 4 月 25 日.

7. 中国证券投资基金业协会.中国基金业 ESG 投资专题调查报告(2019)——股权版.https：//www. amac. org. cn/businessservices_2025/ywfw_esg/esgyj/ygxh/202007/t20200715_9820.html,最后访问日期：2021 年 4 月 25 日.

**图书在版编目(CIP)数据**

ESG 理论与实务/李志青,符翀主编. —上海:复旦大学出版社,2021.10(2024.1 重印)
(绿色金融系列)
ISBN 978-7-309-15838-0

Ⅰ.①E… Ⅱ.①李… ②符… Ⅲ.①企业环境管理-研究-中国 Ⅳ.①X322.2

中国版本图书馆 CIP 数据核字(2021)第 148079 号

**ESG 理论与实务**
李志青 符 翀 主编
责任编辑/鲍雯妍

复旦大学出版社有限公司出版发行
上海市国权路 579 号 邮编:200433
网址:fupnet@fudanpress.com http://www.fudanpress.com
门市零售:86-21-65102580 团体订购:86-21-65104505
出版部电话:86-21-65642845
上海华业装潢印刷厂有限公司

开本 787 毫米×1092 毫米 1/16 印张 14.75 字数 341 千字
2024 年 1 月第 1 版第 5 次印刷

ISBN 978-7-309-15838-0/X・37
定价:65.00 元